Formação e Conservação dos Solos

2ª edição

Agradecimentos especiais à artista pela cessão de reprodução de sua obra na capa. Darli Reinalda de Oliveira, Uberlândia, tel. (34) 3231-5942

Solo foi usado como pigmento para as têmperas, exceto para o azul, no qual foi usado o "lápis lazúli".

Darli Reinalda de Oliveira, "Terra do Sol IV", 1995, Pigmentos e Terras Naturais, 2,00 × 2,15 m

Igo F. Lepsch

Formação e Conservação dos Solos

2ª edição

oficina de textos

© Copyright 2002 Oficina de Textos
1ª reimpressão 2005 | 2ª reimpressão 2007
2ª edição 2010
1ª reimpressão 2013 | 2ª reimpressão 2018

Grafia atualizada conforme o Acordo Ortográfico da Língua Portuguesa de 1990, em vigor no Brasil desde 2009.

CAPA Anselmo T. Ávila
DIAGRAMAÇÃO Douglas da Rocha Yoshida
ILUSTRAÇÕES Daniel Moreira, Douglas da Rocha Yoshida, Mauro Gregolin e Anselmo T. Ávila
OBRA DA CAPA Terra do Sol IV – Darli Reinalda de Oliveira
PREPARAÇÃO DE TEXTOS Rena Signer
REVISÃO DE TEXTOS Ivana Quintão de Andrade e Felipe Marques
REVISÃO TÉCNICA Ricardo M. Coelho

CONSELHO EDITORIAL Aluízio Borém; Arthur Pinto Chaves; Cylon Gonçalves da Silva; José Galizia Tundisi; Luis Enrique Sánchez; Paulo Helene; Rozely Ferreira dos Santos; Teresa Gallotti Florenzano

Dados Internacionais de Catalogação na Publicação (CIP)
(Câmara Brasileira do Livro, SP, Brasil)

Lepsch, Igo F.
　　Formação e conservação dos solos / Igo F. Lepsch. – 2. ed. – São Paulo : Oficina de Textos, 2010.

　　Bibliografia.
　　ISBN 978-85-7975-008-3

1. Solos 2. Solos - Brasil 3. Solos - Conservação 4. Solos - Formação I. Título.

10-08869　　　　　　　　　CDD-631.4

Índices para catálogo sistemático:

1. Ciência dos solos : Agricultura　631.4
2. Pedagogia : Agricultura　631.4
3. Solos : Ciência : Agricultura　631.4

Todos os direitos reservados à **Oficina de Textos**
Rua Cubatão, 798
CEP 04013-003　São Paulo　SP　Brasil
Fone (11) 3085-7933
Site www.ofitexto.com.br　E-mail atend@ofitexto.com.br

Apresentação

Entre os recursos naturais do nosso planeta, o solo é de relevante importância, porque grande parte dos nossos alimentos, direta ou indiretamente, provém dos campos de cultivo e de pastagens. Além disso, ele recebe a água das chuvas que depois emerge nas nascentes e mananciais, e sustenta a biodiversidade das florestas, campos e cerrados. A Ciência do Solo dedica-se a estudar esse recurso.

Uma de suas ramificações, a Pedologia, considera-o em seu ambiente natural, e se preocupa com a origem, morfologia, constituição, classificações e o mapeamento, que formam a base de indicação do seu melhor uso, conforme os princípios de proteção ambiental. Nesse aspecto, destacam-se os estudos relacionados à conservação dos solos agrícolas, uma vez que o homem, muitas vezes, tem usado o solo inadequadamente.

As descobertas da Pedologia são de grande interesse para os especialistas que lidam diretamente com aspectos relacionados ao uso da terra, tais como agrônomos, geólogos, geomorfólogos, geógrafos, biólogos, engenheiros civis e outros profissionais ligados ao meio ambiente, além ainda, em menor detalhe, todas as pessoas que, de um modo ou outro, se interessam em conhecer e preservar a natureza.

Este livro é uma iniciação à Ciência do Solo, e dirige-se a todos aqueles que desejam conhecer, em linguagem simples, precisa e atual, os aspectos mais relevantes da Pedologia e algumas de suas aplicações. Inicia-se com um breve histórico da evolução dos conhecimentos sobre o solo. A seguir, são explicados os seus principais constituintes, e os fatores naturais responsáveis pela sua formação, ou seja, a explicação da razão de os solos diferirem de um lugar para outro. Os principais solos do mundo e, em particular, do Brasil são descritos com a terminologia dos sistemas de classificação nacional e internacional. Há também o mapeamento das várias regiões do Brasil, segundo o recente Sistema Brasileiro de Classificação de Solos. A última parte do livro trata das causas da degradação dos solos, com destaque à erosão, e seu controle por meio das práticas de conservação do solo recomendadas para a agricultura moderna.

Meu empenho resultou da vontade de compartilhar, de maneira simples e integrada, do que aprendi primeiramente como aluno, depois como pesquisador e como professor de cursos de graduação e pós-graduação; bem como do que observei em muitos solos do Brasil e de várias outras partes do mundo.

Aos Editores coube a responsabilidade pela forma da obra, a inserção de obras de artistas brasileiros, para ampliar a abrangência da proposta editorial, além da leitura crítica. As muitas ilustrações foram cuidadosamente selecionadas, com rigor científico, para representar e complementar o texto. Para as imagens fotográficas, utilizou-se o meu acervo pessoal e o material cedido por colegas, amigos e estudantes, além de imagens adaptadas de publicações especializadas.

Nesta segunda edição, revisamos e atualizamos cuidadosamente a primeira edição, lançada em 2002. Além disso, diante do crescente pedido de alunos e profissionais de ensino superior, um novo capítulo foi adicionado, detalhando a Classificação Brasileira de Solos.

Nesta oportunidade, expresso minha homenagem a meu pai, Jacob A. Lepsch, que primeiro me mostrou o solo e nele me fez trabalhar. E também meus agradecimentos aos professores da graduação e pós-graduação, que me entusiasmaram nos estudos de solo; aos meus colegas do Instituto Agronômico do Estado de São Paulo (IAC); aos meus estudantes e colegas da Universidade Federal de Uberlândia (UFU), Universidade Federal de Lavras (UFLA), Universidade do Estado de São Paulo (UNESP/FCAV), Universidade de São Paulo (USP/ESALQ), que tornaram possível o desenvolvimento e a conclusão deste livro e, também, à minha dedicada companheira, Ivana Q. de Andrade, pela revisão do texto.

Igo Fernando Lepsch
junho de 2010

Sumário

Apresentação 5

1ª Parte – O Recurso Solo 10
1 O Recurso Solo 11
   1.1 Um pouco de História 11
   1.2 Ramificações da ciência do solo 18
   1.3 Conceitos e funções do solo 19
   1.4 Processos que iniciam a formação do solo 23

2ª Parte – Formação dos solos 29
2 Horizontes do Solo 30
   2.1 O que são e como se formam 30
   2.2 Identificação dos horizontes 31
   2.3 Morfologia do solo 35
   2.3 Identificação e delimitação dos horizontes 44
3 Componentes dos Horizontes do Solo 46
   3.1 Constituintes minerais da fase sólida 46
   3.2 Constituintes orgânicos da fase sólida 51
   3.3 A fase líquida ("água do solo") 53
   3.4 Ar do solo (fase gasosa) 57
4 Fatores de Formação do Solo 62
   4.1 Clima 63
   4.2 Organismos 65
   4.3 Material de origem 67
   4.4 Relevo 71
   4.5 Tempo 73

3ª Parte – Classificação e mapas dos solos 79
5 Princípios básicos e as várias classificações 80
   5.1 Sistemas naturais e suas hierarquizações 83
   5.2 Sistemas nacionais e Internacionais 88
6 Sistema Brasileiro de Classificação de Solos 93
   6.1 Apresentação e estrutura hierárquica 93
   6.2 Latossolos 96
   6.3 Nitossolos 100
   6.4 Argissolos 101
   6.5 Planossolos 103
   6.6 Plintossolos 105
   6.7 Espodossolos 107
   6.8 Luvissolos 108
   6.9 Chernossolos 110
   6.10 Vertissolos 111
   6.11 Cambissolos 113
   6.12 Neossolos 114
   6.13 Gleissolos 115
   6.14 Organossolos 117
7 Os mapas de solos (levantamentos pedológicos) 119
   7.1 O que são e como são produzidos 119
   7.2 Tipos de levantamentos e suas Unidades de Mapeamento 119
8 Mapas de solos das regiões do Brasil 124
   8.1 Solos da Amazônia 125
   8.2 Solos do Nordeste 129
   8.3 Solos da Região Centro-Oeste 134

8.4 Solos da Região Sudeste.................................137
8.5 Solos da Região Sul......................................142

9 **Solos do Mundo**..145
   9.1 Grupos de solos bem desenvolvidos em climas tropicais úmidos (*Ferralsols, Lixisols, Acrisols, Nitisols, Alisols* e *Plinthosols*)..............145
   9.2 Grupos de solos condicionados por climas temperados úmidos, com intensa redistribuição de argilas (*Luvisols, Planosols, Albiluvisols* e *Umbrisols*) ou de húmus com ferro e/ou alumínio (*Podzols*)..............................151
   9.3 Solos com horizonte superficial escuro, espesso e rico em cátions básicos, característicos das pradarias e estepes (*Chernozems, Kastanozems* e *Phaeozems*)..............156
   9.4 Solos condicionados por climas áridos e semiáridos (*Solonchacks, Solonetz, Gypsisols, Calcisols* e *Durisols*)..............160
   9.5 Solos minerais de climas frígidos (*Cryosols*).......................164
   9.6 Solos Minerais condicionados por formas especiais de relevo e/ou idade limitada (*Fluvisols, Gleysols, Leptosols, Regosols* e *Cambisols*)..............166
   9.7 Grupos de solos condicionalmente formados em materiais de origem especial (*Histosols, Anthrosols, Technosols, Andosols, Arenosols* e *Vertisols*)..............171
   9.8 Panorama geral dos recursos dos solos para a agricultura.............................176

4ª Parte – Degradação e Conservação dos Solos.........181

10 **Atividades humanas e seu efeito nos solos**.........................182
   10.1 Solos e ambiente...........................182
   10.2 Causas do depauperamento do solo.............184
   10.3 Tipos de erosão e sua importância............190
   10.4 Fatores que afetam a erosão..................193

11 **Conservação dos Solos**...........................197
   11.1 Importância das práticas conservacionistas....197
   11.2 Práticas de caráter edáfico..................197
   11.3 Práticas de caráter mecânico.................200
   11.4 Práticas vegetativas..........................202
   11.5 Sistema de plantio direto na palha...........203
   11.6 Capacidade de uso e planejamento conservacionistas da terra..............205
   11.7 Conclusão 211

Bibliografia Consultada....................................215

Pedro Weingartner, "Ceifa", 1903, Acervo da Pinacoteca do Estado de São Paulo/Brasil

Pedro Weingartner (1853-1929) foi também gravador além de pintor, tendo na paisagem um de seus temas mais recorrentes. Nesta obra, ele nos apresenta trabalhadores rurais em plena ação cotidiana. Note os diferentes tons de verde espalhados pelas montanhas ao fundo; perceba que, para caracterizar a plantação, o artista utilizou cores diferentes, mais amareladas.

1ª Parte

O Recurso Solo

1 O Recurso Solo

1.1 Um pouco de História

Há cerca de trinta mil anos, os homens primitivos viam o solo apenas como algo existente sobre a superfície da Terra, que permitia não só a sua locomoção, como também o crescimento de vegetais, frutos silvestres, barro para confeccionar objetos de cerâmica e fornecer pigmentos para suas pinturas rupestres. Para eles, os solos eram considerados fixos e imutáveis e se confundiam com o restante da crosta terrestre.

Os diferentes tipos de solos eram identificados a partir da constatação de que alguns forneciam melhores frutos; e outros, as matérias-primas de variadas cores para suas pinturas e confecção dos objetos, e nenhum outro conhecimento adicional era necessário. Por isso, é possível afirmar que esses homens primitivos, essencialmente nômades, e agentes de sua luta pela sobrevivência, tiveram pouca ou nenhuma preocupação com a origem e as propriedades do conjunto de camadas a que hoje chamamos de *solum*.

Em um período iniciado após a última era glacial (cerca de 10.000 anos atrás), grande parte dos humanos começou a fixar-se em determinados territórios, nos quais iniciou o cultivo de plantas para obter mais facilmente alguns de seus alimentos. Então, de nômade, passou a se fixar e a defender determinada porção de terra, cujo solo, além de suportar a vegetação nativa, podia servir para colocar sementes que, em condições favoráveis, germinariam, cresceriam e produziriam alimentos. Assim, à medida que surgiam as cidades, aumentava o interesse pela agricultura e, consequentemente, pelo conhecimento do solo.

O homem primitivo usava materiais do solo como pigmento para as têmperas com as quais fazia suas pinturas nas paredes das cavernas onde habitava, como nesta representação de uma arara, encontrada em uma caverna de Goiás
Foto: A. Carias Frascoli.

Formação e Conservação dos Solos

As primeiras civilizações agrícolas não deixaram marcas históricas suficientes para se saber quais eram os seus conceitos a respeito das formas da natureza. No entanto, algumas evidências arqueológicas sugerem que, desde o início da agricultura, o homem aprendeu que determinados solos eram mais produtivos do que outros, e alguns eram demasiadamente encharcados, arenosos ou endurecidos para o cultivo. Esse aprendizado foi possível devido ao processo de tentativas, que o ajudava a concluir que os solos pouco produtivos deviam ser abandonados, até que fossem encontrados outros mais férteis e propícios às contínuas lavouras.

A qualidade das terras do território em que o homem se estabelecia condicionou o avanço das civilizações. Assim, as pequenas tribos ganharam populações maiores, porque as primeiras cidades tinham de se situar em áreas com solos férteis, próximas a boas reservas de água e pouco sujeitas à intensa degradação pela erosão.

As primeiras grandes civilizações antigas desenvolveram-se principalmente ao redor de grandes rios que fluíam em regiões de clima árido. Por exemplo, Tigre e Eufrates (antiga Mesopotâmia — hoje Síria e Iraque), Nilo (Egito) e planície Indo-Gangética (hoje Índia, Paquistão e Bangladesh) formam o chamado "crescente fértil". Sabe-se que um dos principais fatores responsáveis pela prosperidade desses povos foram os ricos solos das planícies aluviais (várzeas) desses rios. O clima relativamente seco fez com que surgisse a necessidade de sistemas de irrigação e,

Indígenas brasileiros que haviam aprendido a usar o solo para a agricultura. Nesta litogravura estão representados a derrubada de uma porção de mata, o plantio e a colheita de mandioca. Litogravura do livro de Hans Staden, publicado em 1557

durante as longas estiagens, as terras eram irrigadas por sistemas de canais distribuidores de água, planejados e executados com os primeiros conhecimentos de engenharia e de um trabalho organizado.

Na América do Sul, em épocas pré-colombianas, os indígenas brasileiros obtinham alguns de seus alimentos da agricultura, com a derrubada e queima de pequenas porções da floresta tropical úmida, para ali cultivar, durante dois ou três anos, o solo recém-fertilizado pelas cinzas da queimada. Nos Andes, em solos mais férteis e mais secos, civilizações mais desenvolvidas, como a dos Incas, adotavam uma agricultura mais permanente e eficiente, irrigando solo em várzeas e em terraços construídos nas escarpas das íngremes montanhas.

Os primeiros documentos deixados pelas grandes civilizações agrícolas indicam que as terras costumavam ser diferenciadas pela produtividade agrícola, o que implicava o reconhecimento do solo como um meio para o desenvolvimento das plantas. Na China, por exemplo, há 6.600 anos, as terras foram subdivididas em nove classes, de acordo com a produtividade, porque o tamanho das propriedades e seu valor, correspondente ao nosso imposto territorial, baseavam-se na capacidade produtiva do solo.

Na Grécia, há 2.500 anos, os estudos de Aristóteles e, principalmente, de seu discípulo Theofastes, um dos fundadores da Botânica, mostram uma série de observações sobre algumas características do solo mais relacionadas com o desenvolvimento das plantas. Também nas pesquisas de Hipócrates, um dos primeiros grandes médicos da Antiguidade, encontra-se a afirmação de que os solos estão relacionados às plantas, tal como os estômagos com os animais. Conceito correto, uma vez que o estômago transforma os alimentos para o crescimento e a manutenção do corpo, da mesma forma que o solo transforma e cede os nutrientes à planta, o que lhe permite crescer e frutificar.

Terraços construídos pelos incas no Peru pré-colombiano, onde em solos férteis e artificialmente irrigados eram cultivados alimentos, tais como milho e batata (ruínas na trilha inca para Machu Picchu)

Formação e Conservação dos Solos

Dos antigos romanos, há documentos com classificações de terras que descrevem meios de obter melhores colheitas, como a mistura, à camada revolvida pelo arado, de cinza de madeiras e esterco de animais. Catão, o Velho, há 2.200 anos, escreveu o "Tratado da Agricultura", que é uma coletânea de indicações úteis à exploração de pequenas propriedades agrícolas, na qual enumera nove tipos de sítios em ordem decrescente, de acordo com a qualidade dos solos. O primeiro era fértil, quase plano e próprio para uma boa vinha; e o último, íngreme, pedregoso, com vegetação arbustiva escassa, serviria apenas para o pastoreio de algumas espécies de animais.

Há 2.000 anos, o romano Columela fez várias menções às propriedades e qualidades de solo. Nota-se que os romanos, muitas vezes, relacionavam a boa produtividade do solo à cor: quanto mais escura, melhor ele seria, e essa cor escura era atribuída a uma substância orgânica que hoje é conhecida como húmus.

Com o florescimento da cultura árabe, no primeiro milênio d.C. surgiram vários tratados sobre manejo agrícola do solo, destacando-se os de sistemas de irrigação com base em princípios da hidráulica e alguns manuais ensinavam novos cultivos que foram introduzidos até na Espanha e Portugal, tais como: algodão, arroz, citrus e cana-de-açúcar. Contudo, o restante da Europa cristã, na Idade Média, um dos períodos de ênfase na fé e costumes religiosos, mas obscuro para o avanço das ciências, teve pouco ou nenhum progresso no conhecimento e na compreensão científicos.

No entanto, muitos consideram que, da fé existente nessa época, herdamos a crença de que tudo no Universo guarda um segredo que pode ser descoberto, se devidamente estudado. As observações das diversas feições da natureza e o seu relacionamento com as ocorrências do dia a dia tornaram-se mais significativas. Por exemplo, hoje, um simples lavrador pode não entender o que faz um estudioso do solo ao escavar para examiná-lo, mas normalmente aceita a pesquisa em sua terra, pois tem a fé nos estudos, que trarão descobertas interessantes, e poderão resultar em algo futuramente benéfico para ele e seus filhos.

Após a Idade Média, com o aparecimento da imprensa, houve muitos progressos na ciência europeia. Muitos alquimistas procuravam pelo "elixir da longa vida", para rejuvenescê-los, e pela "pedra filosofal", para transformar em ouro tudo que tocasse. Acabaram desistindo dessa procura e se voltaram para a descoberta do que fazia as plantas crescerem. Talvez ainda influenciados pelas ideias da existência única de quatro elementos, dos quais tudo era feito – terra, água, ar e fogo –, eles imaginavam que a água fosse o "elixir da vegetação". O médico belga Van Helmont (1580-1664), por exemplo, plantou uma estaca de salgueiro de apenas 2 kg em um grande vaso, no qual ele nada adicionou além de determinada quantidade de terra seca e, periodicamente, água da chuva. No final de cinco anos, o salgueiro apresentava um aumento de peso de 74,4 kg, ao passo que o solo havia decrescido apenas 57 g de peso. Dessa experiência, ele concluiu que toda a matéria vegetal se originava "imediata e materialmente da água do solo".

Essas teorias, apesar de incompletas (sabemos hoje que as plantas necessitam de muitos outros nutrientes além da água), dominaram os meios científicos do Ocidente durante quase todo o século XVIII. No início do século XIX, as afirmações de Van Helmont cederam vez à "teoria do húmus", elaborada por Tahaer e Von Wullfen, segundo a qual as plantas se alimentariam também dos sólidos do solo, assimilando diretamente os compostos orgânicos do seu húmus.

Após a Revolução Francesa, houve um grande avanço das ciências. A atenção de muitos dos cientistas europeus voltou-se à fertilidade do solo, porque produzir mais alimentos passou a ser uma necessidade vital. Como a ciência médica, aparentemente avançava e salvava muitas vidas, as populações cresciam mais rapidamente do que os suprimentos de alimentos. Assim, com base nos avanços das ciências básicas e pressionados pela necessidade de desenvolver métodos mais eficazes de plantio, alguns químicos passaram a estudar o solo.

Em 1840, o químico Justus Von Liebig publicou um livro com a descrição de experimentos que provavam que as plantas não se alimentavam de substâncias orgânicas, mas de elementos e compostos químicos simples do solo, como a água e íons nela dissolvidos; o húmus era um produto transitório entre a matéria orgânica e esses íons. As teorias de Liebig são corretas e foram cientificamente revolucionárias, porque, além da grande aplicação prática, estabeleceram a base para o uso dos fertilizantes minerais para aumentar muito mais as colheitas.

No entanto, Liebig e seus seguidores, apesar de terem usado métodos experimentais, basearam-se na suposição de que os solos eram meros corpos estáticos constituídos de pequenos fragmentos de rocha, misturados com o húmus, capazes de armazenar água e outros nutrientes. Os solos eram estudados em amostras cultivadas em vasos, em estufas, ou analisadas em laboratórios. Um grande mérito desses químicos foi iniciar o aprimoramento das práticas de manejo agrícola da terra, por meio de experiências bem conduzidas e descritas. Contudo, devido à falta de preocupação direta em estudar os solos no seu ambiente natural, muitos dos fenômenos relacionados à transferência de nutrientes dos sólidos do solo para as raízes dos vegetais não foram bem elucidados e pouco ou nada foi esclarecido com relação à origem e desenvolvimento dos solos.

Em 1877, o naturalista russo Vasily V. Dokouchaev (Василий В. Докучаев) participou de uma comissão nomeada pelo tzar, para estudar os efeitos da seca catastrófica que tinha ocorrido naquele ano nas planícies da Ucrânia. Ele teve a oportunidade de estudar detalhadamente os solos da região em seu próprio ambiente. Anos mais tarde, foi convocado para liderar um trabalho semelhante nas florestas da região de Gorki, a leste de Moscou, de clima mais frio e úmido. Ao comparar os solos dessas duas regiões, ele constatou que os da Ucrânia eram bastante diferentes dos de Gorki e concluiu que essa diversidade era

Formação e Conservação dos Solos

provocada principalmente pelas diferenças de clima. Dokouchaev verificou também que, nas duas regiões estudadas, os solos eram compostos por uma sucessão de diferentes camadas horizontais, que começavam na superfície e terminavam na rocha subjacente. Ele reconheceu e interpretou essas camadas como o resultado da ação conjunta de diversos fatores que deram origem ao solo, entre eles o clima, e concluiu que cada tipo de solo poderia ser caracterizado pela descrição detalhada dessas camadas.

Assim, Dokouchaev estabeleceu as bases de um novo ramo da ciência: a Pedologia. Ele teve a oportunidade de viajar e estudar o extenso e diversificado território russo, usando seus conhecimentos científicos, suas habilidades de observador, o entusiasmo para trabalho e espírito de equipe, graças ao apoio do seu governo para pesquisar e aprimorar a produtividade das famosas "terras escuras" ("*Cherno-zems*", do russo: черный, *chernyi* = escura + земля, *zemlya* = terra) das planícies campestres, onde a seca e a fome rondavam periodicamente. Com seu talentoso trabalho, sob os parâmetros da ciência moderna, Dokouchaev reconheceu o solo como um corpo dinâmico e naturalmente organizado que podia ser estudado por si só, tal como as rochas, as plantas e os animais. Assim, ele acrescentou um novo tema ao pensamento científico: a pedogênese — o estudo da formação (gênese) dos solos.

Enquanto Dokouchaev (1846-1903) decifrava a origem dos solos, o naturalista britânico Charles Darwin (1809-1882) decifrava a origem das espécies biológicas. Em suas viagens, este chegou a fazer várias observações acerca da influência de organismos vivos na formação dos solos. Ao percorrer e observar terras tropicais, Darwin escreveu sobre a atividade de animais que escavavam intensamente e revolviam o solo (como as minhocas, formigas e cupins), num processo que hoje cha-

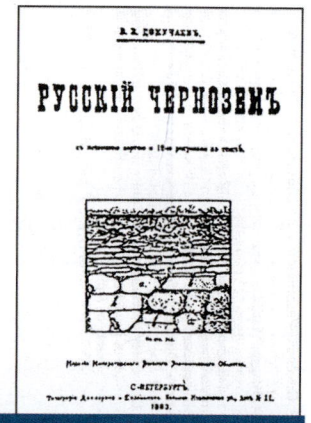

Vasilli V. Dokouchaev (1846-1903) teve oportunidade de investigar solos de um país com tão grande extensão territorial, o que lhe deu maior chance de observar como o clima influenciava na formação dos solos [adaptado Bol. ISSS 64: (2) 1983]

Capa da tese defendida por Dokouchaev, em 1883, na qual aparece o desenho de um perfil de solo

mamos de "bioturbação". Demonstrou num livro a importância das atividades biológicas na manutenção da fertilidade do solo, mas seus estudos foram negligenciados pelos agrônomos da época, imbuídos pela "química do solo" lançada por Liebig, mais preocupados em fertilizar e aumentar a produtividade das lavouras e assim poder alimentar uma população que crescia cada vez mais rápido.

Essas preocupações surgiram também em algumas regiões das Américas, para onde grande parte dessa população emigrou. Em 1887, por exemplo, foi criada a Estação Agronômica de Campinas, pelo Imperador D. Pedro II, embrião do futuro *Instituto Agronômico de Campinas*. Uma de suas principais finalidades era estudar os solos dos cafezais de São Paulo.

Contudo, as descobertas da escola russa demoraram a chegar à Europa Ocidental e às Américas por causa das dificuldades de língua e alfabeto. Esse grande entrave foi primeiro aliviado com traduções de trabalhos da escola russa para a língua alemã, em 1914, por Glinka, um dos seguidores de Dokouchaev.

Charles Darwin aos 33 anos em retrato feito por George Richmond

Capa do livro *The formation of vegetable mould through the action of worms*, no qual Darwin aborda o efeito das minhocas na formação do solo, e inclui o desenho de um perfil de solo
Fonte: Wikipédia.

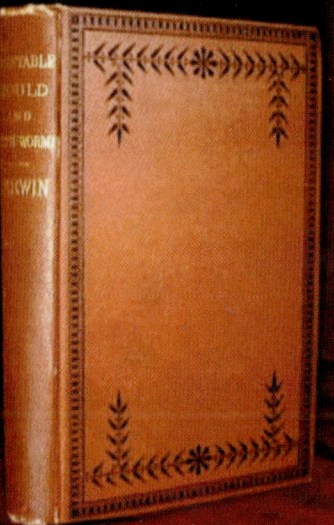

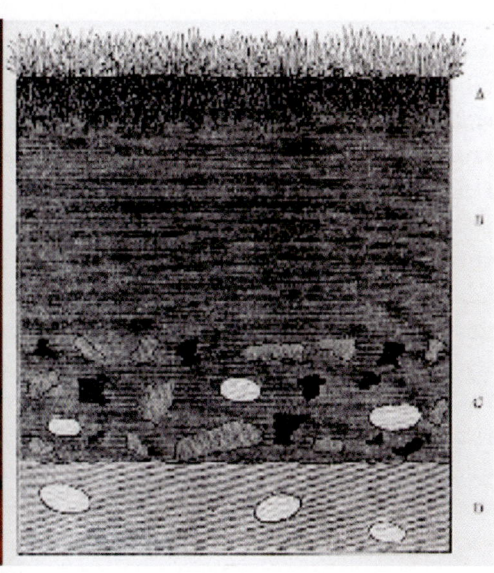

Ao conhecer o trabalho traduzido por Glinka, o geógrafo americano Marbut fez a tradução do texto para o inglês, o que ajudou a promover as descobertas da escola russa para o resto do mundo. Pedologia passou então a designar o estudo do solo em seu ambiente natural, sob o ponto de vista mais básico, seguindo-se os paradigmas lançados por Dokouchaev; enquanto os estudos mais aplicados à agronomia baseavam-se nos paradigmas lançados por Liebig.

1.2 Ramificações da ciência do solo

Como em qualquer especialidade do conhecimento natural, na ciência do solo surgiram algumas subdivisões ou especializações, uma vez que o estudo de qualquer ser é normalmente feito segundo certos modelos conceituais, ou paradigmas científicos, que definem as suas principais linha de raciocínio. Assim, existem hoje várias especialidades relacionadas com os estudos dos solos, mas a maioria visa solucionar problemas práticos.

O termo *edafologia* (do grego έδαφος, *edaphos* = terreno e λόγος, *logos* = estudo) é algumas vezes usado como sinônimo do estudo do solo, visto como o meio pelo qual se cultivam as plantas, portanto, mais ligado à Agronomia. No Brasil, a ciência do solo subdividiu-se em várias outras subáreas do conhecimento. Algumas delas, com o objetivo de estudar o solo mais do ponto de vista edafológico, tais como: "Fertilidade do Solo e Nutrição de Plantas", "Biologia do Solo", "Física do Solo" e "Conservação do Solo". Outras, do ponto de vista pedológico, tais como: "Gênese, Morfologia e Classificação do Solo", "Levantamento de Solos" e "Química e Mineralogia do Solo".

Na engenharia civil, desenvolveu-se a "Mecânica dos Solos". Os estudos dessa disciplina são dirigidos principalmente para prever o comportamento de "maciços terrosos" (aterros, taludes etc.) quando sujeitos a forças provocadas por obras de engenharia (edificações, estradas etc.). Nesse caso, o solo é definido como "todo material de construção ou mineração da crosta terrestre escavável por meio de pá, picareta, escavadeira etc., sem necessidade de explosivos".

O ramo da "Fertilidade do Solo e Nutrição de Plantas", mais voltado à Edafologia, preocupa-se com a capacidade de suprir nutrientes do horizonte mais superficial dos solos agrícolas, onde se concentra a maior parte dos seus nutrientes e das raízes das plantas cultivadas. Constantemente, enfatiza a "análise química do solo para fins de fertilidade", muito requisitada pelos agricultores. Com os resultados dessas análises, é possível estimar a quantidade de nutrientes disponíveis na camada arável e dar indicações às necessidades mais imediatas de correção da acidez e fertilização para um solo que vai ser cultivado.

A Pedologia (do grego: πέδον, *pedon* = solo e λόγος, *logos* = estudo) destaca-se como refúgio do estudo do solo no seu conceito total e essencial. Ou seja, o pedólogo interessa-se tanto pela camada arável, mais superficial, como pelas demais e procura entender a pedogênese, ou seja, como os diversos horizontes se formam. Ele considera o solo um corpo natural e tridimensional, componente de um ecossistema, sem se preocupar de imediato com suas aplicações práticas. Para ele, é necessário conhecer sua origem, de que materiais é composto, como se distribui na paisagem e que fatores ambientais influenciaram sua formação.

Neste livro, o solo é visto basicamente do ponto de vista pedológico, embora, muitas vezes, se faça referência a seus aspectos práticos de utilização, principalmente do ponto de vista agroecológico, porque a capacidade de promover o crescimento de plantas é considerada como sua função mais importante. Inexistem separações nítidas entre estudos mais básicos (como da Pedologia) e os mais aplicados (como da fertilidade do solo e geotécnica): os primeiros podem contribuir igual e diretamente para o avanço teórico das ciências e para as aplicações práticas diretas e vice-versa. Além disso, o próprio pedólogo, embora teoricamente estude a origem e formação do solo, muitas vezes encara seus atributos do ponto de vista da produção de alimentos, tema de grande importância hoje, devido ao acelerado aumento da população mundial.

1.3 Conceitos e funções do solo

Para alguns, solo é sinônimo de qualquer parte da superfície da Terra e mesmo de outros planetas. É o que se observa, por exemplo, quando se lê que "devem ser observados sinais de tráfego desenhados no solo" ou que "os astronautas coletaram amostras do solo lunar". Geólogos podem entendê-lo como parte de uma sequência de eventos geológicos do chamado "ciclo geológico".

Para o engenheiro de minas, ele é mais um material solto que cobre os minérios e que deve ser removido. O engenheiro civil considera-o parte da matéria-prima para construções de aterros, estradas, barragens e açudes. Tal como Liebig, os químicos podem considerá-lo uma porção de material sólido a ser analisada em todos seus constituintes elementares. Físicos o veem como uma massa de material cujas características mudam em função de variações de temperatura e conteúdo de água. Ecólogos veem o solo como uma porção do ambiente condicionado por organismos vivos e que, por sua vez, também influencia esses organismos.

Para os legisladores, o solo, muitas vezes, é sinônimo de "torrão natal" (no sentido de "solo pátrio"). Para o historiador e arqueólogo, ele é um "gravador do passado" no qual estão registrados importantes fatos, muitas vezes revelados pelos fósseis nele encontrados. Os artistas e filósofos podem vê-lo como uma beleza, muitas vezes mística, relacionada às forças da vida, em contraste com o lavrador que o vê como o lugar onde ele pode produzir sua lavoura, da qual retira sua subsistência.

O pedólogo examina o solo com atenções diferentes, porque o vê como um objeto completo de estudos básicos, aplicados, e usa métodos científicos de induções e deduções sucessivamente. Para ele, solo é a coleção de corpos naturais dinâmicos, que contém matéria viva, e resulta da ação do clima e de organismos sobre um material de origem, cuja transformação em solo se realiza durante certo tempo e é influenciada pelo tipo de relevo.

Formação e Conservação dos Solos

O limite superior do solo é a biosfera e a atmosfera com as quais se entrelaça. Lateralmente, ele pode passar para corpos d'água, rocha desnuda, gelo ou areias de praias costeiras ou de dunas movediças. O limite inferior é mais difícil de ser estabelecido porque ele passa progressivamente à rocha dura ou a material geológico inconsolidado. Portanto, ao se situar na interface entre a litosfera, biosfera, atmosfera e hidrosfera, outro nome para o conjunto de solos da Terra é *pedosfera*.

Nessa paisagem os limites laterais do solo são as areias das praias, a água do mar e as rochas diretamente expostas à atmosfera
Foto: Frederico O. R. Pinto.

A pedosfera funciona como um alicerce da vida dos ecossistemas terrestres. Plantas clorofiladas precisam de energia solar, gás carbônico, água e nutrientes minerais. Com raras exceções, tanto a água como os nutrientes só podem ser fornecidos através do solo, que assim funciona como mediador entre: hidrosfera, litosfera, biosfera e atmosfera. Por isso, pode-se afirmar que a pedosfera, além de nos fornecer os vegetais, também influencia a qualidade da água que bebemos e do ar que respiramos. Do solo, também pode ser retirado material de construção de estradas, barragem de terra em açudes e casas. Muitas vezes, serve para receber e processar ou reciclar dejetos, como o lixo das grandes cidades.

Em relação aos vegetais, o solo funciona como fixador e reservatório para as raízes, mantendo os caules fixos e eretos, e as raízes extraem água com nutrientes. Normalmente, entre todos os fatores ecológicos, preocupamo-nos mais em estudar os nutrientes, dado o seu destaque em fazer vegetais nascer, crescer e frutificar, o que mantém a sobrevivência da vida terrestre.

As plantas, além de consumirem água, oxigênio e gás carbônico, retiram do solo dezesseis elementos essenciais à vida. Desses, seis são absorvidos em quantidades relativamente grandes, os *macronutrientes*: nitrogênio, fósforo, potássio, cálcio, magnésio e enxofre. Os outros dez, igualmente essenciais, mas usados em quantidades muito pequenas, são denominados *micronutrientes* (boro, cloro, cobre, ferro, manganês, molibdênio, níquel, cobalto, zinco e sódio). Existem também os elementos considerados benéficos, como silício, selênio, entre outros. O silício, muitas vezes, é encontrado também como nutriente, sendo absorvido em quantidades relativamente elevadas por alguns vegetais, como as gramíneas (arroz, por exemplo).

Para um crescimento eficaz dos vegetais, todos os elementos nutrientes têm de estar presentes no solo em quantidades, formas e ambiente adequados. As quantidades têm de ser balanceadas, as formas disponíveis e o ambiente em padrões

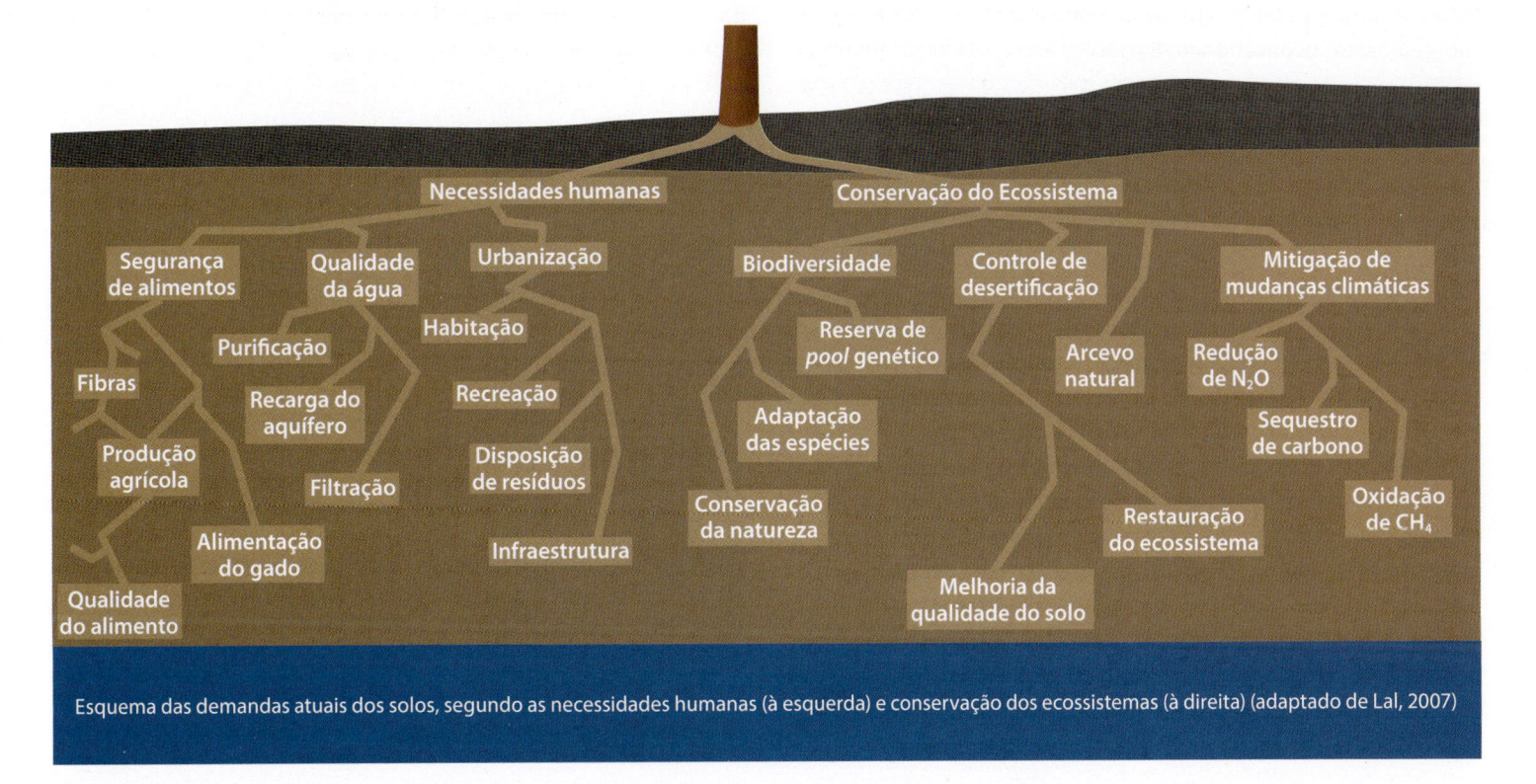

Necessidades humanas
- Segurança de alimentos
- Qualidade da água
- Urbanização
- Purificação
- Habitação
- Fibras
- Recarga do aquífero
- Recreação
- Produção agrícola
- Filtração
- Disposição de resíduos
- Alimentação do gado
- Infraestrutura
- Qualidade do alimento

Conservação do Ecossistema
- Biodiversidade
- Controle de desertificação
- Mitigação de mudanças climáticas
- Reserva de *pool* genético
- Arcevo natural
- Redução de N_2O
- Adaptação das espécies
- Sequestro de carbono
- Conservação da natureza
- Restauração do ecossistema
- Oxidação de CH_4
- Melhoria da qualidade do solo

Esquema das demandas atuais dos solos, segundo as necessidades humanas (à esquerda) e conservação dos ecossistemas (à direita) (adaptado de Lal, 2007)

favoráveis de temperatura, umidade e aeração. Quando isto ocorre, o solo é fértil e, em relação aos nutrientes minerais, é "quimicamente rico".

Se qualquer um dos dezesseis elementos estiver ausente, em formas não disponíveis para as raízes ou em quantidades e/ou proporções inadequadas, ele limitará, ou mesmo impedirá, o crescimento da planta. Isto ocorre mesmo que os demais estejam adequados e haja fornecimento apropriado de gás carbônico, oxigênio, água, luz e calor.

A ideia de que o crescimento das plantas é controlado pelo nutriente em menor quantidade vem desde os tempos do químico Justus Von Liebig (1840), e é conhecida como "lei do mínimo". É grande a importância dessa lei para as pesquisas e aplicações práticas, relacionadas ao uso de adubos na agricultura. Por isso, a habilidade de um solo de se suprir de nutrientes ou de "reagir" à adição de determinado fertilizante às plantas mereceu mais estudos do que qualquer aspecto da ciência do solo.

A maior parte dos nutrientes do solo origina-se dos minerais que constituem os materiais dos quais ele se formou. Normalmente, esses materiais geológicos não são capazes de suportar e sustentar plantas superiores. No caso de rochas endurecidas, não armazenam água e impedem a penetração das raízes. Além disso, os nutrientes não podem ser absorvidos pelas plantas enquanto estiverem retidos na estrutura cristalina de seus minerais.

Para que as raízes possam crescer e os nutrientes dos minerais possam ser desprendidos e armazenados para a fácil disponibilidade das raízes, a natureza dá início e continuidade aos importantes processos de formação do solo, a começar pelo *intemperismo*.

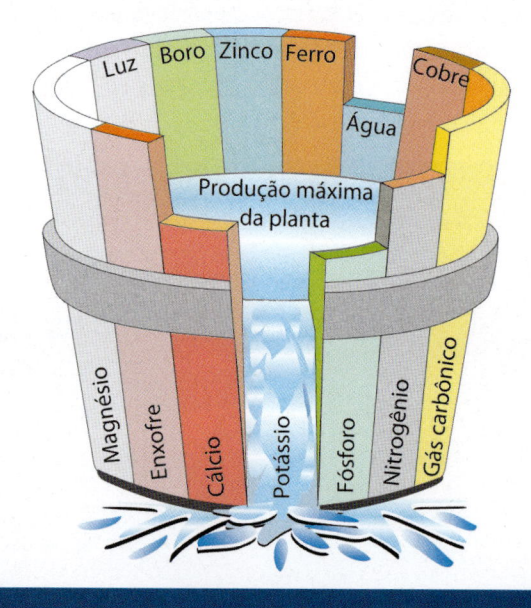

Ilustração da "Lei do Mínimo", de Liebig: "o máximo da produção depende do fator de crescimento que se encontra à disposição da planta em menor quantidade." Como se observa no barril acima, a aduela mais baixa impede a elevação da altura da água, da mesma forma que uma deficiência de potássio no solo impediria o aumento de uma colheita na lavoura

1.4 Processos que iniciam a formação do solo

As rochas da litosfera, expostas à atmosfera, sofrem a ação direta do calor do sol, da umidade das chuvas e do crescimento de organismos. Assim, iniciam-se os processos que resultam em inúmeras modificações na composição química dos seus minerais e aspectos físicos. A esses processos dá-se o nome de *intemperismo ou meteorização*, fenômeno responsável pela formação do material semiconsolidado que dará início à formação do solo.

Os processos que agem na alteração do tamanho e formato das rochas são denominados *intemperismo físico ou desintegração*; e que modificam a composição química são *intemperismo químico ou decomposição*. A rocha, depois de alterada, recebe o nome de *regolito ou manto de intemperização* (do grego: ῥῆγος, *rhegos* = manto + λίθος, *lithos* = rocha), porque forma uma camada que recobre as que estão em vias de decomposição. É na parte mais superficial do regolito que ocorre a formação do solo, podendo restar entre eles um *saprolito* (do grego σαπρος, *sapros* = pútrido + λιθος, *lithos* = rocha).

As rochas originam-se em grandes profundidades e sob condições de temperatura e pressão elevadas. Quando expostas à atmosfera, elas se tornam instáveis, uma vez que estão sujeitas às condições de pressão, temperatura e umidade muito diferentes do meio de origem. Por exemplo, a diminuição da pressão provoca fendas, e a oscilação de temperatura, do dia para a noite, e do inverno para o verão, provoca dilatação nas épocas de calor e contração nos períodos mais frios. Como a maior parte das rochas é constituída de mais de um mineral, que têm coeficientes de dilatação diferentes, essas variações de volume provocam o aparecimento de inúmeras rachaduras, que propiciam o intemperismo químico, através da água e de organismos que penetram por elas.

Este fragmento de rocha basáltica, retirado do horizonte C de um solo, apresenta ao seu redor uma camada amarelada resultante da alteração de seus minerais pela ação do intemperismo químico

Formação e Conservação dos Solos

O intemperismo químico é provocado principalmente pela ação da água, que nunca é pura (como H_2O, destilada), pois sempre estão dissolvidas certas quantidades de oxigênio, gás carbônico e substâncias orgânicas provenientes tanto do ar como da respiração de organismos. Sua intensidade de ação é diretamente proporcional ao conteúdo dessas substâncias dissolvidas e à sua temperatura. Assim, quanto mais úmido e quente for o clima e quanto mais gás carbônico houver, mais intensa e rápida será a decomposição dos minerais. Em regiões onde a água é escassa, como nos desertos, as rochas sofrem mais intemperismo do tipo físico do que químico, e o contrário nas regiões úmidas e quentes. A ação da umidade e das temperaturas elevadas pode aumentar muito com a dos organismos.

As alterações dos minerais se processam com reações químicas sintetizadoras de outros novos, denominados *minerais*

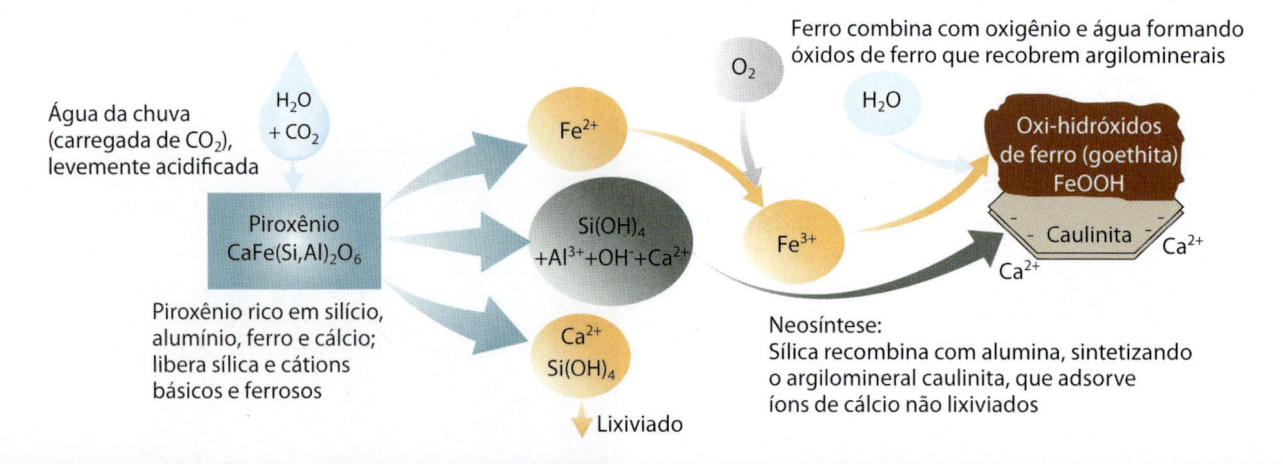

Água da chuva (carregada de CO_2), levemente acidificada — $H_2O + CO_2$

Piroxênio $CaFe(Si,Al)_2O_6$

Piroxênio rico em silício, alumínio, ferro e cálcio; libera sílica e cátions básicos e ferrosos.

Fe^{2+}

$Si(OH)_4 + Al^{3+} + OH^- + Ca^{2+}$

Ca^{2+}
$Si(OH)_4$
Lixiviado

O_2 — Ferro combina com oxigênio e água formando óxidos de ferro que recobrem argilominerais

H_2O

Fe^{3+}

Neosíntese: Sílica recombina com alumina, sintetizando o argilomineral caulinita, que adsorve íons de cálcio não lixiviados

Oxi-hidróxidos de ferro (goethita) FeOOH

Caulinita — Ca^{2+}, Ca^{2+}

Intemperismo do mineral Piroxênio, composto pelos elementos oxigênio (O), silício (Si), alumínio (Al), ferro (Fe) e cálcio (Ca). Sob ação da água, gás carbônico e oxigênio do ar, ele sofre hidrólise e oxidação; depois que os elementos se destacam de seus cristais, alguns são lixiviados; os que ficam se recombinam, sintetizando novos minerais, como a caulinita e a goethita (esta se forma com a oxidação do ferro ferroso [Fe^{2+}] para ferro férrico [Fe^{3+}], que comumente recobre os cristais da caulinita).

secundários. Eles têm menor densidade do que os minerais primários das rochas, com destaque aos *argilominerais*.

As reações químicas provocam transformações que desmancham o arranjo original dos cristais dos minerais e, em consequência, desprendem os elementos químicos que estavam retidos na sua estrutura inicial, os quais podem se reagrupar para formar os novos cristais dos minerais secundários. As reações mais importantes são:

a. *Dissolução* – solubilização completa de alguns minerais quando em contato com a água (por exemplo, a dissolução da calcita dos calcários forma cavernas).
b. *Hidrólise* – processo no qual algumas moléculas de água (H_2O) dividem-se em íons hidrogênio (H^+) e hidroxila (OH^-) os quais reagem com os minerais, fazendo-os liberar cátions básicos [ex.: cálcio (Ca^{2+}), magnésio (Mg^{2+}) e potássio (K^+)] bem como sílica [$Si(OH)_2$]. O gás carbônico (CO_2), transformado em ácido carbônico quando em contato com a água, intensifica bastante esse processo.
c. *Oxidação* – reação do oxigênio (O_2) com um mineral. O exemplo mais comum é a oxidação do ferro ferroso (Fe^{2+}) quando se combina com oxigênio dissolvido na água para formar ferro férrico (Fe^{3+}) dos óxidos e hidróxidos de ferro, tais como as "ferrugens".
d. *Redução* – é o inverso da oxidação. Um dos exemplos mais comuns é a redução do ferro férrico (Fe^{3+}) nas suas formas solúveis em água (Fe^{2+}).

Dentre os principais elementos liberados nesse processo, estão os quimicamente denominados *metais básicos*, ou simplesmente *bases* – sódio, potássio, cálcio e magnésio –, os quais, depois de destacados do interior dos minerais primários, podem ficar fracamente retidos, na forma de íons, na superfície de algumas das pequeníssimas partículas dos argilominerais e do húmus. Ao contrário dos retidos no interior dos minerais, aí estão em condições de serem cedidos às raízes, quando elas necessitarem.

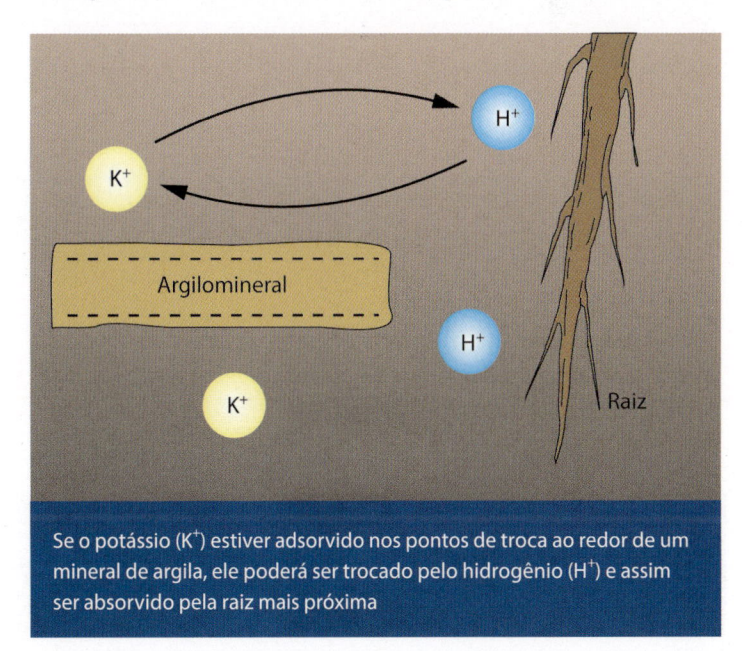

Se o potássio (K^+) estiver adsorvido nos pontos de troca ao redor de um mineral de argila, ele poderá ser trocado pelo hidrogênio (H^+) e assim ser absorvido pela raiz mais próxima

Formação e Conservação dos Solos

Calor do sol

Água da chuva

Atmosfera

Biosfera

Hidrosfera

Solum

Regolito

Saprolito

Litosfera

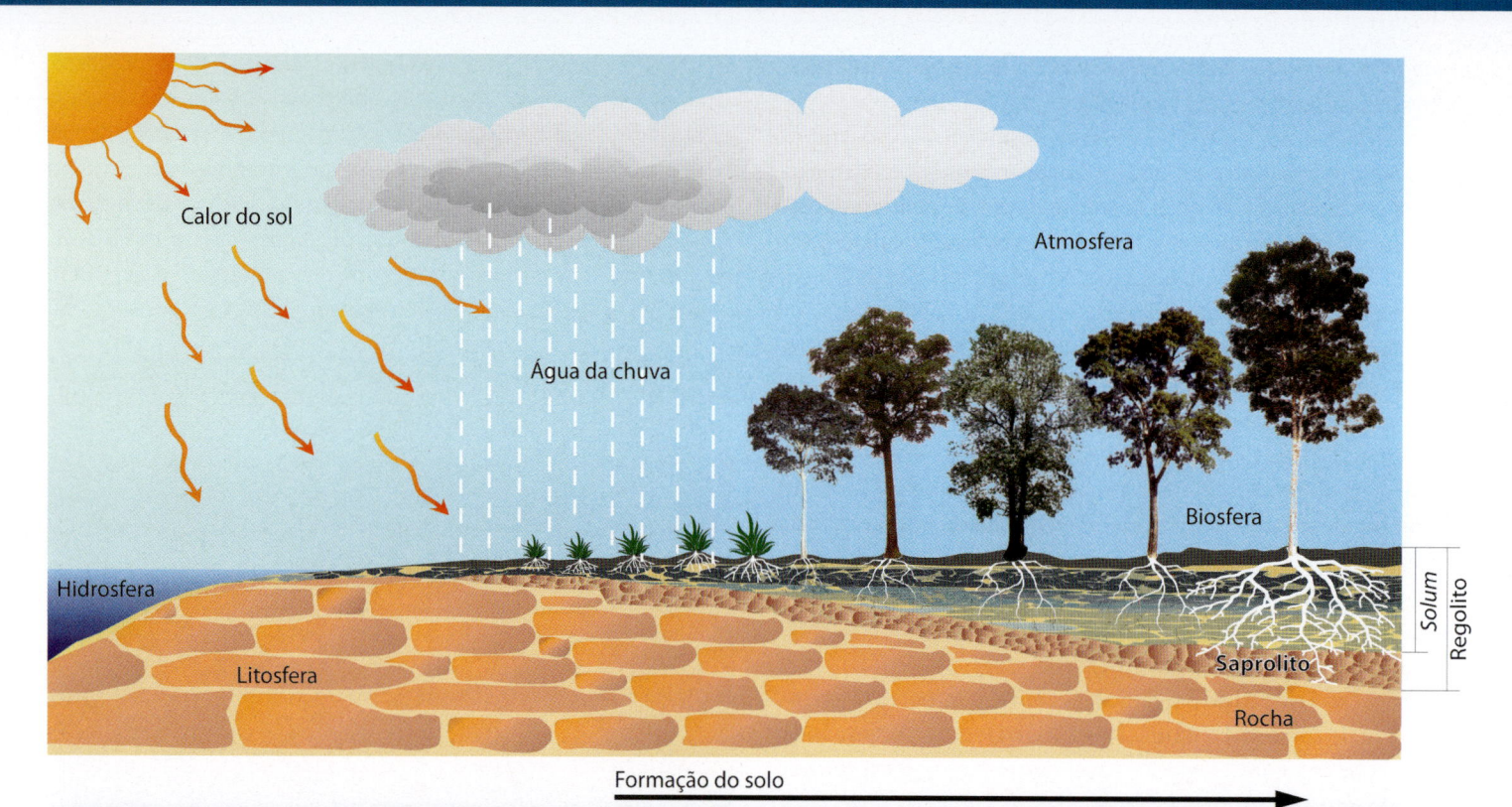

Rocha

Formação do solo →

O calor, a água e o ar são os principais agentes que intemperizam as rochas da litosfera para formar o regolito. Os solos se formam na parte superior do regolito adjacente à atmosfera, biosfera e hidrosfera

As partículas de argila e de húmus, com menos de 0,002 mm, estão dentro do que, em química, se denominam *coloides* e possuem cargas elétricas nas suas superfícies. Ao redor delas, alguns nutrientes, na forma de íons (isto é, átomos com cargas elétricas), são adsorvidos por cargas elétricas de sentido oposto, com intensidade um pouco maior do que outros. O cálcio (Ca^{2+}), o magnésio (Mg^{2+}) e o potássio (K^+), por exemplo, têm maior afinidade (ou são um pouco mais fortemente adsorvidos) pelas cargas negativas desses coloides que o sódio (Na^+), que é mais facilmente removido pelas águas que infiltram e percolam no solo. Os três primeiros são mais comuns nos solos e estão entre os macronutrientes essenciais para o crescimento das plantas, enquanto o sódio não. Em contraposição, as águas dos mares, repositório universal de tudo o que foi lavado dos solos dos continentes (e carregado pelos rios que ali desembocam) são muito mais ricas em sódio do que em cálcio e magnésio.

Leituras Recomendadas

Livros:

ESPÍNDOLA, C. R. *Retrospectiva crítica sobre a Pedologia:* um repasse bibliográfico. Campinas (SP): UNICAMP, 2008.

GUERRA, A. T. *Recursos Naturais do Brasil*. 3. ed. Rio de Janeiro: IBGE, 1980.

TOLEDO, M. C. M. de; OLIVEIRA, S. M. B. e MELFI, A J. "Da rocha ao solo: intemperismo e pedogênese". In: Wilson Teixeira; Thomas R Fairchild; M. Cristina M Toledo; Fabio Taioli (org.). *Decifrando a Terra*. 2. ed. São Paulo: Nacional, 2009. p. 210-239.

Sites de interesse

Sociedade Brasileira de Ciência do Solo. Inclui informações sobre eventos, publicações etc.: <www.sbcs.org.br/>.

Projeto "Solo na Escola", da Universidade Federal do Paraná. Inclui relato sobre a vida e obra de Dokouchaev, cientista russo que fundou a ciência que estuda o solo: <http://www.escola.agrarias.ufpr.br/fundador.html>.

Parte do blog criado em 2006 por Ítalo M. R. Guedes, para divulgar os avanços científicos em Ciências Agrárias, Ciência do Solo e afins: <http://scienceblogs.com.br/geofagos/2009/11/uma_breve_introducao_a_genese.php>.

Georgina de Moura Andrade de Albuquerque, "No Cafezal", 1911, Acervo da Pinacoteca do Estado de São Paulo/Brasil

A artista Georgina de Albuquerque (1885-1962) trabalhou com desenho e pintura, além de ser professora de artes. A pintura é posterior à de Weingartner e, apesar de ter o mesmo tema, trata de outro tipo de cultivo. As pinceladas, aqui, são mais "soltas" e talvez, em função do cultivo de café, os tons utilizados para caracterizar o terreno são mais avermelhados.

2ª Parte

Formação dos solos

2 Horizontes do Solo

2.1 O que são e como se formam

Com o intemperismo, uma rocha, mesmo das mais endurecidas, pode transformar-se em um material solto, o saprolito, que permite a vida de plantas e pequenos animais. Restos como folhas caídas adicionam-se e, ao se decomporem, formam o húmus. Ao mesmo tempo, alguns dos minerais da rocha, menos resistentes ao intemperismo, transformam-se em argilas. Então, as águas das chuvas podem aí se infiltrar, translocando materiais de uma parte mais superficial para outra um pouco mais profunda.

Assim, pouco a pouco, sob a ação de um conjunto de fenômenos biológicos, físicos e químicos, um solo começa a se formar: a partir de uma rocha e saprolito relativamente homogêneos, surge uma série de camadas, ou "bandas", aproximadamente paralelas à superfície e de aspecto e constituição diferentes, que chamamos de *horizontes*. Essas camadas estão sobrepostas em uma sequência visível, apesar de a transição entre elas nem sempre ser bem distinta.

Quando um solo é cortado verticalmente, como em um barranco de estrada, é possível observar toda a sua sequência de horizontes. A essa seção vertical, da superfície até o material geológico, dá-se o nome de *perfil do solo*.

O crescimento das raízes no interior de fendas das rochas facilita o intemperismo e, consequentemente, a formação do solo

A ação dos processos físicos, químicos e biológicos não é uniforme ao longo de uma rocha em transformação. As transformações e remoções, ocasionadas pelo intemperismo e, principalmente, pelas adições dos restos vegetais, ocorrem com maior intensidade na sua parte superior, escurecendo-a com o húmus. Além disso, certas substâncias sólidas se translocam sob a ação da água e da gravidade de uma parte para outra. Tudo isso resulta em camadas empobrecidas que se sobrepõem a outras, enriquecidas de compostos minerais ou orgânicos, tornando-as diferentes na aparência.

Todos esses fenômenos de transformações, remoções, adições e translocações provocam uma organização do regolito em diferentes bandas horizontais, que se tornam mais diferenciadas em relação à "rocha-mãe" à medida que se distanciam dela. Esses horizontes podem ser mais bem notados em escavações, onde o perfil do solo está exposto, em cortes de estrada ou em trincheiras. Há uma nomenclatura padronizada para descrevê-los.

2.2 Identificação dos horizontes

O perfil de um solo completo e bem desenvolvido possui cinco tipos de horizontes, que costumam ser chamados de *horizontes principais* e identificados pelas letras maiúsculas: O, A, E, B e C. Nem sempre todos esses horizontes estão em um perfil de solo;

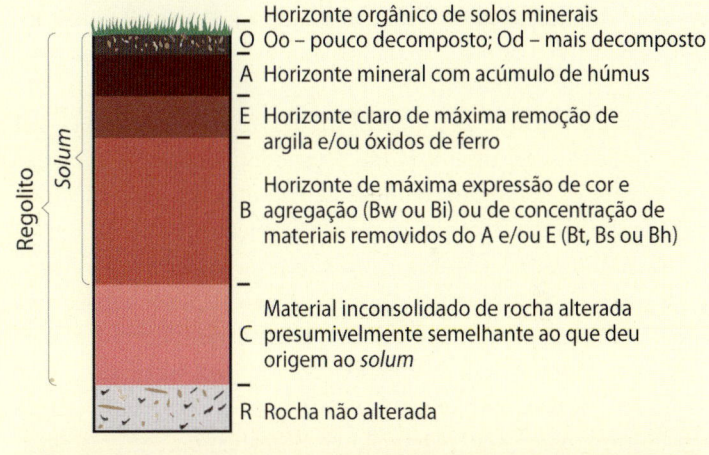

Taludes de estradas, expondo o perfil do solo, constituem locais úteis para o seu exame e descrição morfológica

Esquema de um perfil de solo com os principais horizontes e sub--horizontes

- O Horizonte orgânico de solos minerais
  Oo – pouco decomposto; Od – mais decomposto
- A Horizonte mineral com acúmulo de húmus
- E Horizonte claro de máxima remoção de argila e/ou óxidos de ferro
- B Horizonte de máxima expressão de cor e agregação (Bw ou Bi) ou de concentração de materiais removidos do A e/ou E (Bt, Bs ou Bh)
- C Material inconsolidado de rocha alterada presumivelmente semelhante ao que deu origem ao *solum*
- R Rocha não alterada

por exemplo, muitos não têm o horizonte E e alguns também não têm o B. Nesse último caso, considera-se que o solo é "pouco desenvolvido" ou que tem um "perfil incompleto", porque o horizonte B é considerado essencial para que um solo seja bem desenvolvido.

Os horizontes principais podem ser de diversos tipos, de acordo com suas constituições espessuras etc. Para identificá-los usam-se letras minúsculas e algarismos arábicos, por exemplo, **Bt** (identifica um **B** com aumento de argila iluviada), **Bw** (com intensa alteração, sem acúmulo de argila e com concentração residual de sesquióxidos de ferro e alumínio), **Bsh** (B com concentração iluvial de sesquióxidos e húmus) e **Bi** (incipientemente desenvolvido). Quando são muito espessos, eles podem ser subdivididos pela adição de números arábicos, por exemplo, Bt1, Bt2 e Bt3 indicam que um B textural foi subdivido em três camadas sucessivas, uma um pouco diferente da outra em alguma característica secundária (como pequenas nuanças nas cores).

O símbolo **O** denomina o horizonte orgânico relativamente delgado, que recobre certos solos minerais. Ele é constituído principalmente por folhas e galhos que caem dos vegetais e pelos primeiros produtos em decomposição. Por isso, praticamente só estão em locais que não são revolvidos periodicamente para a agricultura, como sob vegetação de florestas, ou cultivos especiais. Recebem vários nomes populares, tais como: *serapilheira*, *liteira* e *palhada*. Na parte mais superficial desse horizonte, encontram-se os detritos recém-caídos, não decompostos (sub-horizonte **Oo**), que repousam sobre detritos mais antigos, já decompostos ou em estado de fermentação (sub-horizonte **Od**). O material do sub-horizonte Od é popularmente conhecido pelo nome "terra vegetal", por vezes procurado para o cultivo de plantas ornamentais em pequenos vasos.

Perfil do solo descrito e amostrado em talude de trincheira, tão largo quanto o espaço entre rodas das grandes máquinas agrícolas, que por ali passaram, cultivando e modificando os horizontes mais superficiais (Ap)

Horizontes do Solo

Existe ainda um outro tipo de horizonte orgânico, **H** (ou *hístico*), bastante espesso e que ocorre mais em áreas encharcadas, característico dos solos onde esses materiais predominam sobre os minerais.

O horizonte **A** é a camada dominantemente mineral mais próxima da superfície. Sua característica fundamental é o acúmulo de matéria orgânica, tanto parcial como totalmente humificada. Muitos também apresentam perda de materiais sólidos translocados (ou eluviados) para o horizonte B, mais profundo. É normalmente escurecido, por conter quantidades apreciáveis de húmus. Quando o solo é cultivado, esse horizonte é revolvido e, se for pouco espesso (20-25 cm, profundidade normal dos cultivos), pode ser misturado a horizontes subjacentes (horizonte E ou mesmo parte do B). Quando isso acontece, essa camada é referida como Ap (p = *plowed*, em inglês, arado). Algumas vezes, o horizonte Ap compreende duas camadas: Ap1, recém-revolvida e "afofada", e Ap2, logo abaixo, que, diferentemente da anterior, torna-se compactada pela pressão da parte inferior do arado.

O horizonte **E**, presente em alguns solos, é mais claro, no qual ocorrem perdas de materiais translocados para o horizon-

Aspecto de perfis com horizonte E (camadas mais claras) bem definidos. a) Um Planossolo da Flórida (EUA); b) um Espodossolo (Podzol do oeste da Alemanha); e c) um Planossolo de Seropédica (RJ)

te B (argilas e/ou óxidos de ferro e húmus). A esse processo de translocação dá-se o nome de *eluviação*; por isso, esse horizonte é eluvial.

O horizonte representado pelo símbolo **B** situa-se abaixo do horizonte A ou do E, desde que não tenha sido exposto à superfície pela erosão. É definido como aquele que apresenta o máximo desenvolvimento de cor, estrutura e/ou que possui acúmulo de materiais translocados dos horizontes A e/ou E. Neste último caso, os materiais removidos dos horizontes superiores pelas águas se infiltram no solo e ficam retidos no horizonte B. A esse processo de acumulação de materiais iluviados dos horizontes superiores dá-se o nome de *iluviação*.

Abaixo do B, situa-se o horizonte **C**, que normalmente corresponde ao saprolito, isto é, à rocha pouco alterada pelos processos de formação do solo e, portanto, com características mais próximas ao material do qual o solo, presumivelmente, se formou.

O pedólogo considera como solo, ou mais propriamente *solum*, o conjunto dos horizontes O, A e B. No entanto, o termo *solo* é também usado por alguns estudiosos em sentido mais restrito, para designar somente a camada mais superficial, de

Horizontes B de Latossolos com várias cores, do vermelho-escuro ao amarelado, e sobrepostos por horizontes A, ligeiramente mais escuros, e com transições difusas

20 a 30 cm de espessura; zona de concentração das raízes das plantas cultivadas – que, para o pedólogo, pode ser apenas parte do horizonte A. No caso do sentido mais restrito, algumas vezes, o conjunto dos horizontes B e C chama-se *subsolo*.

Pedólogos participantes da 5ª Reunião Brasileira de Correlação de Solos (1998) examinam longa trincheira que expõe variações, tanto verticais como laterais, da morfologia dos horizontes

2.3 Morfologia do solo

Nas ciências naturais, a morfologia é definida como a identificação, análise e descrição padronizada da parte externa e interna de organismos e objetos. Em princípio, ela só era aplicada aos estudos de Botânica, Zoologia e Medicina, mas, com o passar do tempo, foi adotada pela maioria das ciências naturais. Morfologia do solo significa o estudo da sua aparência no meio ambiente natural e sua descrição segundo as características perceptíveis, visíveis a olho nu ou sensíveis ao tato. Portanto, corresponde à "anatomia do solo". O conjunto de características morfológicas constitui a base fundamental para identificar o solo, que é completada com as análises de laboratório.

No início do estudo científico dos solos, quando eram considerados simples corpos estáticos constituídos de produtos de decomposição das rochas, as pesquisas químicas e mineralógicas eram as únicas importantes. O ponto de vista agronômico aplicava então os procedimentos da química analítica, estudando o solo como uma massa homogênea, constituída de minerais e, algumas vezes, misturada com húmus, envolvendo as raízes das plantas. Depois que o solo foi definido como um corpo natural dinâmico e integrado na paisagem, composto de horizontes, os estudos de morfologia dos solos começaram a se desenvolver. Hoje se considera de primordial importância que as formas de um solo sejam primeiramente descritas no campo, antes que sejam retiradas amostras para as diversas análises realizadas nos laboratórios.

Formação e Conservação dos Solos

Para que haja homogeneidade nas descrições feita por diferentes observadores, os métodos e termos convencionais devem ser seguidos o mais fielmente possível. Contudo, quando os termos convencionais (dos "Manuais Para Descrição do Solo no Campo") não forem adequados para expressar fielmente aquilo que é observado, devem ser feitas anotações pessoais adicionais.

Observam-se várias características na descrição morfológica de um solo, tanto da sua parte interna (ou do seu perfil) como da externa (ou da paisagem onde se situa). As principais são: cor, textura, estrutura, consistência, espessura e transição dos horizontes.

Materiais usados para a descrição e coleta de amostras de solo. Da esquerda para a direita: martelo; tabela de cores; faca; borrifador de água; fita métrica; etiquetas e sacos para embalagem de amostras; pá de jardineiro, trado e pá reta

Pedólogo e seus ajudantes descrevem o perfil do solo sob densa mata, por meio de amostras retiradas com o trado. No detalhe, determinação do índice de acidez (pH) das amostras com um "kit" (peagâmetro de campo)

Horizontes do Solo

Cor

A cor é uma das feições pedológicas mais notadas, por ser de fácil visualização. Há muitos nomes populares de solos em função das colorações, como, por exemplo, "terra roxa" (do italiano *rossa* = vermelha), "terras pretas" e "sangue de tatu". Muitos nomes de classes do sistema de classificação pedológico em uso no Brasil referem-se comumente à cor como, por exemplo, Chernossolo (do russo *chern* = escuro) e Latossolo Vermelho, como se verá adiante.

As várias tonalidades no perfil são muito úteis para identificar e delimitar os horizontes e, às vezes, ressaltam certas condições de extrema importância. Solos escuros, por exemplo, costumam indicar altos teores de restos orgânicos decompostos. A cor vermelha relaciona-se a solos naturalmente bem drenados e com altos teores de óxidos de ferro; tons cinza, com pequenas manchas, indicam que há permanentemente excesso de água no perfil, como por exemplo, os situados nas áreas úmidas das baixadas próximas aos rios.

A cor deve ser descrita em comparação com uma escala padronizada. A mais usada é a "tabela Münsell", que consiste em cerca de 170 pequenos retângulos com colorações diversas, arranjadas sistematicamente num livro de folhas destacáveis. A anotação da cor do solo é feita pela comparação de um fragmento, de um determinado horizonte, com esses retângulos. Uma vez que se ache o retângulo de colorido mais próximo, anotam-se os três elementos básicos que compõem uma determinada cor: matiz, valor e croma.

Acima: talude de voçoroca exemplifica uma passagem lateral de horizontes avermelhados (Latossolos) para outros acinzentados (Gleissolos)
Abaixo: caixa de pequenas amostras da sequência acima de solos, coletadas para melhor comparar as variações laterais e verticais das cores dos seus diferentes horizontes

Formação e Conservação dos Solos

Matiz – cor pura (ou fundamental de arco-íris) condicionada pelos comprimentos de onda da luz refletida na amostra de solo (por exemplo, vermelho, amarelo etc.).

Valor – medida do grau de claridade da luz ou tons de cinza presentes (entre branco e preto) varia de zero (para o preto absoluto) a 10 (para o branco puro).

Croma – proporção da mistura da cor fundamental com a tonalidade de cinza também varia de 0 a 10.

Os matizes usados estão entre o R (de *Red* = vermelho), significando 100% (dessa cor); Y (de *Yellow* = amarelo), significando 100%; e YR (de *Yellow-Red* = vermelho-amarelo), significando uma mistura de 50% de vermelho e 50% de amarelo. Esses ele-

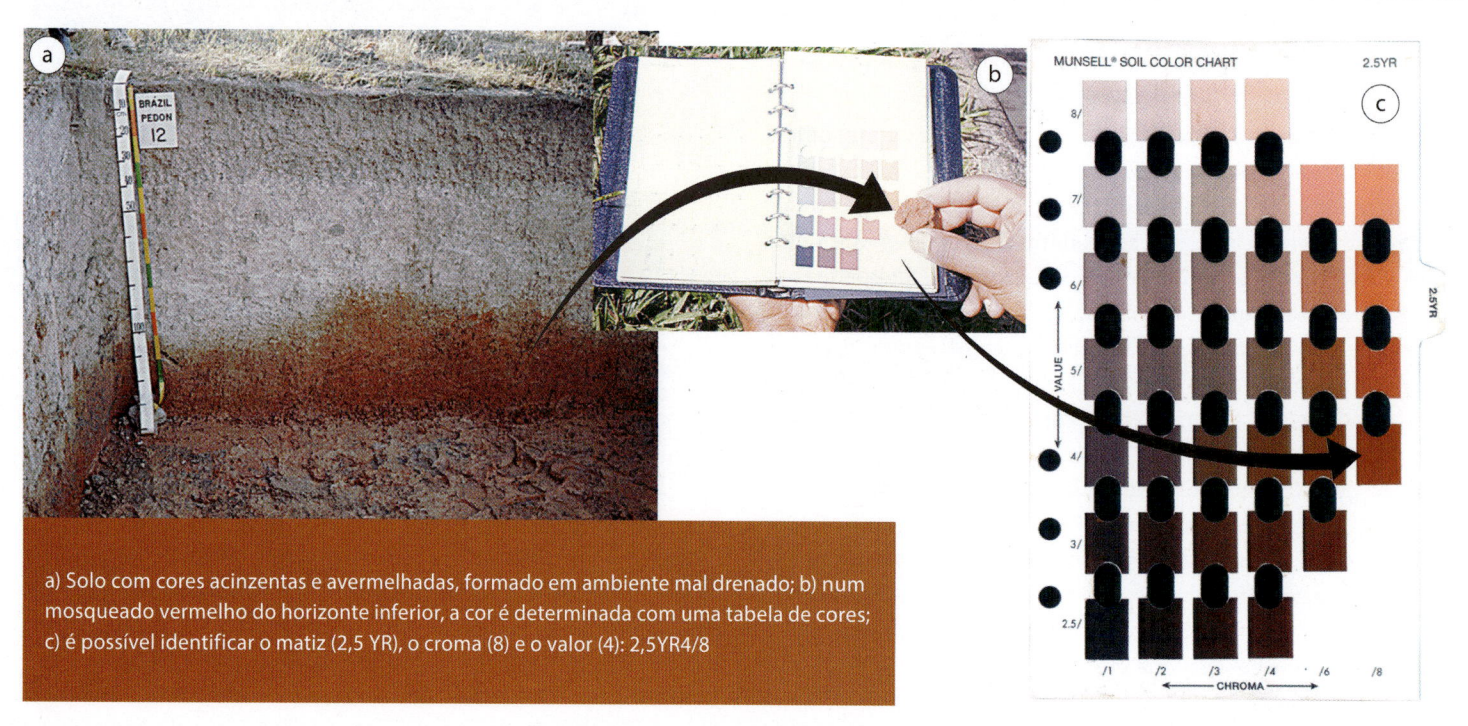

a) Solo com cores acinzentas e avermelhadas, formado em ambiente mal drenado; b) num mosqueado vermelho do horizonte inferior, a cor é determinada com uma tabela de cores; c) é possível identificar o matiz (2,5 YR), o croma (8) e o valor (4): 2,5YR4/8

mentos são anotados em forma de letras, seguidas de números que imitam frações, como por exemplo:

10R 3/4 = vermelho-escuro,

em que 10R é o matiz indicador da cor fundamental vermelha e a fração 3/4 indica que o vermelho está misturado com o valor três (tonalidade cinza, composta de três partes de preto e sete de branco) e croma quatro (indica que o cinza contribui em uma proporção de seis partes e o vermelho, de quatro partes).

Textura

Ao separar os constituintes minerais unitários que compõem os agregados ou torrões de um determinado horizonte do solo, verifica-se que eles são compostos de um conjunto de partículas individuais que estão interligadas em condições naturais. Elas têm tamanhos bastante variados: algumas são suficientemente grandes para a observação a olho nu, outras são vistas com o auxílio de lentes de bolso ou microscópio comum, enquanto as restantes só podem ser observadas com o auxílio de potentes microscópios.

Para que essas partículas possam ser convenientemente estudadas, é costume classificá-las em frações cujos limites convencionais mais usados no Brasil são:

Fração	Diâmetro médio
Calhaus (ou pedras)	200 a 20 mm
Cascalho	de 20 a 2 mm
Areia	de 2 a 0,05 mm
Silte (ou "limo")	0,05 a 0,002 mm
Argila	menor que 0,002 mm

Tamanho relativo das partículas de areia (acima da escala 0 a 2 mm) e silte (abaixo). As partículas individuais de argila seriam invisíveis, mesmo sob essa lente de aumento

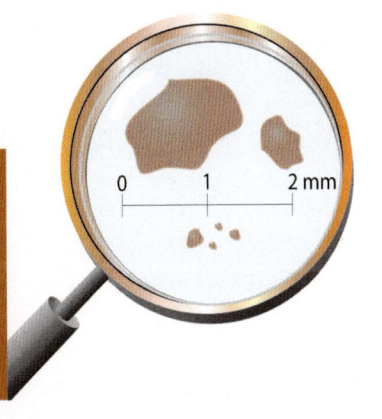

Algumas vezes, a fração areia é subdividida em outras duas: areia grossa (2 a 0,2 mm) e areia fina (0,2 a 0,05 mm). Mais detalhadamente, pode ser subdividida em cinco subfrações: a) areia muito grossa (2 a 1 mm); b) areia grossa (1 a 0,5 mm); c) areia média (0,5 a 0,25 mm); d) areia fina (0,25 a 0,1 mm); e) areia muito fina (0,1 a 0,05 mm).

Outras classificações usam limites diferentes para as frações do solo, como, por exemplo, a de Atterberg, que define silte

Formação e Conservação dos Solos

(ou limo) como partículas de tamanho entre 0,02 e 0,002 mm e separa as areias em grossa (2 a 0,2 mm) e fina (0,2 a 0,02 mm).

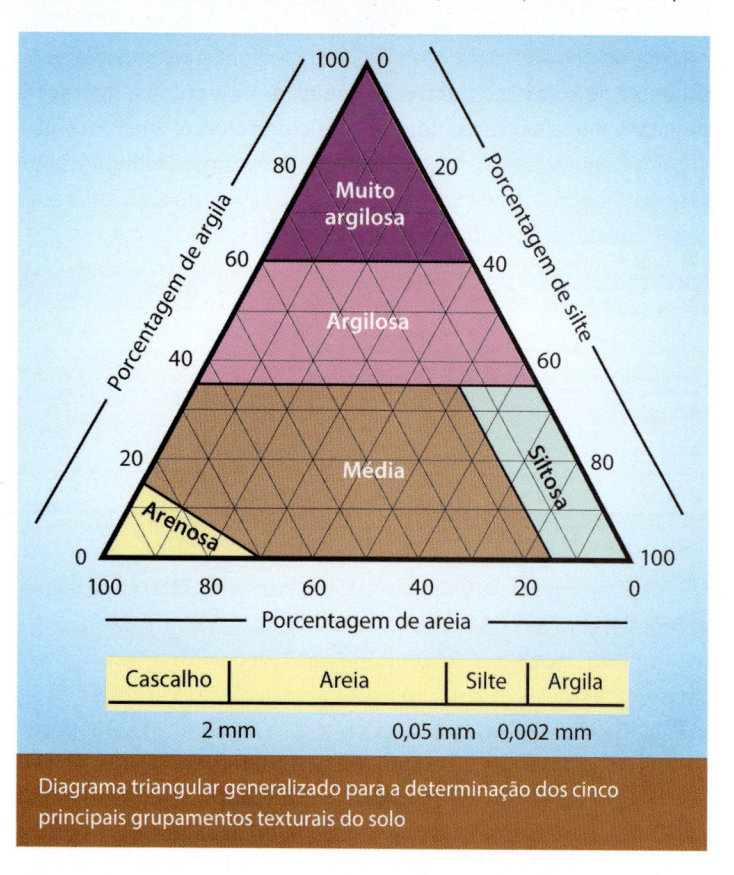

Em pedologia, o termo *textura* refere-se à proporção relativa das frações areia, silte e argila em um material do solo; em geologia, refere-se ao tipo de arranjo de cristais dentro de uma rocha. Raramente um horizonte é constituído de uma única fração granulométrica, mas de uma combinação dessas três, a qual define a classe de textura. Elas são identificadas graficamente nos diagramas triangulares feitos com esse propósito.

Por exemplo, uma amostra é classificada de *arenosa* se tiver mais de 85% de frações de tamanho areia; *argilosa* se houver mais de 35% de argila; e *média* (ou *franca*) se tiver as três frações em quantidades relativamente equilibradas. Algumas vezes, para fins práticos, os solos arenosos são referidos como de textura grosseira; os de textura média, como barrentos; os argilosos, como de textura fina ou "pesada", expressão que advém do fato de os horizontes argilosos, em muitos casos, serem menos permeáveis e mais "pesados" para serem trabalhados no cultivo das lavouras do que os arenosos ou os de textura média.

A determinação da classe de textura pode ser feita no laboratório ou no campo, por ocasião da descrição morfológica do solo. O método de campo consiste em verificar a diferença de tato quando se fricciona uma amostra úmida do material do solo entre os dedos. Depois que a amostra for suficientemente "trabalhada" entre os dedos, procura-se sentir, com o tato, essa massa úmida e amassada.

Nas amostras em que predomina a areia, a sensação é de atrito (áspera e pouco pegajosa) e o material parece uma pasta

Diagrama triangular generalizado para a determinação dos cinco principais grupamentos texturais do solo

sem consistência que não forma pequenos rolos, tais como "biscoitos alongados". Quando há prevalência de argila, a impressão é de suavidade e pegajosidade, e o material forma pequenos e longos rolos, que podem ser dobrados em argolas. Quando predomina o silte, a sensação é "sedosa" (semelhante ao talco molhado), e o material forma rolos com dificuldade, que são muito quebradiços. Finalmente, nos materiais de solo com textura média, há alguma sensação de aspereza e de plasticidade, e os rolos conseguem ser formados, mas se quebram quando dobrados.

Para ser bem executado, esse método rápido de campo requer certa perícia e treinamento prático, principalmente quando se usa, para identificação da classe de textura, um triângulo mais detalhado com 15 classes. No diagrama triangular simplificado, o que é denominado "textura média" é, na verdade, um agrupamento de seis outras classes (tais como *franca*, *francoarenosa*, *francosiltosa*, *francoargilosa* etc.). Para uma boa estimativa dessas classes de textura, o operador necessita comparar constantemente, ou aferir com o seu tato, os resultados da análise textural

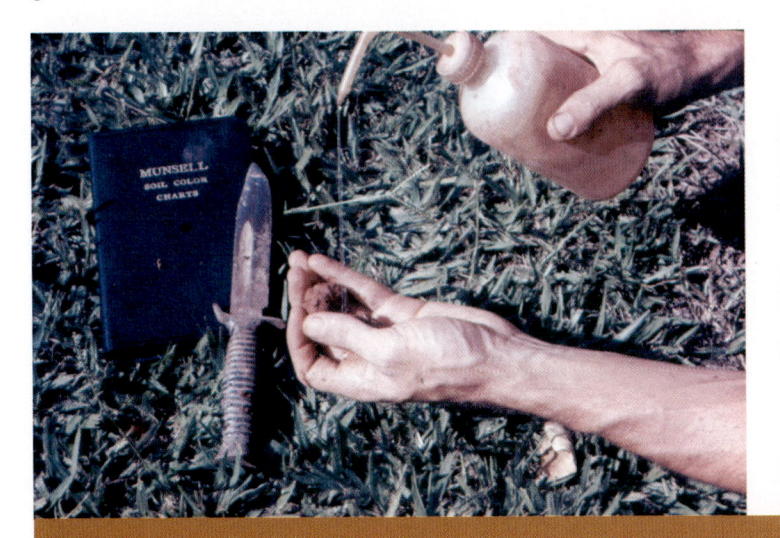

Avaliação da classe de textura de uma amostra de solo, esfregando-a entre os dedos depois de umedecida e bem amassada

efetuada no laboratório, principalmente quando muda de local e passa a trabalhar com solos diferentes daqueles com os quais estava habituado.

Estrutura

Em condições naturais, as partículas de areia, silte e argila encontram-se aglomeradas em unidades que são referidas como *agregados* ou *unidades estruturais*. O termo estrutura, tal como usado para solos (e diferente do conceito de "estrutura da rocha"), refere-se ao tamanho, forma e aspecto do conjunto dos agregados que aparecem naturalmente no solo. Eles têm formatos e tamanhos variados e estão separados uns dos outros por fendilhamentos.

Para examinar e descrever a estrutura dos horizontes do solo retira-se de um determinado horizonte, com faca ou martelo, um bloco (ou torrão) que possa ser mantido na palma da mão e selecionam-se com os dedos os agregados que, em condições naturais, estão mais ou menos fracamente interligados. Depois de assim separados, verificam-se sua forma, tamanho e grau de desenvolvimento (ou de coesão) dentro e entre esses agregados.

A formação de agregados é ocasionada por vários fatores, visualizados em duas etapas: a) ajuntamento das partículas unitárias (argila, silte e areia) e b) aparecimento de fendas que separam as unidades estruturais.

A aderência (ou ajuntamento) das partículas unitárias é provocada por substâncias que têm a propriedade de ligá-las. Entre as principais estão certos produtos orgânicos advindos da decomposição de restos vegetais, como o húmus, e substâncias minerais, como os óxidos de ferro e as próprias argilas. Depois que as partículas são aglutinadas por esses agentes, o umedecimento e ressecamento alternados causam expansão, ou contração da massa do solo, o que provoca rachaduras e aglomeração de partículas, o qual forma os agregados do solo. Nessa etapa, outros processos podem agir e provocar fendilhamentos como, por exemplo, a penetração das raízes e as galerias cavadas por pequenos animais.

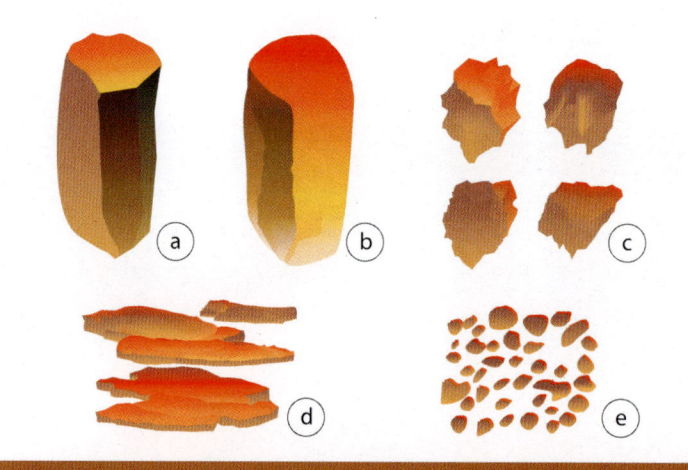

Alguns dos diferentes tipos de estrutura do solo. Acima, da esquerda para a direita: (a) prismática; (b) colunar; (c) blocos angulares e subangulares. Abaixo: (d) laminar; (e) granular.

Entre os agregados do solo, encontram-se os poros maiores ou macroporos e, dentro desses agregados, os menores, ou microporos. A quantidade de macroporos e microporos depende do tamanho e modo como os agregados se ajustam, porque eles têm forma e tamanho variado.

Convencionalmente, anota-se estrutura do tipo *granular* se a forma for de esferas, ou se a maior parte das faces for arredondada; *bloco angular* e/ou *subangular*, quando tem as dimensões horizontais próximas das verticais, e as faces são planas ou quase planas; *laminar*, quando as faces têm aspecto plano e as dimensões horizontais excedem as verticais; *prismática*, se as dimensões verticais ultrapassam as horizontais e quando todas as faces são planas; e *colunar*, quando também tem o formato alongado vertical, mas com a face superior arredondada.

A estrutura do solo é atributo fundamental porque faz com que ele seja um meio poroso. Um grande número de propriedades físicas e processos biológicos e químicos são afetados pelo tipo, tamanho e grau de desenvolvimento dos agregados do solo, tais como maior ou menor permeabilidade à água, facilidade de penetração das raízes, grau de aeração etc.

Perfil do solo mostra horizonte B com estrutura do tipo colunar, fortemente desenvolvida e de tamanho grande (Planossolo Nátrico, comum no nordeste semiárido do Brasil).

Consistência

No interior dos agregados, as partículas de areia, silte e argila, aderem umas às outras, sendo assim mantidas com maior ou menor grau de coesão, o que os torna mais macios ou mais duros. Em estado natural, a resistência do material do solo, a alguma força que tende a rompê-los é conhecida como *consistência* e, na prática, é estimada pressionando-se um agregado ou torrão de determinado horizonte do solo entre os dedos.

O grau de consistência varia não só em função das características mais fixas do solo, como textura, estrutura, agentes cimentantes etc., como do teor de umidade nos poros por ocasião de sua determinação. Assim, a consistência do solo é normalmente determinada em três estados de umidade:

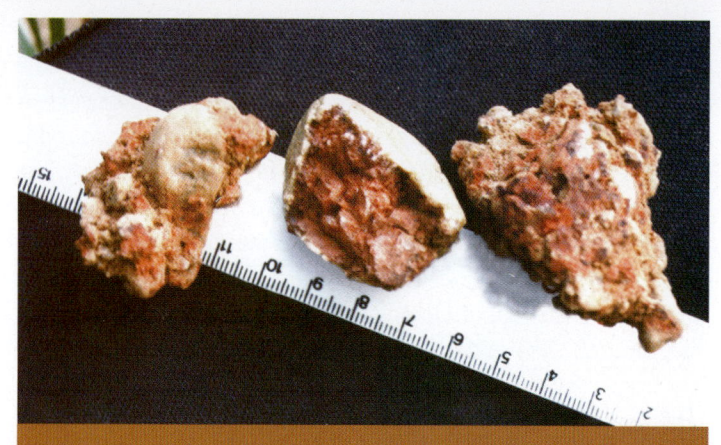

Cascalhos (popularmente denominados "piçarra") compostos de seixos de quartzo cimentados por óxidos de ferro (laterita ou petroplintita) retirados de um horizonte plíntico de solo do Brasil Central

a. saturado — para estimar a *plasticidade e pegajosidade*;
b. úmido — para estimar a *friabilidade*;
c. seco — para estimar a *dureza ou tenacidade*.

Por exemplo, um torrão de solo úmido pode ser *friável*, quando se desfaz sob uma leve pressão entre o indicador e o polegar; *firme*, quando se desfaz sob uma pressão moderada, porém apresenta pequena resistência; e *muito firme*, quando é dificilmente esmagável entre o indicador e o polegar, sendo mais fácil fazê-lo segurando-o entre as palmas das mãos.

Um material de solo seco pode ser *solto*, quando completamente incoerente; *macio*, se quebrar facilmente em grãos soltos com uma leve pressão da mão; *ligeiramente duro*, quando necessita de forte pressão entre o polegar e o indicador; *muito duro*, quando só pode ser quebrado com as duas mãos; e *extremamente duro*, quando não se consegue quebrá-lo com as mãos (necessita-se da força de um martelo, por exemplo).

Outras características

Além dos atributos morfológicos relacionados, cor, textura ao tato, estrutura e consistência, outros aspectos devem ser examinados e anotados, sempre que possível, de acordo com nomenclatura e normas padronizadas dos Manuais Para Descrição do Solo no Campo. Os principais são:

a. Presença de nódulos endurecidos ou concreções, geralmente de óxidos de ferro e popularmente chamados de "piçarra" ou "canga".
b. Películas de argila ou outro material recobrindo agregados do solo, normalmente denominadas cerosidade.
c. Espessura e nitidez, ou contraste, da transição entre os horizontes.

2.3 Identificação e delimitação dos horizontes

Para identificar e delimitar os horizontes, na face exposta do perfil do solo, em uma trincheira ou talude de estrada, primeiramente são observadas as diferenças maiores de cor, textura, estrutura ou consistência, e outras características.

Nesse exame, utilizam-se equipamentos simples, como faca, martelo pedológico e lente de pequeno aumento. Feita essa delimitação, anotam-se as espessuras dos horizontes e o modo como um se sobrepõe ou "transita" para o que está abaixo. Quando a "faixa de transição" tem menos de 2,5 cm, diz-se ser abrupta; transição clara é a que se faz entre 2,5 e 7,5 cm; gradual ou difusa quando com mais de 7,5 cm. Neste último caso, as diferenças entre horizontes podem ser muito sutis.

Quando se descreve um determinado solo, além das características morfológicas dos horizontes, anotam-se outras da paisagem em que se situam como inclinação do terreno, vegetação natural, uso agrícola, ocorrência de pedras na superfície, grau de erosão e drenagem do local.

Os perfis do solo devem ser preferivelmente estudados em trincheiras abertas exclusivamente para esse fim. São escavações que podem medir 2 m de profundidade e abertura de 2 x 1 m. Os cortes de estradas também podem ser utilizados para exame e coleta de amostras, desde que convenientemente limpos, raspando-se algumas dezenas de centímetros de sua face exposta.

O exame do perfil também pode ser feito com a retirada de amostras por um instrumento perfurador, normalmente um trado; contudo, apesar de esse instrumento proporcionar rapidez por evitar escavações demoradas, apresenta algumas desvantagens, como a impossibilidade de uma boa avaliação de algumas características morfológicas, tais como consistência e estrutura, em virtude da deformação que provoca nos agregados.

Parte superior de perfil do solo sob mata: as transições têm topografia ondulada e nitidez clara entre os horizontes O e A; clara e gradual entre os sub-horizontes A1 e A2

3 Componentes dos Horizontes do Solo

Os horizontes do solo são constituídos de quatro componentes principais: *partículas minerais*, *materiais orgânicos*, *água e ar*; normalmente eles estão tão misturados que sua separação só pode ser feita em laboratório, por métodos específicos.

As partículas minerais, juntamente aos materiais orgânicos, formam a *fase sólida* e suas proporções são relativamente fixas. A quantidade de materiais orgânicos pode variar tanto entre um tipo de solo e outro, como entre horizontes de um mesmo perfil; normalmente, maiores teores desses materiais são encontrados mais próximos à superfície (horizontes O e A).

Entremeados aos materiais sólidos encontram-se a água, a *fase líquida*, e o ar, a *fase gasosa*, que ocupam o espaço poroso (também chamado de "vazios"). As proporções dessas duas outras fases, ao contrário da sólida, podem ter grandes variações em espaço de tempo relativamente pequeno. Logo após uma forte chuva, por exemplo, quase todos os poros estão preenchidos com água, com uma quantidade mínima de ar. Se a drenagem do terreno for boa, algumas horas após essa chuva, parte da água se infiltra e escoa em profundidade, e o ar volta a ocupar boa porção dos poros. Uma boa condição para as plantas é quando o ar e a água ocupam volumes iguais dentro dos poros do solo.

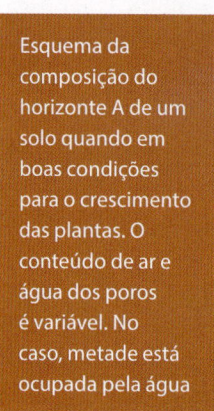

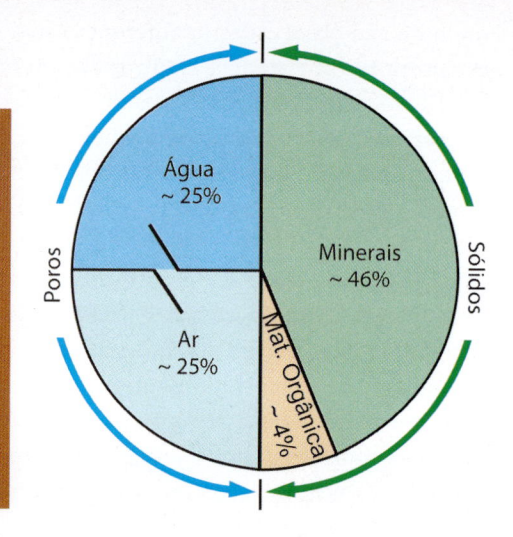

Esquema da composição do horizonte A de um solo quando em boas condições para o crescimento das plantas. O conteúdo de ar e água dos poros é variável. No caso, metade está ocupada pela água

3.1 Constituintes minerais da fase sólida

As partículas minerais do solo podem ser classificadas de acordo com seu tamanho, origem e composição. Em relação à origem, existem dois tipos:

a. os remanescentes da rocha que deu origem ao solo;
b. os produtos secundários, decompostos e/ou recompostos com a intemperização dos minerais da rocha-mãe.

Os primeiros são denominados *minerais primários* ou *minerais originais*; os segundos, *minerais secundários* ou *pedogenéticos*.

Componentes dos Horizontes do Solo

Os minerais primários são os componentes das rochas mais resistentes ao intemperismo químico e, por isso, permanecem mais tempo no solo, mantendo sua composição original, mas podem fragmentar-se pela ação do intemperismo físico.

Os minerais secundários provêm da decomposição da rocha-mãe, mais suscetíveis de se alterarem; eles resultam da reprecipitação (ou síntese) de produtos liberados durante os processos de decomposição. Quase todos formam minúsculas partículas com composição química muito peculiar, e são, na maioria, as argilas, coloides que imprimem ao solo propriedades muito importantes, devido à sua grande atividade físico-química, como será mais bem visto adiante.

Os minerais do solo também podem ser classificados em argila, silte e areia, conforme a dimensão de suas partículas. A proporção desses componentes pode ser precisamente determinada no laboratório pela análise granulométrica.

Grãos de areia muito fina (0,1-0,05 mm) separados de um solo, montados em uma lâmina e fotografados sob microscópio. **f** = feldspatos em decomposição; **c** = concreções de ferro; **o** = fitólito (sílica biogênica); demais grãos, mais transparentes: quartzo
Foto: Célia R. Paes Bueno.

Análise granulométrica

Para realizar essa análise, toma-se uma amostra de solo seco, passada inicialmente por uma peneira de 2 mm de abertura de malha, que separa e exclui cascalhos e calhaus. Em seguida, é agitada fortemente, com uma solução aquosa, contendo um dispersante químico (hidróxido de sódio, por exemplo).

Esse processo desfaz os pequenos agregados, promove a suspensão das partículas no líquido dispersante e possibilita a sua separação pelo peso. Essa suspensão, depois de agitada, é passada por finas peneiras, que retêm as areias, colocada em um frasco cilíndrico de vidro, no qual é deixada em repouso por algum tempo. A velocidade com que as partículas menores restantes irão se depositar no fundo desse frasco dependerá do seu peso: o silte, com partículas maiores, portanto, mais pesadas, deposita-se em alguns minutos; a argila fica suspensa no líquido por muito mais tempo. Nos cilindros, amostras da suspensão do

Formação e Conservação dos Solos

solo, retiradas em determinadas profundidades, depois de certo tempo, possibilitam determinar as percentagens de silte e argila.

O tamanho das partículas tem influência direta nas propriedades físicas e químicas do solo. Normalmente, as partículas menores são mais ativas. Assim, a proporção dos componentes de tamanho menor (argila e silte) e maior (areia e cascalho), com seu arranjo em agregados irá determinar algumas características bastante importantes no solo, como tamanho e quantidade de poros, permeabilidade à água, grau de plasticidade, pegajosidade, facilidade de trabalhos com máquinas e resistência à erosão.

Minerais primários e secundários

Os minerais da fração cascalho e areia são quimicamente inertes e constituem o "esqueleto do solo". A maior parte é de minerais primários, sendo o quartzo o mais comumente encontrado. Outros que podem ocorrer na fração areia: *mica* (*malacacheta*), *zircão*, *turmalina*, *magnetita*, *ilmenita*, *feldspatos* e *hornblenda*, estes dois últimos muito raros ou ausentes nos solos mais intemperizados.

Entre os minerais secundários, que podem ocorrer na fração cascalho, areia e silte, estão as concreções, ou nódulos muito

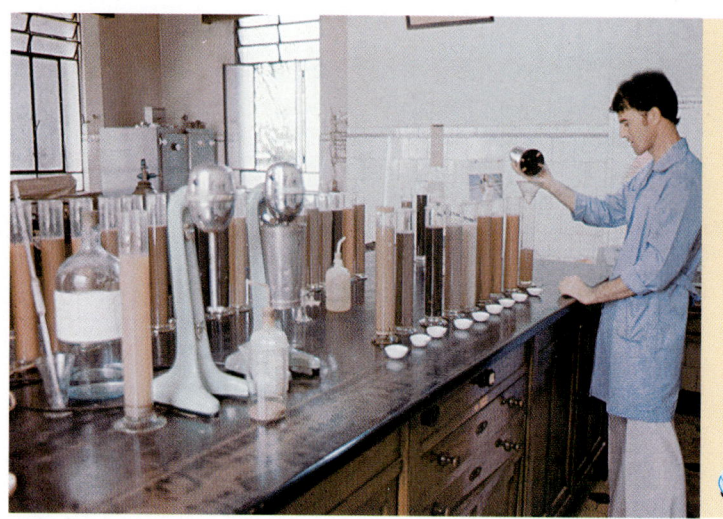

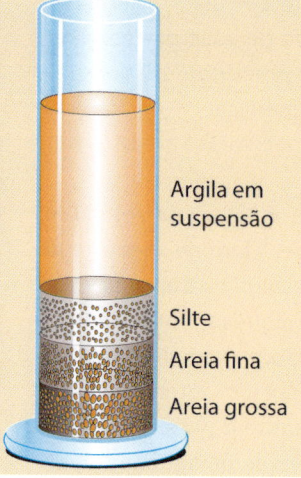

Aspecto de um laboratório onde é efetuada a análise granulométrica. A amostra de solo, depois de pesada, é agitada, com água e dispersante, nas batedeiras elétricas. Em seguida é passada por peneiras que separam as areias e colocada nos cilindros, nos quais o silte e a argila são separados pela diferença de peso

endurecidos de óxidos de ferro e algumas partículas de sílica amorfa, denominadas *fitólitos* (*fito* = planta, *lito* = pedra), que advêm da recombinação de compostos de silício (sílica solúvel) absorvidos pelas plantas no interior dos seus tecidos. Esses fitólitos retornam ao solo e permanecem por muito tempo, principalmente no horizonte A, na forma de areia muito fina ou silte.

A argila, ao contrário da areia, é bastante ativa quimicamente. A grande atividade dessa fração deve-se ao pequeno tamanho de suas partículas, o que lhe confere propriedades coloidais. A mais importante dessas propriedades é a afinidade pela água e por elementos químicos nela dissolvidos e que é devida à vasta superfície específica e à existência de muitas cargas elétricas nessa superfície.

A grande superfície da argila é consequência do alto grau de subdivisão. As partículas individuais são tão pequenas que só podem ser distinguidas com o auxílio de microscópio eletrônico. Seriam necessárias cerca de 10.000 dessas partículas, alinhadas lado a lado, para preencher o espaço de um centímetro. Elas apresentam mais comumente o formato de plaquetas que, por sua vez, são compostas de lâminas extremamente finas.

Essas lâminas formam pequenos conjuntos destacáveis, tal como acontece com as micas ou malacachetas, que podem estar ligadas umas às outras com maior ou menor força. Quando elas estão fortemente ligadas, as partículas têm superfície quimicamente ativa na parte exterior (superfície externa), e a superfície interna entre as lâminas fica inativa. Quando, ao contrário,

Partículas de argila caulinítica vistas sob microscópio eletrônico. A escala representa um micrômetro, que é a milésima parte do milímetro
Foto: Pérsio Arida.

estão fracamente ligadas, a argila também apresenta atividade na área situada entre as lâminas, o que aumenta sua superfície específica e, consequentemente, as propriedades coloidais são muito ressaltadas.

A *caulinita*, por exemplo, é um tipo de argila cujas partículas só estão expostas nas *superfícies externas*. Por isso, é menos ativa do que, por exemplo, *a montmorilonita* ou *a vermiculita*, que têm as superfícies internas expostas e ativadas em adição às externas. Um grama de caulinita apresenta uma superfície que

Formação e Conservação dos Solos

pode variar de 5 a 20 m², enquanto um grama de montmorilonita possui uma superfície muito maior, de até 800 m².

As argilas com superfícies internas ativas têm a propriedade de se expandir muito quando umedecidas, pela capacidade de adsorver grande quantidade de moléculas de água e de cátions trocáveis, inclusive entre suas finas lâminas, que, assim, podem movimentar-se, afastando-se ou aproximando-se umas das outras. Por isso, são comumente referidas como *argilas expansíveis* ou *argilas de alta atividade*.

Adsorção e troca de nutrientes

Os elementos nutrientes do solo são adsorvidos na superfície das partículas da argila, onde permanecem como que armazenadas e prontamente disponíveis. Os átomos desses elementos encontram-se na forma iônica, ou seja, providos de cargas elétricas negativas (os cátions) ou positivas (os ânions). Por exemplo, o carbonato de cálcio (mineral calcita, com fórmula química $CaCO_3$, componente do calcário) quando dissolvido na água do solo, libera íons de cálcio (Ca^{++} ou cátion do cálcio, com duas cargas positivas) e íons de hidroxila (OH^-, um ânion com uma carga negativa).

A adsorção de íons carregados positivamente (cátions) deve-se à presença de cargas elétricas negativas não neutralizadas (ou não compensadas) existentes nas superfícies das argilas. Essas cargas negativas atraem e retêm cátions dissolvidos na água do solo à semelhança de um ímã atraindo finas partículas de ferro.

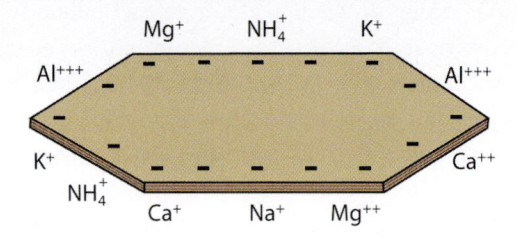

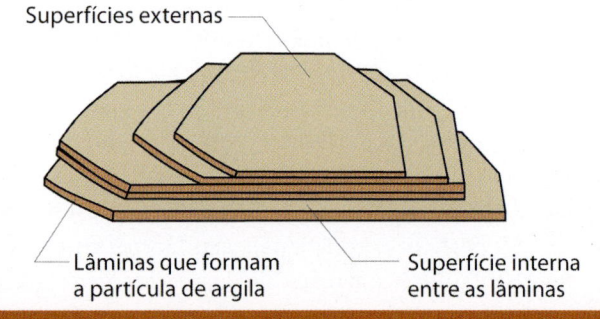

Acima: Representação de uma partícula de argila em forma de placa, com suas cargas negativas e os cátions nelas absorvidos

Abaixo: Representação esquemática de uma partícula de argila cristalina. Cada uma é constituída de uma série de lâminas empilhadas que, quando fracamente ligadas, podem apresentar, além das superfícies externas ao seu redor, outras superfícies internas ativas no seu interior. Nesse esquema, o comprimento e a largura estariam em torno de 0,001 mm, enquanto a espessura entre as lâminas individuais é de 7 a 10 Angströms (1Å = 0,0000001 mm)

A esse fenômeno dá-se o nome de *adsorção iônica*, que é dinâmica, uma vez que um íon adsorvido na superfície de uma partícula coloidal pode ser facilmente trocado ou substituído por outro.

As extremidades das raízes retiram da superfície desses coloides do solo grande parte dos elementos necessários à nutrição da planta, substituindo-os por outros, não necessários. Entre os cátions adsorvidos, em maiores quantidades nos coloides do solo, estão: o cálcio, o magnésio, o potássio, o hidrogênio e o alumínio. Nem todos servem à nutrição dos vegetais e alguns são prejudiciais, por serem tóxicos às plantas, como é o caso do hidrogênio e do alumínio, quando presentes em proporções apreciáveis.

Devido à capacidade de adsorver elementos químicos em forma iônica e facilmente trocá-los por outros, diz-se que as argilas possuem *capacidade de troca*, um fenômeno natural

Raízes das plantas trocam o cátion hidrogênio (H^+) que exsudam de seus tecidos pelos cátions de potássio (K^+), magnésio (Mg^{++}) e cálcio (Ca^{++}), adsorvidos nos pontos de troca negativamente carregados das argilas

importantíssimo que, com a fotossíntese, é considerado vital para manutenção da vida na Terra.

A capacidade de troca de cátions do solo é conhecida desde a mais remota antiguidade. Os antigos egípcios, por exemplo, sabiam que a passagem do líquido escuro e fétido das esterqueiras (chorume), através de uma espessa camada de solo limpava-o e eliminava boa parte de sua cor e de seu odor. Apesar de o fenômeno não ser totalmente compreendido na época, sabe-se hoje que boa parte da limpeza desse líquido era feita pelas partículas de argila que o purificavam quando em contato com ele, por processos físico-químicos de adsorção dos cátions e ânions responsáveis pela contaminação da água: ao trocá-los por outros, inicialmente adsorvidos nas cargas de suas superfícies, removiam-se assim o cheiro e a cor.

Quando mais da metade das cargas negativas dos coloides do solo está preenchida com os cátions básicos (Ca^{2+}, Mg^{2+}, K^+ e Na^+) dizemos que ele tem uma "alta saturação por bases", e é considerado dos mais férteis. Quando, ao contrário, essas cargas estão mais preenchidas com os cátions ácidos (H^+ e Al^{3+}), dizemos que ele tem uma "baixa saturação por bases" ou alta saturação por alumínio, e é considerado um dos menos férteis, ou "quimicamente pobre".

3.2 Constituintes orgânicos da fase sólida

A matéria orgânica do solo é proveniente da adição de restos de origem vegetal ou animal. Folhas, raízes, caules, frutas, outros

Formação e Conservação dos Solos

detritos vegetais e produtos de origem animal, como os corpos dos vermes e de micróbios, e o esterco estão entre os principais tipos de adição, que podem ser naturais: por exemplo, pela decomposição dos restos vegetais da floresta, horizontes O, como artificiais (por exemplo, pela adição de esterco e palhas nos cultivos).

Ao se decompor, esse resto orgânico transforma-se primeiro no húmus que, pelo processo denominado mineralização (decomposição completa), libera sais (semelhantes a cinzas), que são nutrientes vegetais. Em condições de temperatura elevada e boa aeração, a matéria orgânica original (folhas caídas etc.) se mineraliza completa e rapidamente, transforma-se em gás carbônico e libera nutrientes para as plantas, formando pouco húmus. Em climas mais secos e/ou frios, a taxa de mineralização é menor e a de humificação é maior, com uma maior formação e acúmulo de húmus no solo.

As transformações das matérias orgânicas ocorrem de maneira que podem ser consideradas idênticas ao intemperismo dos minerais primários, como visto anteriormente: ao passar por diversas e complexas reações, os materiais originais tanto se transformam em um produto secundário, como liberam e adsorvem nutrientes. No caso dos minerais, os produtos secundários são as argilas e, nos restos orgânicos, o húmus; ambos são coloidais e têm capacidade de troca de ânions e de cátions.

O húmus é a parte mais estável da matéria orgânica, e dela tão desintegrado, que atinge o estado coloidal com alta densidade de cargas elétricas negativas em sua superfície, capazes de adsorver e trocar cátions. Sua capacidade de adsorver e ceder nutrientes excede em muito as argilas, o que faz com que pequenas quantidades aumentem muito as características dinâmicas do solo, o que ocorre principalmente no horizonte A. Por esse motivo, o húmus é considerado de vital importância para a atividade do solo.

Os processos envolvidos na formação e transformação dessas matérias orgânicas são referidos como o *ciclo do carbono* ou *ciclo da vida*. As plantas assimilam o gás carbônico (CO_2) da atmosfera, transformando-o em compostos de carbono)com o auxílio da água e de nutrientes que extraem do solo) como fibras (celulose etc.) ou alimentos (carboidratos e proteínas, principalmente) que, em condições naturais, são incorporados ao solo, onde iniciam sua decomposição, pela *humificação* e *mineralização*.

A matéria orgânica do solo é benéfica de várias maneiras. Certas substâncias provenientes da decomposição dos restos orgânicos servem de "cola" para a formação dos agregados do solo, melhorando suas características físicas, como a permeabilidade, a porosidade e a retenção de água.

Outra ação útil é dos microrganismos do solo, para os quais os materiais orgânicos servem de fonte de alimento e, portanto, de energia. Muitos desses microrganismos desempenham papel importante na nutrição dos vegetais, como certas bactérias que fixam o nitrogênio do ar e o incorporam aos coloides do solo na forma de cátions amônia (NH_4^+) e ânions nitratos (NO_3^-), possíveis de serem absorvidos e metabolizados pelas plantas, que deles formam compostos importantes, como as proteínas.

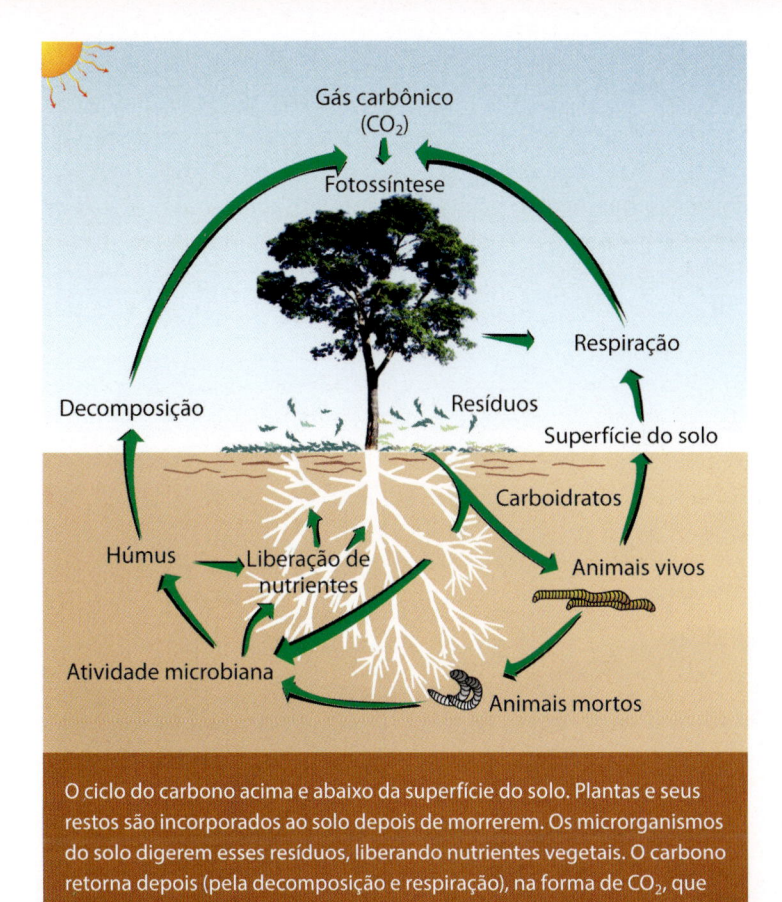

Os coloides das argilas e do húmus são os constituintes mais ativos da fase sólida do solo, responsáveis por importantes fenômenos, destacando-se aqueles que permitem as plantas de se nutrirem. Tais fenômenos ocorrem principalmente com o contato dessas partículas com a fase líquida com a qual estão em um equilíbrio dinâmico.

3.3 A fase líquida ("água do solo")

O solo é capaz de receber e reter água, enriquecendo-a com algumas substâncias e armazenando-a por um tempo determinado. As plantas utilizam esse líquido absorvendo-o e, em boa parte, devolvendo-o à atmosfera em forma de vapor. Desta forma, o líquido absorvido entre as partículas do solo esvazia os seus espaços porosos. Sua reposição é feita naturalmente pelas chuvas ou, artificialmente, pela irrigação. No interior do solo, ele é retido tanto nos poros, entre agregados, como em finas películas em torno da superfície das partículas coloidais do húmus e das argilas.

De acordo com o conteúdo e a natureza da retenção de água, reconhecem-se três estados de umidade do solo: a) *saturado*; b) *úmido*; c) *seco*.

No solo saturado, todos os poros estão preenchidos com água e o ar é praticamente ausente. Em condições naturais, depois que os poros estão saturados com água, e cessa seu fornecimento, o líquido contido nos poros maiores drena para baixo, ou lateral-

O ciclo do carbono acima e abaixo da superfície do solo. Plantas e seus restos são incorporados ao solo depois de morrerem. Os microrganismos do solo digerem esses resíduos, liberando nutrientes vegetais. O carbono retorna depois (pela decomposição e respiração), na forma de CO_2, que pode depois ser reincorporado às plantas e aos animais

Formação e Conservação dos Solos

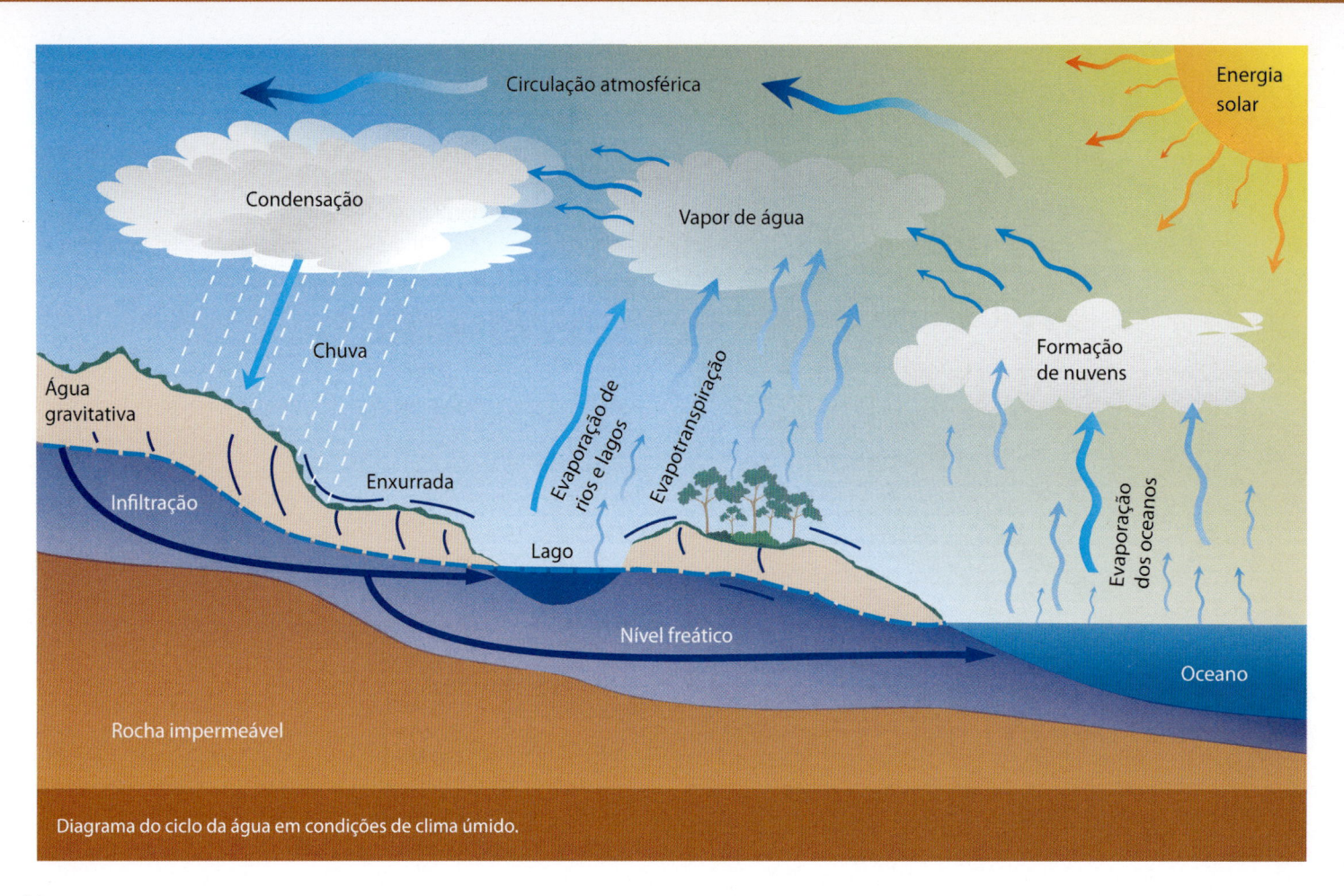

Diagrama do ciclo da água em condições de clima úmido.

Componentes dos Horizontes do Solo

mente, indo molhar as partes mais profundas até juntar-se ao lençol d'água subterrâneo e dar origem às nascentes. Essa água é denominada *gravitativa*, porque caminha no solo sob a ação da gravidade.

Depois que a água gravitativa se infiltrou no solo, ele se torna úmido ou em um estado denominado *capacidade de campo*, porque aí ele tem a máxima capacidade de reter água (em condições de campo). Nessas condições, ele terá ar nos macroporos (poros maiores que 0,05 mm de diâmetro) e água nos microporos (poros menores que 0,05 mm). Esses poros menores funcionam como finos tubos, que passam a ser chamados de *capilares*. Por essa razão, o líquido neles contido é referido como *água capilar*, e fica retida no solo com tal força, que tem a capacidade de se manter por muito tempo nos poros, mesmo contra a ação da força da gravidade. Contudo, essa força não é tão grande a ponto de impedir as raízes de extraí-la, representando, portanto, um armazenamento à disposição das plantas, motivo pelo qual é denominada *água disponível*.

Nem todos os solos têm a mesma capacidade de campo, que varia em função de várias características, como textura, tipo de argila, estrutura e conteúdo de matéria orgânica. Solos arenosos e com pouco húmus armazenam menos água disponível do que os argilosos ou de textura média, ricos em húmus. Depois que toda essa água disponível é consumida pelas plantas, e evaporada, o solo se torna seco.

Mesmo depois de seco, o solo pode conter ainda certa quantidade de água, mas sob a forma de películas extremamente finas, ao redor das partículas coloidais. Essa água é retida com força superior à capacidade de extração das raízes e das plantas. Quando o teor de umidade é atendido, as plantas murcham e, por isso, é chamado de *ponto de murchamento*.

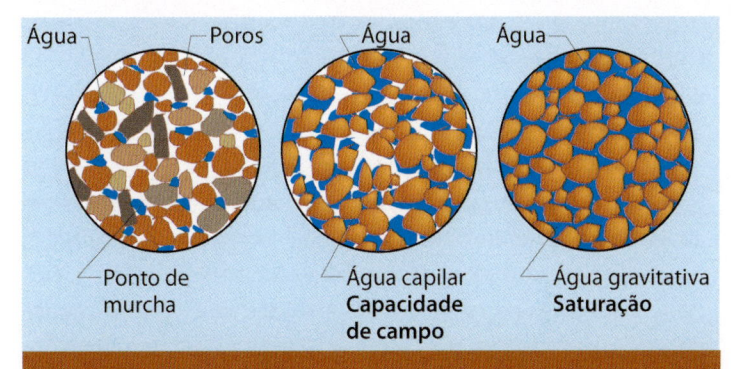

A água do solo, no ponto de murchamento, forma uma película fina que envolve as partículas do solo. A água capilar preenche os poros menores (poros capilares = capacidade de campo). Com a água gravitativa, todos os poros tornam o solo saturado e deixam a água gravitativa drenar

A solução do solo

A água do solo contém pequenas e variáveis quantidades dissolvidas de sais minerais, oxigênio, gás carbônico e substâncias orgânicas diversas, formando uma solução diluída, conhecida como *solução do solo*. O tipo e a quantidade dessas substâncias, dissolvidas nessa solução, dependem dos elementos e compostos químicos adsorvidos em torno dos coloides, que funcionam como uma espécie de reservatório, e a água como o veículo por meio do qual se movimentam. Entre esses ativos sólidos coloidais e o rico líquido da solução do solo, existe um equilíbrio que é mantido graças à capacidade de troca.

Assim, por exemplo, quando os cátions básicos (como cálcio e magnésio) predominam entre os adsorvidos no húmus e argilas (caso do solo ser *eutrófico*, ou com "alta saturação por bases"), eles também prevalecerão na solução do solo, que será neutra ou quase neutra. Se, ao contrário, um cátion ácido (como o alumínio) predominar entre os adsorvidos na superfície desses coloides (caso do solo ser *distrófico* ou "com baixa saturação por bases" ou, ainda, "com alta saturação por alumínio"), ele predominará também na solução do solo que, consequentemente, se torna bastante ácida.

O grau de acidez é medido pela concentração de hidrogênio iônico (H^+) da solução do solo e expresso pelo símbolo *pH* [p(otencial de) H(idrogênio)]. A escala do pH vai de 0 a 14: 7 é o ponto médio em que o pH é neutro; acima de 7 é alcalino e, abaixo de 7, é ácido. Normalmente considera-se que um solo é "muito ácido" quando tem um pH menor que 5,5.

Grande parte das plantas (principalmente as cultivadas) não consegue se desenvolver bem em um solo muito ácido. No entanto, não é a acidez em si que mais prejudica o crescimento dos vegetais, mas determinados fenômenos colaterais que ela ocasiona, como o aparecimento de elementos tóxicos às plantas (como o alumínio), insolubilização de nutrientes (impossibilidade

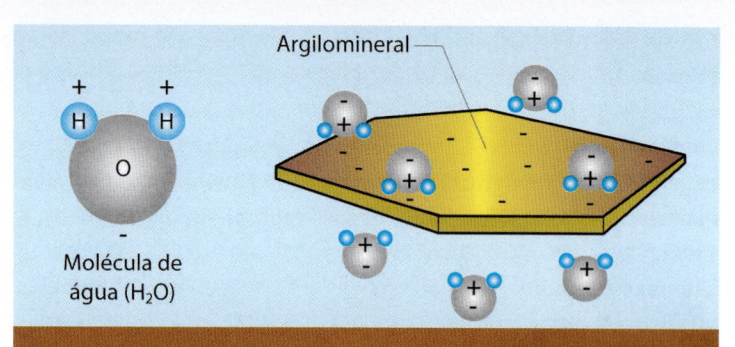

As cargas elétricas da superfície das partículas de húmus ou argilominerais, além dos cátions, atraem fortemente as moléculas de água mais próximas, as quais ali formam uma fina película

de se dissolver à solução do solo de íons de alguns íons como do fósforo e do boro) e remoção de outros pela substituição iônica (por exemplo, quando um cátion de cálcio é substituído por um de alumínio, sai dos pontos de troca, e fica livre para ser removido pela água gravitativa).

A acidez do solo é causada pelo aumento de íons H^+ e a consequente diminuição dos cátions básicos. No início da formação do solo, as bases são liberadas dos minerais primários pelo intemperismo, de forma que os pontos de troca dos coloides podem ficar saturados com eles e o pH da solução do solo situar-se próximo da neutralidade (7). Com o tempo, em condições de clima úmido, o pH decresce, principalmente com a produção dos íons de hidrogênio, os quais se originam do gás carbônico (CO_2)

do ar do solo. Esse gás, em contato com a água, forma o ácido carbônico (H_2CO_3) que se disssocia na solução do solo, produzindo a maior parte dos íons H^+ que substituem os cátions básicos.

A acidificação do solo é um fenômeno comum em regiões de clima úmido, onde grande quantidade de chuva acarreta a lavagem progressiva, pela água gravitacional, de quantidades apreciáveis de cátions básicos (cálcio, magnésio, potássio e sódio). Estes, quando lavados ou lixiviados, são gradativamente substituídos por outros cátions: inicialmente, pelo próprio hidrogênio; depois, com o prosseguimento do processo, o alumínio toma seu lugar. Esse cátion, quando ocupa mais da metade dos pontos de troca, predomina também na solução do solo e, além de não ser nutriente, é tóxico, impedindo um bom crescimento das raízes das plantas cultivadas,

Nos solos agrícolas, a acidez do solo poderá ser corrigida pela adição de rocha calcária moída, composta de carbonatos de cálcio e magnésio que, em contato com o ácido carbônico da solução do solo, formam bicarbonatos. Estes, por sua vez, tanto neutralizam a acidez como substituem os cátions de alumínio dos pontos de troca pelos de cálcio e magnésio. Com essa operação, denominada *calagem*, tanto o pH como a saturação por bases do horizonte arado (Ap) aumentam.

3.4 Ar do solo (fase gasosa)

O ar situa-se tanto nos poros, ou "vazios", entre agregados (normalmente macroporos) como entre partículas unitárias de argila e silte

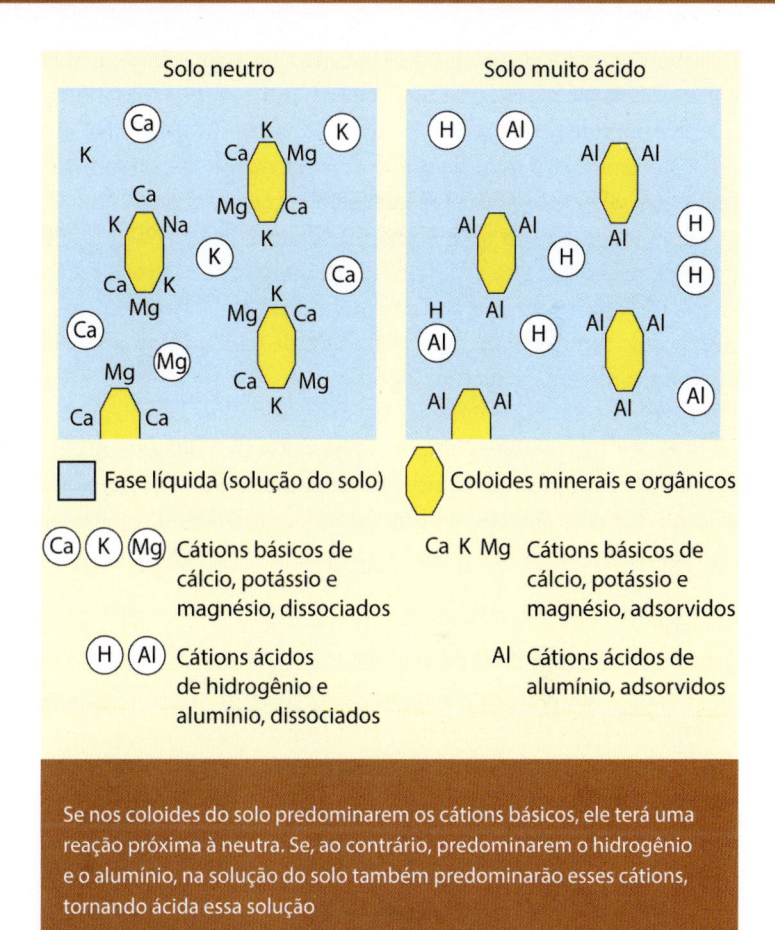

Fase líquida (solução do solo)

Coloides minerais e orgânicos

Ca K Mg Cátions básicos de cálcio, potássio e magnésio, dissociados

Ca K Mg Cátions básicos de cálcio, potássio e magnésio, adsorvidos

H Al Cátions ácidos de hidrogênio e alumínio, dissociados

Al Cátions ácidos de alumínio, adsorvidos

Se nos coloides do solo predominarem os cátions básicos, ele terá uma reação próxima à neutra. Se, ao contrário, predominarem o hidrogênio e o alumínio, na solução do solo também predominarão esses cátions, tornando ácida essa solução

(normalmente microporos). Ele se encontra na forma de pequenas bolhas, ou de moléculas dissolvidas na solução do solo. Existe uma relação dinâmica entre a fase gasosa e a líquida do solo: à medida que o volume de água aumenta, o do ar decresce, e, assim, ocorrem frequentes variações das quantidades com o tempo.

A fase gasosa do solo é tão importante quanto a líquida, tanto do ponto de vista ecológico (por exemplo, para a respiração das raízes das plantas e dos microrganismos), como da formação do solo (por exemplo, nos processos de oxidação da matéria orgânica e na redução do ferro).

Como o solo é um meio biologicamente ativo, as raízes das plantas, os micróbios e os pequenos animais consomem oxigênio e liberam gás carbônico ao respirarem. Por isso, o ar do solo possui quantidades de gás carbônico maiores do que o ar da atmosfera. As raízes das plantas precisam de oxigênio para produzir energia, que é usada inclusive para absorver os nutrientes contidos nas fases líquida e sólida. Assim, é essencial para o desenvolvimento de todas as plantas superiores que, além da água, exista também certa quantidade de ar no solo. Algumas plantas são mais tolerantes do que outras à deficiências de aeração, mas todas perecem na completa ausência de ar nos poros do solo. Mesmo nos cultivos chamados hidropônicos, sem uso do solo, a água tem de ser constantemente oxigenada com injeção de ar, como nos aquários de peixes ornamentais.

A atmosfera do solo, além do oxigênio e gás carbônico, contém cerca de 70% de gás nitrogênio, mas que não pode ser diretamente aproveitado pelas plantas antes de ser transformado em íons. Uma das formas é através das bactérias, parte da matéria orgânica do solo que "fixa" nitrogênio desse ar e o incorpora aos coloides e à solução do solo. Os detritos e dejetos animais, quando em processo de fermentação e putrefação, liberam gás amônia (NH_3) que, reagindo com a água, transforma-se no ânion amônio (NH_4^+). Este, por sua vez, reage com o oxigênio e pode formar o cátion nitrato (NO_3^-), adsorvido pelas cargas positivas dos sólidos ativos (argilas e húmus), onde ficará disponível como nutriente.

A atividade dos microrganismos úteis ao solo é regulada diretamente pelas condições de aeração: na presença abundante de ar, rico em oxigênio, os microrganismos participam ativamente nas transformações, incluindo a mineralização da matéria orgânica, e liberando nutrientes para as plantas. Quando as terras estão permanentemente encharcadas, como nos pântanos, muitas vezes a decomposição dos restos vegetais é tão lenta que eles se acumulam em espessas camadas, formando as turfeiras e espessos solos orgânicos. Outro efeito do encharcamento é a redução, solubilização e remoção dos óxidos de ferro, o que leva os horizontes minerais dos solos desses locais perderem as cores avermelhadas, tornando-se acinzentadas.

Análise química do solo

Para as plantas, o solo deve oferecer um ambiente para as raízes poderem crescer e absorver os seus nutrientes. Isto requer um

Componentes dos Horizontes do Solo

adequado espaço poroso, com boas proporções de água, ar, e argilas, ao redor das quais deve estar adsorvida uma boa quantidade de nutrientes. Quando todas essas condições são favoráveis às plantas, dizemos que o solo é fértil e uma das formas de avaliar o seu grau de fertilidade é efetuando sua análise química.

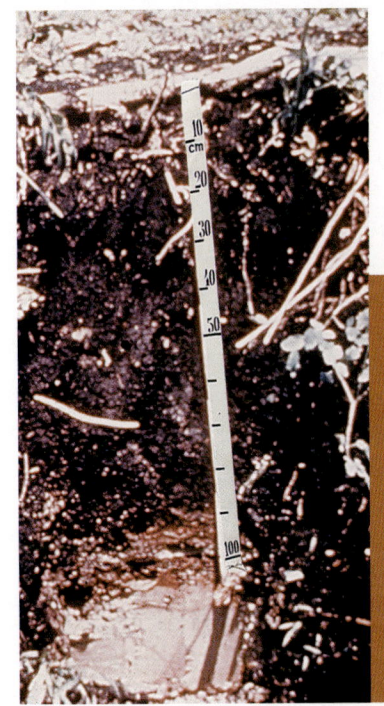

Nas áreas permanentemente encharcadas devido à carência de ar, os resíduos orgânicos decompõem-se mais lentamente do que são formados; acumulam-se e formam espessos horizontes orgânicos, sob os quais o ferro é reduzido e solubilizado nos horizontes minerais, tornando-os cinzentos

É possível inferir muita coisa em relação às qualidades do solo, a partir do exame de sua morfologia no campo, mas são necessários dados quantitativos da composição do solo para complementar a caracterização, e para classificar o solo, conforme será visto adiante. Uma vez que a análise da solução do solo é muito problemática, principalmente por ser muito difícil de obter suas amostras, a maior parte das suas análises é feita em amostras de sua fração sólida.

No início do século passado, fazia-se o que chamamos de "análise total do solo": as amostras eram moídas e totalmente dissolvidas para que todos os elementos pudessem ser determinados. Depois, descobriu-se que era mais importante considerar a porção ativa, ou disponível, dos elementos nutrientes adsorvidos ao redor das argilas e húmus do que as quantidades totais, porque elas incluem aquelas da estrutura cristalina dos minerais, fora do alcance dos vegetais, antes de evoluírem para as formas utilizáveis pelas plantas, o que só acontece depois da lenta ação do intemperismo. Foram desenvolvidos novos métodos de laboratório que permitem extrair do solo somente os nutrientes que estão na "forma trocável", isto é, prontamente disponíveis para as plantas.

Entre as várias análises mais realizadas nos laboratórios estão as do "complexo sortivo do solo"; ou seja, do conjunto de cátions adsorvidos na superfície de seus coloides e que compreende principalmente as determinações dos trocáveis. Para a sua determinação, eles devem ser extraídos, "lavando" uma amos-

Formação e Conservação dos Solos

Solução de ácido diluído

Amostra de solo

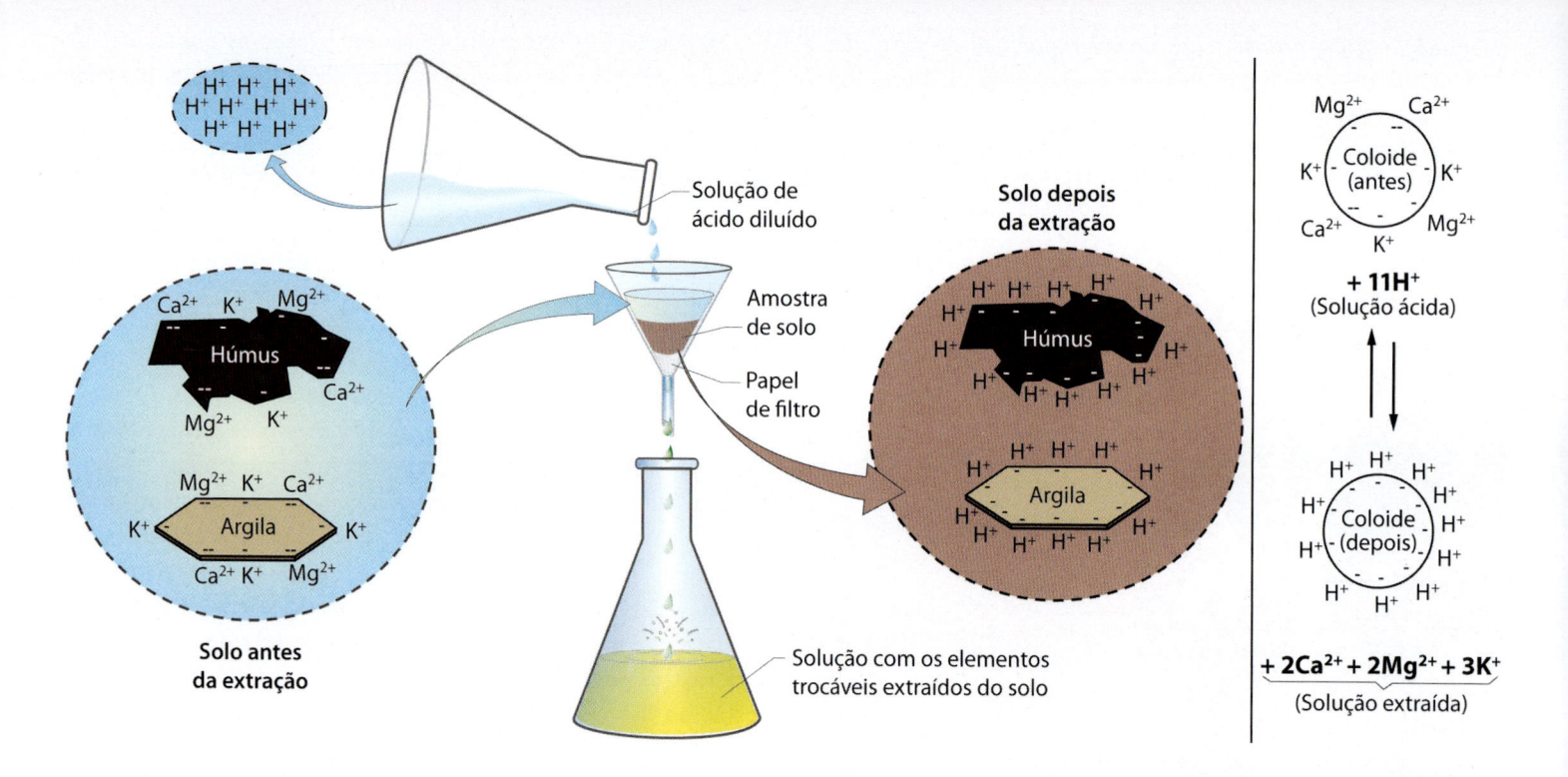

Papel de filtro

Húmus

Argila

Solo antes da extração

Solução com os elementos trocáveis extraídos do solo

Solo depois da extração

Húmus

Argila

Coloide (antes)

+ 11H⁺
(Solução ácida)

Coloide (depois)

+ 2Ca²⁺ + 2Mg²⁺ + 3K⁺
(Solução extraída)

Método comumente usado para efetuar a análise de uma amostra de solo: a solução de ácido (ou sal) diluído ao passar pelos seus coloides (argilas e húmus) extrai os cátions nutrientes (Ca^{2+} + Mg^{2+} + K^+...), adsorvidos nas suas cargas negativas, trocando-os pelo hidrogênio (H^+ ou cátion do sal), possibilitando determinar suas quantidades na solução extraída, por métodos de laboratório

tra com uma solução diluída de um sal ou ácido. Quando uma amostra de solo com peso conhecido entra em contato com uma relativamente grande quantidade de uma solução desse tipo, todos os cátions adsorvidos ao redor dos seus coloides são trocados pelos da solução, possibilitando assim determinar com precisão as quantidades. Para a extração desses "cátions trocáveis" comumente se usa uma solução salina para o alumínio (Al^{3+}), o hidrogênio (H^+) o cálcio (Ca^{2+}) e o magnésio (Mg^{2+}) e uma solução ácida para o potássio (K^+) e o sódio (Na^+).

Com base nos resultados das análises químicas dos cátions trocáveis calculam-se diversos outros parâmetros úteis para caracterizar os horizontes do solo, que podem servir para diversas interpretações, como avaliar a sua fertilidade e classificar o solo. Entre estes está a "soma de bases", que é calculada pela soma do conteúdo encontrado nos cátions básicos (Ca^{2+} + Mg^{2+} + K^+ + Na^+). Outro importante valor calculado a partir dos resultados dessas análises é a capacidade de troca de cátions (CTC), calculada pela soma dos cátions básicos com os ácidos:

capacidade de troca (CTC) = $[(Ca^{2+} + Mg^{2+} + K^+ + Na^+) + (Al^{3+} + H^+)]$.

Outro cálculo é da "percentagem de saturação por bases" (V%), que expressa a proporção de cátions básicos contidos em todos os pontos de troca do solo, representando a participação deles no conjunto que aí está adsorvido. É um parâmetro utilizado para distinção de solos com alta saturação por bases, dos solos com baixa, ou melhor, os *eutróficos* dos *distróficos*: os primeiros são os que têm mais da metade (> 50%) dos pontos de troca dos coloides ocupados com as bases trocáveis e normalmente considerados os mais férteis.

4 Fatores de Formação do Solo

Estudos realizados em várias regiões do mundo comprovaram que a existência de diferentes tipos de solos é controlada por cinco fatores principais: (a) clima; (b) organismos; (c) material de origem; (d) relevo e (e) idade da superfície do terreno.

O clima e os organismos são os "fatores ativos" porque, durante um determinado tempo e em certas condições de relevo, agem diretamente sobre o material de origem que é um fator de resistência ou "passivo". Em certos casos, um desses fatores tem maior influência sobre a formação do solo do que os outros. Contudo, em geral, qualquer solo é resultante da ação combinada de todos esses cinco fatores de formação.

A ideia de que os solos resultam de ações combinadas dos fatores clima, organismos, material de origem e idade, foi inicialmente elaborada por Dokouchaev. Em 1941, o suíço radicado nos E.U.A., Hans Jenny, ressaltou o relevo como fator adicional, e sugeriu uma equação, segundo a qual a formação de um determinado solo (ou de uma propriedade específica dele) pode ser representada da seguinte forma:

Solo = f (clima, organismos, material de origem, relevo e tempo).

Segundo essa equação-modelo, é possível verificar a ação de cada um dos fatores, desde que se mantenham todos os demais constantes. Por exemplo, se quisermos estudar, separadamente, como um elemento do clima (temperatura) controla a formação de um solo, teremos de procurar vários lugares onde as temperaturas são diferentes, e o seu material de origem e tempo de formação são idênticos.

A seguir, será visto como agem os cinco fatores na formação do solo, considerando-os um por um, como se fossem variáveis independentes da equação usada por Jenny. Apesar de, na prática, ser difícil isolar determinado fator para melhor estudá-lo, esse método é útil à compreensão das diferenças em morfologia, quanto à composição física e química. Consequentemente é mais fácil entender porque um solo difere de outro, quanto à cor, espessura, textura, e à capacidade de fornecer nutrientes às plantas etc.

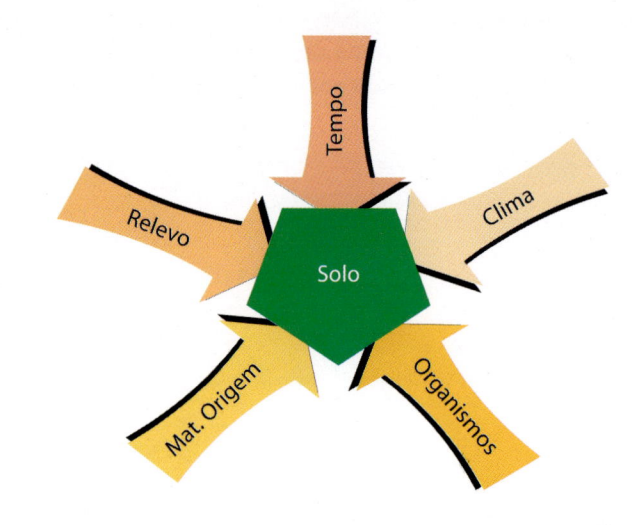

4.1 Clima

O fator clima costuma ser posto em evidência, pela maneira ativa e diferencial. Um material derivado de uma mesma rocha poderá formar solos completamente diversos quando em condições climáticas diferentes. Porém, materiais diferentes podem formar solos similares quando sujeitos, por um longo período, ao mesmo ambiente climático. Os principais elementos do clima – temperatura e umidade – regulam o tipo e a intensidade de intemperismo das rochas, o crescimento dos organismos e, consequentemente, o tipo dos horizontes pedogenéticos.

Sabe-se que, para cada 10ºC de aumento de temperatura, dobra a velocidade das reações químicas. Sabe-se também que a água e o gás carbônico nela dissolvidos são os responsáveis pela maior parte das reações químicas quando do intemperismo dos minerais, e a quantidade de gás carbônico dissolvido na água aumenta com a temperatura. Portanto, quanto mais quente e úmido for o clima, mais rápida e intensa será a decomposição das rochas. Nessas condições, irão fornecer materiais muito intemperizados com solos espessos e abundantes em minerais secundários (os menos solúveis, como os argilominerais do tipo 1:1 e óxidos de ferro e de alumínio) e carentes em cátions básicos (cálcio, magnésio e potássio).

Em contraposição, em clima árido e/ou muito frio, os solos são pouco espessos, contêm menos argila e mais minerais primários que pouco ou nada foram afetados pelo intemperismo químico. Os solos das regiões áridas a semiáridas, quando comparados com os das regiões úmidas, apresentam menores quantidades de matéria orgânica (ou de carbono) e maiores quantidades de cátions básicos trocáveis.

Em condições de clima quente e muito úmido, a grande quantidade de chuva provoca infiltração de maiores volumes de água, arrastando muitos nutrientes da solução do solo para o nível freático e cursos d'água. As cargas elétricas, responsáveis pela capacidade de troca dos cátions, são primeiramente neutralizadas pelo hidrogênio e depois pelo alumínio, que conferem ao solo propriedades ácidas. Por essa razão, a maioria dos solos das regiões áridas e semiáridas é neutra ou alcalina, enquanto os solos das regiões úmidas são ácidos.

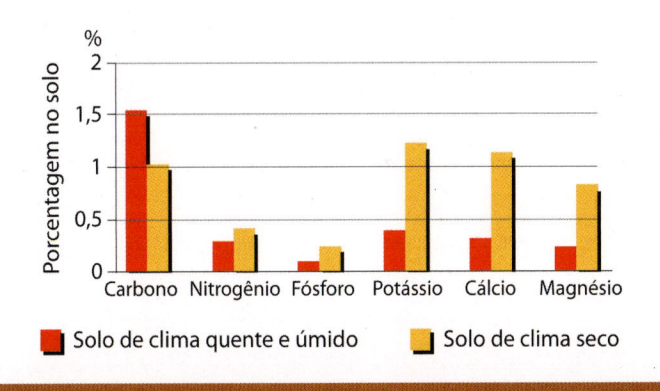

Os teores totais médios de alguns dos principais compostos do solo variam de acordo com o clima

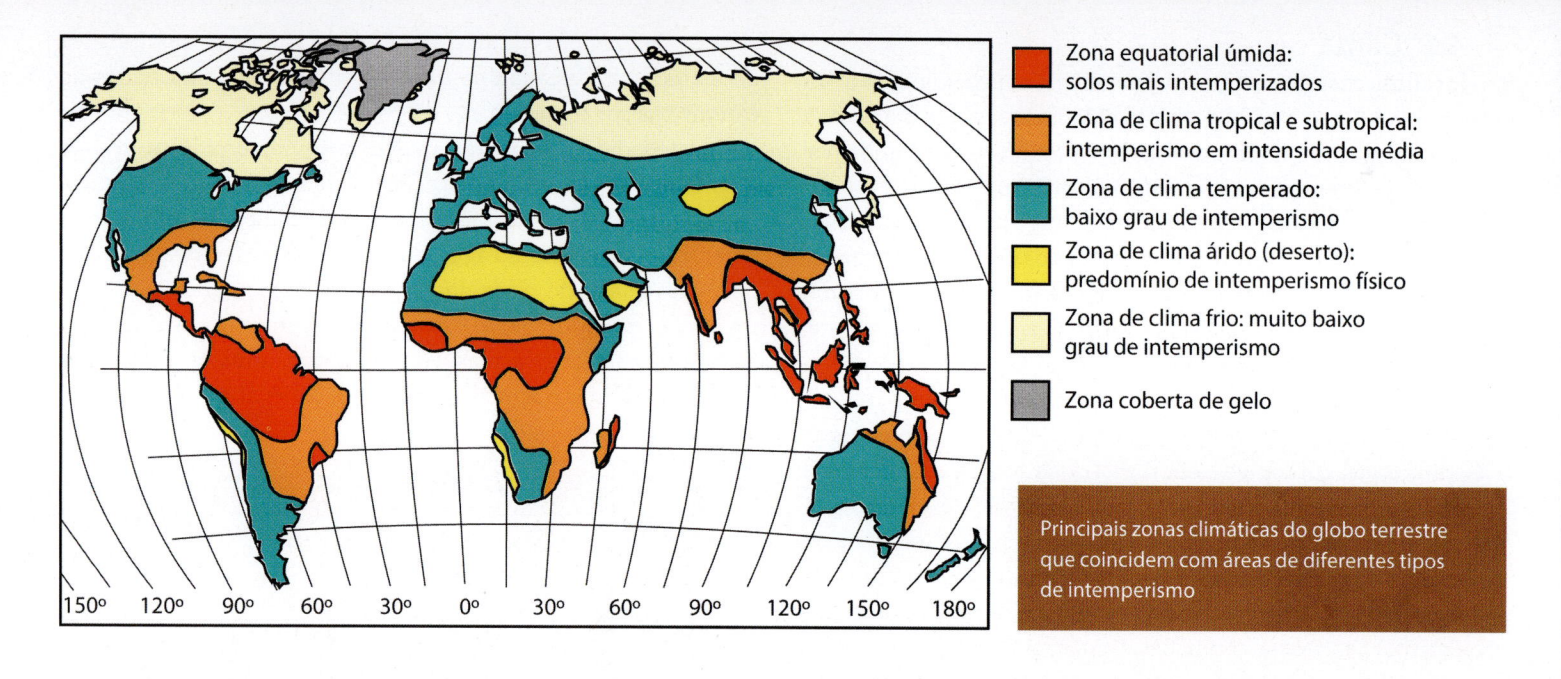

Formação e Conservação dos Solos

Zona equatorial úmida: solos mais intemperizados

Zona de clima tropical e subtropical: intemperismo em intensidade média

Zona de clima temperado: baixo grau de intemperismo

Zona de clima árido (deserto): predomínio de intemperismo físico

Zona de clima frio: muito baixo grau de intemperismo

Zona coberta de gelo

Principais zonas climáticas do globo terrestre que coincidem com áreas de diferentes tipos de intemperismo

A distribuição da vegetação pelo globo terrestre está bastante relacionada com as diferentes zonas climáticas. Nos climas quentes e úmidos, encontram-se exuberantes florestas de árvores constantemente verdes, que produzem grandes quantidades de resíduos orgânicos, que se decompõem rapidamente. Em climas com longa estação seca, dominam as árvores menores, cujas folhas secam e caem em determinados períodos. Nas zonas temperadas secas, a vegetação é de campos (pradarias) e nas úmidas, de florestas de pinheiros. Nos desertos, a vegetação é escassa, com muitas cactáceas, que podem viver com pouca água, e inclusive aproveitam a condensada durante a noite, depositada em forma de orvalho. Portanto, uma boa parte da influência do clima também é exercida por um segundo fator de formação dos solos, que é o conjunto de organismos vivos.

4.2 Organismos

Os organismos que vivem no solo têm de grande importância para a diferenciação dos seus perfis. Eles compreendem (a) *microrganismos* (ou *microflora* e *microfauna*); (b) *vegetais superiores* (*macroflora*); (c) *animais* (*macrofauna*); e (d) *homem*.

Os microrganismos incluem algas, bactérias e fungos. Como função principal, eles desempenham o início da decomposição dos restos dos vegetais e animais, ajudando assim a formação do húmus, que se acumula principalmente nos horizontes mais superficiais. Os produtos dessa decomposição também promovem a união das partículas primárias do solo, ajudando a formar os agregados que compõem a estrutura do solo. Estima-se que, em um grama de material do solo retirado do horizonte A, existam de cem milhões a dois bilhões desses microrganismos benéficos.

Alguns, sozinhos ou em simbiose com as raízes, retiram o gás nitrogênio do ar, transformando-o em compostos (nitratos e amônia) que, somente nesta forma, podem ser aproveitados como nutrientes para as plantas. O nitrogênio é essencial ao crescimento das plantas, mas, apesar de existir em grandes quantidades no ar, os vegetais superiores só conseguem utilizá-lo se for transformado em amônia e nitratos após sua "fixação", por intermédio de organismos, ressaltando-se as bactérias simbióticas.

Os vegetais atuam direta e indiretamente na formação do solo. A ação direta consiste na penetração do sistema radicular em fendas das rochas, onde tanto com a pressão exercida pelo crescimento, como pelas excreções orgânicas, aceleram o intemperismo. A esse respeito, sabe-se que ajudam os liquens, musgos e outros vegetais inferiores a viver diretamente sobre a rocha recém-exposta, iniciando assim condições para a fixação de uma sucessão de vegetais maiores.

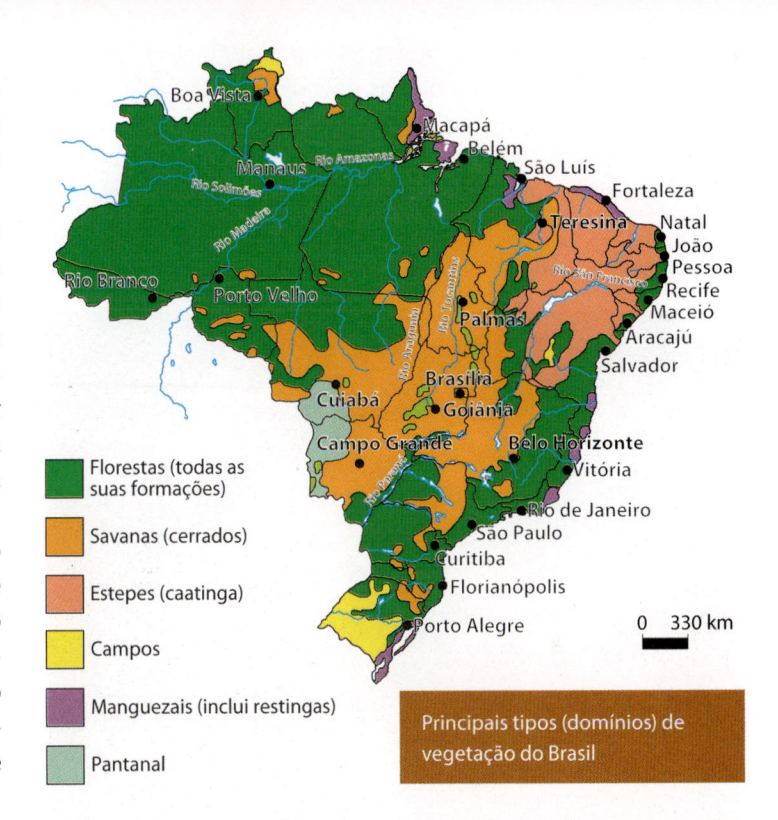

Principais tipos (domínios) de vegetação do Brasil

Formação e Conservação dos Solos

As raízes das árvores penetram até profundidades consideráveis, de onde retiram elementos nutritivos, necessários à sua vida. Quando as folhas das árvores morrem e caem no solo, os microrganismos as decompõem e restituem, ao mesmo tempo, os elementos retirados das camadas mais profundas. Essa é a principal maneira das plantas devolverem os nutrientes para a camada superficial do solo, concentrando-os, para compensar as perdas decorrentes da maior remoção dessas substâncias dos horizontes O e A.

As plantas dependem do solo, e vice-versa, pois elas desempenham um papel fundamental na erosão, quer seja em condições naturais (erosão geológica) ou provocadas pelo homem (erosão antrópica). Por exemplo, em ecossistemas com escassa cobertura vegetal, a erosão é maior, ao passo que, em coberturas densas, a erosão é menos intensa. No semiárido tropical do Nordeste brasileiro, por exemplo, a vegetação rala (caatinga) pouco protege o solo, o que facilita seu desgaste pela erosão, principalmente nas encostas das colinas e morros, por ocasião das chuvas torrenciais durante poucos meses do ano. Desta forma, as enxurradas decorrentes dessas chuvas removem as partículas mais finas, deixando sobre a superfície do terreno as mais grosseiras, como um manto de cascalho e pedras, conhecido como *pavimento desértico*. Tal pavimentação, em parte, substitui o efeito protetor da vegetação, uma vez que impede o impacto direto da chuva na superfície do solo, o que permite um maior desenvolvimento do *solum*.

Os animais que se abrigam no solo, constantemente trituram os restos dos vegetais, cavam galerias e misturam materiais dos diversos horizontes. Entre os que podem promover grande movimentação dos materiais do solo, estão as formigas, os cupins (ou térmitas) e os vermes (principalmente minhocas). Além desse revolvimento, suas carcaças e resíduos contribuem para a formação do húmus e dos agregados, da mesma forma que a matéria vegetal.

Os liquens e musgos podem viver diretamente sobre uma rocha, o que acelera o processo de intemperização e cria condições para a formação do solo e o estabelecimento de plantas superiores
Foto: Frederico O. R. Pinto.

Vegetação de caatinga no semiárido tropical do Nordeste brasileiro. Notam-se pedras e cascalhos à superfície, produto da erosão – que carrega as partículas mais finas – favorecida pelo tipo ralo dessa vegetação

Planícies com escassa vegetação em região árida e fria da Patagônia, Parque Nacional Torres del Paines (sul do Chile)

Finalmente, o homem tem provocado muitos impactos na formação do solo, com a remoção da vegetação natural, o revolvimento do horizonte A (pela aração e outros cultivos), a adição de corretivos e fertilizantes, a irrigação e aplicação de resíduos urbanos e industriais. Hoje, um grande esforço é feito para desenvolver sistemas de uso adequado do solo. Essas práticas de manejo sustentável assegurariam uma contínua produção de alimentos, fibras e combustíveis, sem causar danos ao meio ambiente. Isto é possível com o uso integrado das denominadas *práticas de conservação do solo*.

4.3 Material de origem

O material geológico do qual o solo se origina é um fator de resistência à sua formação, pois exerce um papel passivo em relação

Formação e Conservação dos Solos

à ação do clima e dos organismos. A maior ou menor velocidade com que o solo se forma depende do tipo de material, uma vez que, sob condições idênticas de clima, organismos e topografia, certos solos se formam mais depressa do que outros.

É comum afirmar-se que o solo se forma por decomposição direta e contínua das rochas da crosta terrestre. Contudo, um número expressivo de solos se forma propriamente da rocha, mas a partir de seus materiais intemperizados, removidos,

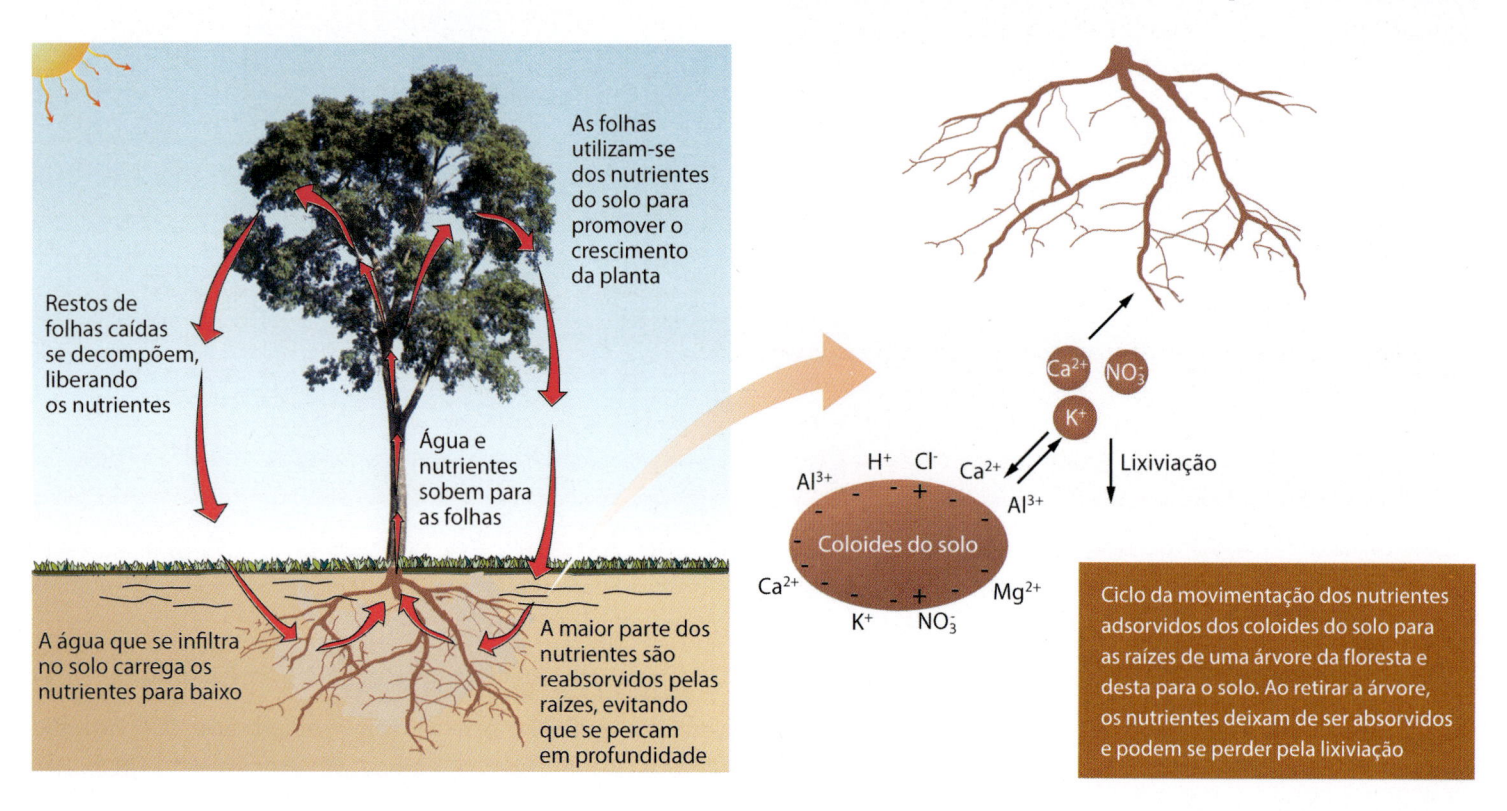

Restos de folhas caídas se decompõem, liberando os nutrientes

As folhas utilizam-se dos nutrientes do solo para promover o crescimento da planta

Água e nutrientes sobem para as folhas

A água que se infiltra no solo carrega os nutrientes para baixo

A maior parte dos nutrientes são reabsorvidos pelas raízes, evitando que se percam em profundidade

Ca^{2+} NO_3^- K^+

Lixiviação

Al^{3+} H^+ Cl^- Ca^{2+} Al^{3+}

Coloides do solo

Ca^{2+} Mg^{2+} K^+ NO_3^-

Ciclo da movimentação dos nutrientes adsorvidos dos coloides do solo para as raízes de uma árvore da floresta e desta para o solo. Ao retirar a árvore, os nutrientes deixam de ser absorvidos e podem se perder pela lixiviação

Fatores de Formação do Solo

transportados e depositados pela erosão geológica. Por isso, para efeito didático, costumam-se separar os processos de intemperismo que agem diretamente sobre as rochas dos que, mais propriamente, agem sobre o seu saprolito ou material depositado derivado. Nos dois casos, as reações químicas de decomposição e síntese de minerais são idênticas, contudo, é difícil estabelecer, no processo de evolução rocha-solo, exatamente em que ponto um material de origem começa a se transformar no solo em estudo.

Em alguns casos, os vegetais começam a se desenvolver sobre uma delgada camada intemperizada de uma rocha, de poucos milímetros, recentemente exposta à atmosfera. O solo desenvolve-se concomitantemente à alteração da rocha e o processo da formação do saprolito confunde-se com o da formação do solo. Em circunstâncias mais comuns, percebe-se que essas duas ações são distintas, mas é difícil definir onde uma termina e a outra começa. É o caso, por exemplo, de um solo que começa a se desenvolver sobre um manto de intemperismo já truncado pela erosão, ou sobre materiais que foram parcialmente decompostos antes de serem depositados no local em que o solo se formou. Um exemplo deste último caso são os detritos erodidos das partes mais altas do relevo, transportados pela ação da gravidade e/ou da água e depositados no sopé das encostas dos morros (colúvios) ou nas planícies de inundação dos rios (alúvios).

Existe uma grande variedade de materiais de origem, e os mais comuns podem ser agrupados em quatro categorias:

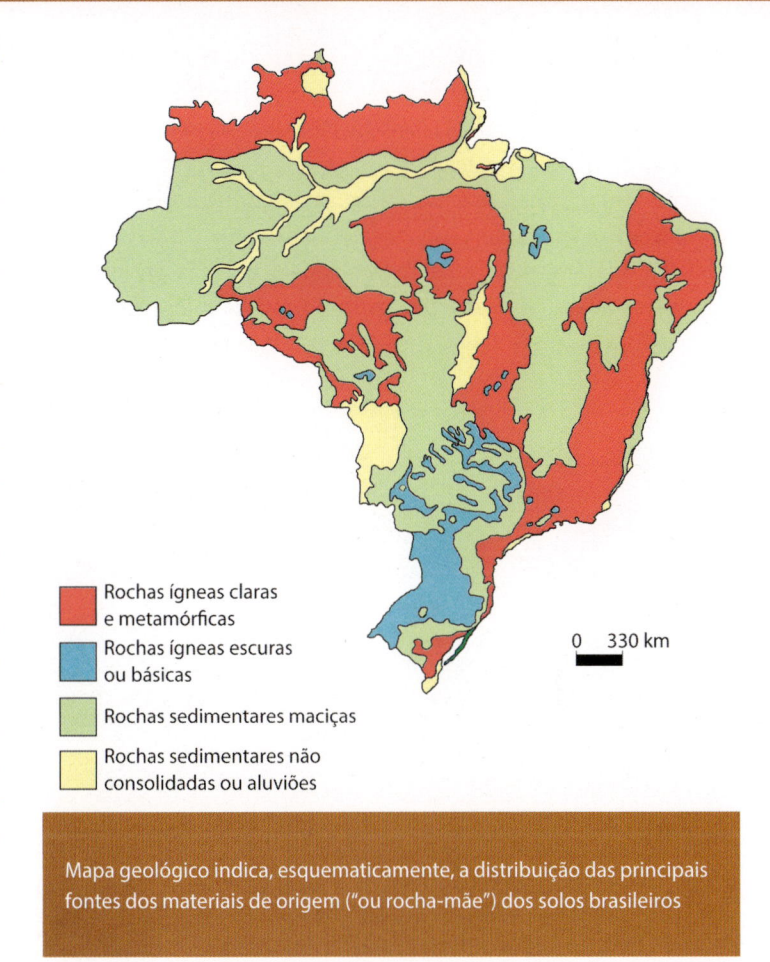

- Rochas ígneas claras e metamórficas
- Rochas ígneas escuras ou básicas
- Rochas sedimentares maciças
- Rochas sedimentares não consolidadas ou aluviões

Mapa geológico indica, esquematicamente, a distribuição das principais fontes dos materiais de origem ("ou rocha-mãe") dos solos brasileiros

69

Formação e Conservação dos Solos

a. materiais derivados de rochas claras (ou ácidas, tanto ígneas como metamórficas), como granitos, gnaisses, xistos e quartzitos. Essas rochas formam-se pela consolidação de material vulcânico (magma), rico em silício ou pelo metamorfismo deste ou de rochas sedimentares, também ricas em silício;
b. materiais derivados de rochas ígneas escuras (ou básicas) como basaltos, diabásios, gabros e anfibolitos, rochas que se formam pela solidificação de magmas pobres em silício;
c. materiais derivados de sedimentos consolidados, como arenitos, ardósias, siltitos, argilitos e rochas calcárias. Formam-se pela deposição e solidificação de sedimentos, como os materiais fragmentados de rochas ígneas ou metamórficas;
d. sedimentos inconsolidados, tais como aluviões recentes, dunas de areias (depois de estabilizadas), cinzas vulcânicas, loess, coluviões e depósitos orgânicos (ou turfeiras). Formam-se pela deposição de sedimentos em épocas relativamente recentes.

Rocha ígnea escura (basalto), originando-se de recente erupção vulcânica (Havaí, EUA)

Exemplo de sedimentos inconsolidados nos quais os solos iniciam seu desenvolvimento. Aluvião no rio Paraguai

Fatores de Formação do Solo

O material de origem pode condicionar um bom número de características do solo, sobretudo nos mais jovens ou formados sob clima frio ou seco. Arenitos, por exemplo, dão origem a solos de textura média ou arenosa, enquanto dos argilitos originam-se normalmente solos de textura argilosa em, pelo menos, um horizonte. As propriedades químicas também podem ser influenciadas pelo material de origem; por exemplo, uma boa parte dos solos derivados de rochas ígneas claras (ricas em quartzo, como o granito) é quimicamente pobre, enquanto muitos derivados de rochas ígneas escuras (ricas em cátions básicos, como o basalto) são quimicamente ricos.

4.4 Relevo

O fator relevo promove no solo umas diferenças facilmente perceptíveis, como as variações da cor, que podem ocorrer a distâncias relativamente pequenas, quando comparadas com as

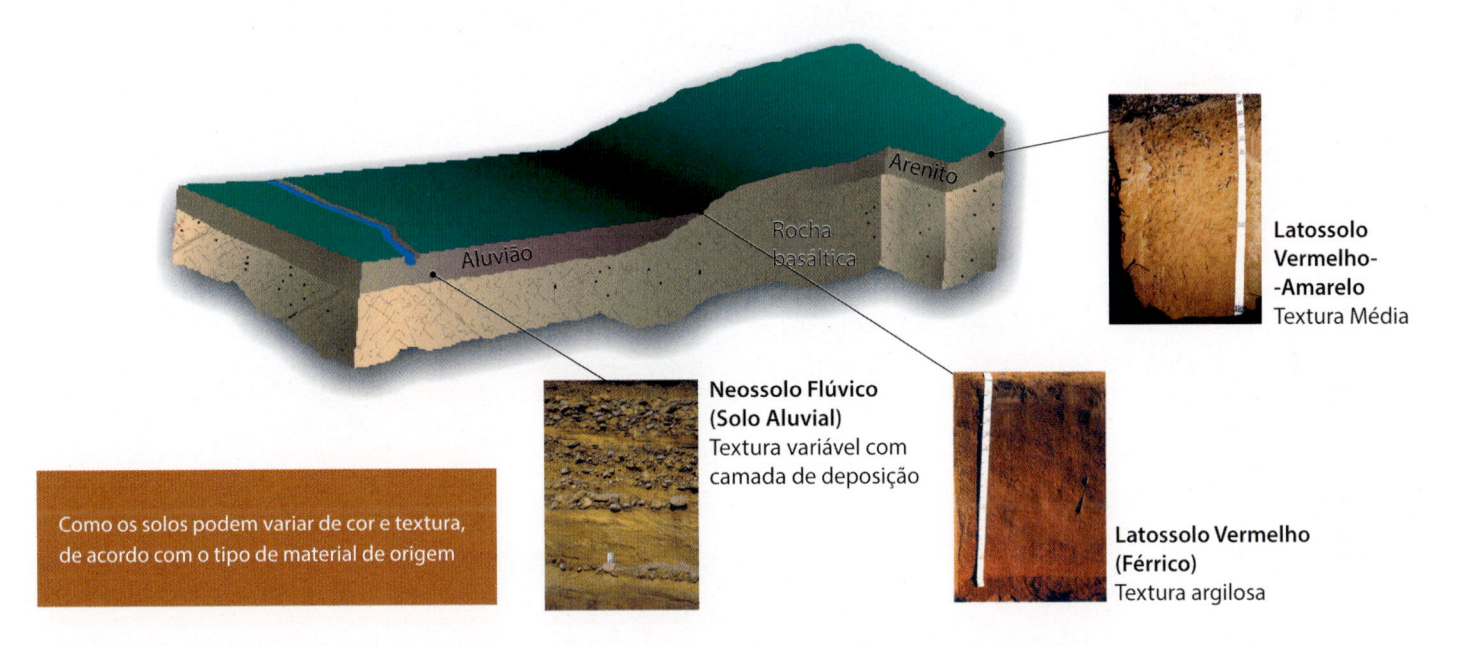

Como os solos podem variar de cor e textura, de acordo com o tipo de material de origem

Neossolo Flúvico (Solo Aluvial)
Textura variável com camada de deposição

Latossolo Vermelho-Amarelo
Textura Média

Latossolo Vermelho (Férrico)
Textura argilosa

diferenças só da ação de climas diversos. Em sua maior parte, resultam de desigualdades de distribuição no terreno da água da chuva, da luz, do calor do sol e da erosão ocasionadas também por diferenças de altitude, formato, declividade e posição do terreno.

As águas das chuvas caem de forma homogênea em um terreno relativamente pequeno (conjunto de duas colinas, por exemplo). Contudo, parte dessa água escoa para as partes mais baixas e planas que, por isso, recebem mais água do que as partes mais altas e declivosas. Consequentemente, os solos das partes mais baixas serão diferentes dos solos das mais elevadas.

A saturação mais ou menos contínua com água afeta diferentemente os processos de intemperismo químico; por isso, os solos evoluem de maneira diversa nas posições mais úmidas do relevo em relação às mais secas. Em locais com permanente saturação com água (ou mal drenados), a formação do solo será influenciada por condições especiais, tais como a solubilização dos óxidos de ferro e/ou do acúmulo de matéria orgânica, devido ao excesso de água nos poros e à consequente escassez de ar. Em razão disso, a cor no horizonte mais superficial será escura e, no mais profundo, cinzenta, com pequenas manchas cor de ferrugem, em contraste com solos amarelados ou avermelhados das partes mais elevadas e bem drenadas.

Uma rápida infiltração, em condições de boa drenagem, favorece o intemperismo químico, principalmente no que diz respeito à oxidação, que forma os óxidos de ferro, responsáveis pelas cores amareladas ou avermelhadas. A infiltração lenta da água (ou má drenagem) altera as reações do intemperismo, reduz os óxidos de ferro, imprimindo cores esmaecidas aos solos.

Em regiões de clima árido ou semiárido, as partes mais baixas do relevo ficam mais sujeitas ao acúmulo de sais que aí se concentram após serem carregados, em solução, pelas enxurradas de áreas adjacentes mais elevadas. Quando essa solução evapora, deixa como resíduo no solo os sais precipitados, tornando-o salino.

Em áreas de relevo montanhoso, como as serras e bordas de planaltos, as rampas muito íngremes propiciam a erosão, que pode ser de tal ordem, que a velocidade de remoção do solo será maior ou igual à velocidade de sua formação. Onde a velocidade de

Influência do relevo na distribuição desigual da água sobre o terreno

remoção pela erosão for maior, nenhum solo permanece e a rocha fica exposta; se a velocidade de formação do solo for apenas ligeiramente maior do que da erosão, a possibilidade de formação de solos espessos será eliminada. Quando, ao contrário, a taxa de erosão for insignificante, formam-se solos profundos devido ao relevo praticamente plano.

Outro exemplo da influência do relevo: a diferença dos solos das vertentes das montanhas voltadas para a direção norte, em relação às voltadas para o sul, evidencia-se nas regiões montanhosas, das latitudes mais elevadas, pelos maiores ângulos de azimute solar (sol mais próximo do horizonte ao meio-dia). Nas áreas situadas abaixo do trópico de Capricórnio, como nos Estados do Rio Grande do Sul, Santa Catarina e Paraná, nota-se que as faces das montanhas voltadas para o norte são mais quentes e mais secas que as voltadas para o sul, porque recebem maior quantidade de energia do sol. Por isso, os solos dessas encostas são frequentemente mais rasos e têm horizontes menos desenvolvidos do que as voltadas para o sul.

4.5 Tempo

A superfície de um afloramento rochoso, no qual musgos e liquens começam a se desenvolver sobre a superfície de uma rocha recém-exposta às intempéries da atmosfera, é um exemplo do início da formação de um solo. Com o passar do tempo, e sem erosão acelerada, surge uma fina camada de rocha intemperizada, na qual as características de um solo tornam-se cada vez mais distintas. À medida que a espessura dessa camada aumenta, ele se organiza em horizontes e o *solum*, pouco a pouco, se aprofunda, podendo alcançar até alguns metros. Portanto, a mais óbvia característica influenciada pelo tempo é a espessura, pois solos mais jovens são normalmente menos espessos que os mais velhos.

A exposição de um material de origem à atmosfera pode ocorrer tanto por eventos lentos e contínuos, como pela deposição de sedimentos nas várzeas dos rios; fenômenos cataclísmicos, tais como o derrame de lavas ou cinzas provenientes de recentes erupções de vulcões, ou ainda um desbarrancamento súbito, que remove todo o regolito de uma encosta íngreme e expõe a rocha inalterada subjacente. O início, ou "tempo zero" de um novo ciclo de formação do solo, seria o momento em que os últimos sedimentos se depositaram pela inundação do rio, ou em que a lava do vulcão solidificou-se, ou ainda quando a rocha ou saprolito da montanha foi completamente exposta ao ar pela erosão.

Quando uma rocha da litosfera fica exposta à atmosfera, ela começa a se intemperizar para se equilibrar com as novas condições impostas pelos elementos do clima e organismos. Os vegetais e micróbios começam então a se estabelecer, alimentando-se da água armazenada e dos nutrientes liberados e armazenados nas argilas, ambos provenientes do intemperismo dos minerais primários da rocha. Com o tempo, outras mudanças ocorrem, tais como a translocação de argila, a remoção de sais minerais e adições de húmus. Todas essas transformações continuam até acontecer um novo equilíbrio da litosfera com a atmosfera.

Formação e Conservação dos Solos

Quando os solos atingem esse estado de equilíbrio, tornam-se espessos e, normalmente, com horizontes bem definidos e, por isto, denominados *bem desenvolvidos*, *normais* ou *maduros*. Ao contrário, no início de sua formação, quando são delgados e/ou sem horizontes bem definidos, são denominados *pouco desenvolvidos*, *embriônicos* ou *jovens*.

O período necessário para que um solo passe do estágio jovem para o maduro varia com o tipo de material que lhe deu origem; as condições de clima; os tipos de organismos, e o relevo. Normalmente, se o material de origem deriva-se de rochas escuras (básicas), sob clima quente e úmido, e o relevo não propicia a erosão, os solos atingem mais rapidamente a maturidade.

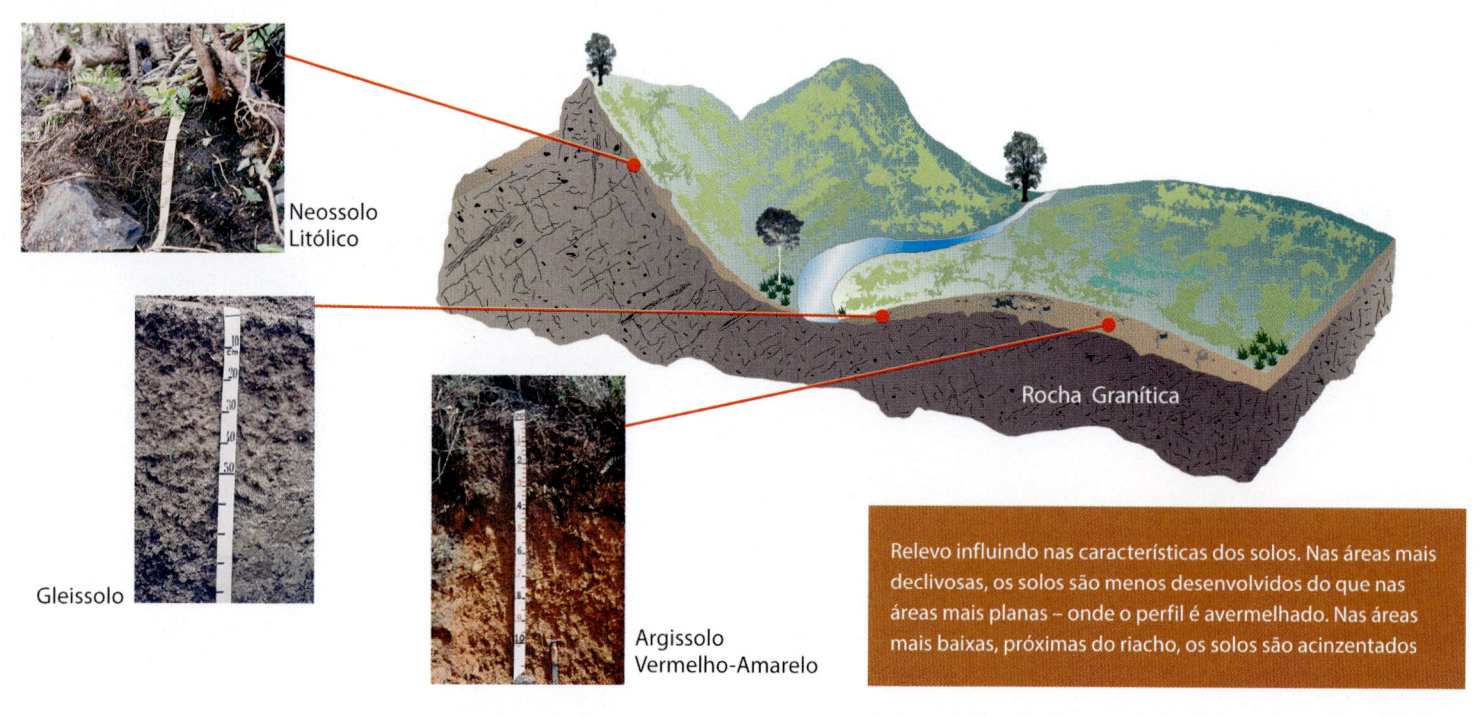

Neossolo Litólico

Gleissolo

Argissolo Vermelho-Amarelo

Rocha Granítica

Relevo influindo nas características dos solos. Nas áreas mais declivosas, os solos são menos desenvolvidos do que nas áreas mais planas – onde o perfil é avermelhado. Nas áreas mais baixas, próximas do riacho, os solos são acinzentados

Fatores de Formação do Solo

Assim, o tempo de maturação de um solo varia de um caso para outro, mas nunca é instantâneo, requerendo de centenas a muitos milhares de anos para ser completado.

O período de tempo necessário para a formação de determinada espessura de solo, a partir de um material definido, tem sido assunto de vários estudos. Um deles, na Ucrânia, foi feito na fortaleza de Kamenetz, construída em 1362 e usada até 1699, quando sua posição deixou de ser estratégica. Quando foi abandonada, os blocos de rocha calcária que construíram a fortaleza começaram a se decompor sem a ação do homem. Em consequência, alguns vegetais e microrganismos começaram a se desenvolver, dando início à formação de um solo. Em 1930,

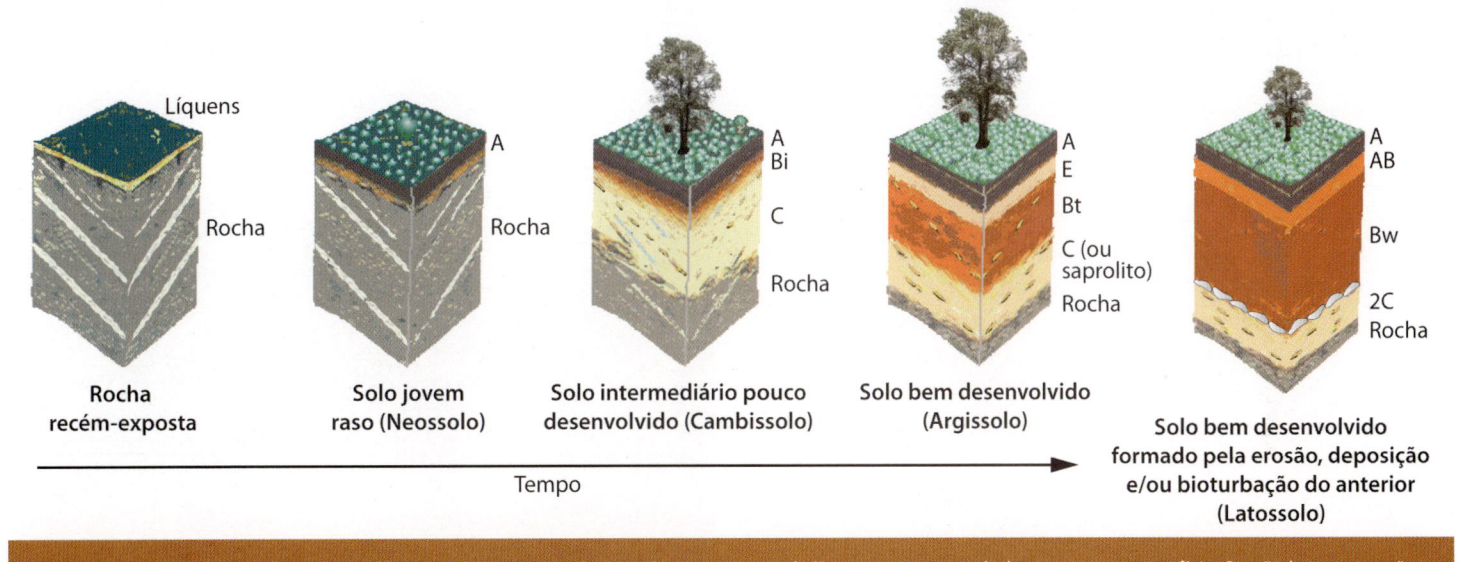

Rocha recém-exposta — Líquens, Rocha

Solo jovem raso (Neossolo) — A, Rocha

Solo intermediário pouco desenvolvido (Cambissolo) — A, Bi, C, Rocha

Solo bem desenvolvido (Argissolo) — A, E, Bt, C (ou saprolito), Rocha

Solo bem desenvolvido formado pela erosão, deposição e/ou bioturbação do anterior (Latossolo) — A, AB, Bw, 2C, Rocha

Tempo →

Depois que a rocha é exposta na superfície, o solo começa a desenvolver-se a partir de líquens que se estabelecem na sua superfície. Se não houver erosão, o desenvolvimento *in situ* continua – passando por estágios intermediários (p. ex.: Neossolo Litólico e Cambissolo) – até atingir o estágio de maturidade (p. ex.: Argissolo). Daí em diante, se for remexido (p. ex.: bioturbação por formigas e cupins) e/ou removido e redepositado pela erosão, outro solo bem desenvolvido poderá ser formado em local próximo (p. ex.: Latossolo)

um cientista investigou o solo formado no topo de uma das torres desse forte, e comparou-o aos solos da redondeza, derivados também de rochas calcárias. As conclusões do estudo foram que os solos daquela torre eram idênticos aos dos arredores do forte e que, supondo-se não terem ocorrido depósitos de poeira nesse local, formou-se relativamente rápido: nos 261 anos em que o forte permaneceu abandonado, um perfil com profundidade média de 30 cm havia se desenvolvido, o que dá uma média de 12 cm de *solum* para cada 100 anos de sua formação.

Outro assunto que tem merecido a atenção dos pedólogos refere-se às estimativas sobre a idade que teriam os solos mais velhos da Terra e onde eles estariam hoje. Solos muito antigos são relativamente raros, uma vez que na maior parte dos locais estão sujeitos a contínuas erosões geológicas, mais intensas durante certos episódios, como relacionados às mudanças climáticas, por exemplo. Alguns desses antigos solos são denominados paleossolos e podem estar preservados porque foram soterrados por outros solos. Contudo, também ocorrem à superfície, se situados em locais muito estáveis, que por muito tempo não estiveram sujeitos à erosão.

Para esses estudos, são muito úteis os métodos da Geomorfologia, ramo da ciência que estuda as formas do relevo e suas interpretações como indicadores da história geológica. Ela auxilia a Pedologia de forma significativa, uma vez os limites superiores dos solos correspondem a essas superfícies do relevo, cuja origem a geomorfologia elucida.

Segundo os geomorfólogos, vários episódios geológicos se destacaram na formação das superfícies do relevo terrestre, no chamado período Quaternário, o último da escala do tempo geológico no qual ocorreram algumas "eras do gelo". Houve a intercalação de períodos glaciais com interglaciais. O Quaternário começou há cerca de dois milhões de anos, e dura até hoje, e quase todas as superfícies do relevo que vemos na superfície da Terra foram esculpidas nesse período (as encostas das montanhas, por exemplo), e raríssimos solos poderiam ter sobrevivido por um tempo mais longo do que este. A maior

Aspecto da fortaleza Krak des Chevaliers, na Síria, construída pelos cruzados cristãos no séc. XII. A alteração de alguns dos seus blocos de rocha permitiu a formação de solo e o crescimento de vegetação

proporção dos solos, considerados "os mais velhos", está nas partes mais estáveis dos continentes, entre as quais se destacam as mais elevadas, e quase planas, das chapadas do Planalto Central Brasil. Elas situam-se em um estável divisor de águas continentais e estiveram livres, durante todo o período Quaternário, tanto das glaciações como de movimentos da crosta terrestre, como terremotos, e vulcões. Há um número expressivo de solos mais velhos e intemperizados, originalmente recobertos pela vegetação do cerrado, também considerada de origem muito antiga.

Nas regiões das baixas latitudes, como no Canadá, na Rússia e na Sibéria, completamente cobertas pelo gelo durante toda a última "era do gelo", que terminou há cerca de doze mil anos, os solos mais velhos têm no máximo essa idade. Como os seus materiais de origem estavam cobertos, ou sendo arrastados pelas geleiras, nenhum solo pôde se formar antes que a última "era do gelo" terminasse.

Leituras Recomendadas

ABERTO, G. I. L., AKAHOSHI, L. H. *Solo e Química*. Divulgação científica. São Paulo: Estação Ciência, 1997.

BUOL, S. W.; SOUTHARD, R. J.; GRAHAM, R. C.; McDANIEL, P. A. *Soils Genesis and Classification*. 6. ed. Ames: Iowa State University Press, 2011.

JENNY, H. *Factors of Soil Formation*. New York: McGraw Hill, 1941.

OLIVEIRA, J. B. de. *Pedologia Aplicada*. Jaboticabal: FUNEP, 2001.

RESENDE, M. et al. *Pedologia* – base para distinção de ambientes. Viçosa: NEPUT, 2002.

RUELLAN, A.; DOSSO, M. *Regards sur le Sol*. Paris: Furier, 1993.

TOLEDO, M. C. M.; OLIVEIRA, S. M. de B.; MELFI, J. A. "Intemperismo e Formação do Solo", in: Teixeira et al. (Org). *Decifrando a Terra*. São Paulo: Oficina de Textos, 2000.

Sites de interesse:

Museu de Ciências da Terra Alexis Dorofeef, da Universidde Federal de Viçosa. Inclui fotos, vídeos e materiais didáticos (inclusive apostilas sobre geologia e pedologia): <http://www.mctad.ufv.br/>.

Museu de Solos da Universidade Federal de Santa Maria, RS. Inclui fotos, vídeos e material didático, e uma visita virtual ao museu com explicações sobre os solos: <http://w3.ufsm.br/msrs/>.

Pedologia, da Universidade Federal de Goiás. Inclui vários módulos do "Soldidac" (com apresentação em powerpoint sobre morfologia do solo, de autoria de A. Ruellan e M. Dosso, tradução de S. S. Castro): <http://www.labogef.iesa.ufg.br/labogef/ensino/pedologia/>.

Pedólogo Hélio do Prado, do Instituto Agronômico de Campinas. Apresenta a gênese, os fatores de formação e os processos pedogenéticos: <http://www.pedologiafacil.com.br/genese.php>.

Lasar Segall, "Bananal", 1927, Acervo da Pinacoteca do Estado de São Paulo/Brasil

As folhas das bananeiras pintadas por Lasar Segall (1891-1957), ao contrário das pinceladas da obra de Georgina, são esquemáticas, quase geométricas. Essa geometrização também está presente no rosto da figura central, acentuando seus traços fisionômicos.

3ª Parte

Classificação e Mapas dos Solos

5 PRINCÍPIOS BÁSICOS E AS VÁRIAS CLASSIFICAÇÕES

O homem sempre teve a tendência ou o impulso natural de ordenar e classificar os objetos com que lida, e o solo, pela sua importância como fator de sobrevivência, não é exceção. Desde que ele deixou de ser somente um caçador ou catador de frutos silvestres, começou a cultivar plantas para se alimentar e a classificar os solos em grupos bastante simples, como bons ou ruins para o cultivo de determinadas plantas. Mais tarde, com o avanço das ciências, surgiram as classificações científicas ou taxonômicas.

O propósito de uma taxonomia é organizar os conhecimentos acerca dos indivíduos que estão sendo classificados, de forma que os diversos atributos possam ser relembrados e suas relações mais facilmente entendidas para atender a um objetivo específico, teórico ou prático. Todas as ciências naturais dão nomes científicos aos seus objetos de estudo para que possam ser universalmente reconhecidos. Também os organizam de uma forma sistemática em grupos (ou taxas), segundo uma hierarquia de diversas categorias, tais como famílias, subordens, ordens etc. Se plantas e animais, além de seus nomes comuns, têm nomes científicos, os solos também os devem ter.

Muitas são as vantagens do uso de nomes científicos e de suas hierarquizações. Vejamos como exemplo a espécie botanicamente classificada como *Manioc utilíssima*, membro da família *Euphorbiaceae*: no Brasil, o povo a chama de *macaxera*, *aipim* e *mandioca* (conforme a região); nos EUA, de cassava; na França, de *manioc*. Ao receber um nome científico, essa confusão é abolida. De forma idêntica, um solo chamado de *massapé*, *terra preta* ou *grumossolo*, conforme a região do Brasil, pode ser conhecido como *Regur*, na Índia e classificado cientificamente como *Vertissolo Ebânico Órtico*. A denominação taxonômica, além de evitar os sinônimos, nos permitirá lembrar que pertence à ordem dos *Vertissolos*, que reúnem solos com certos atributos particulares, como grande quantidade de argilas expansivas e alta saturação por bases.

Por isso, os cientistas pedólogos desenvolvem sistemas taxonômicos para melhor estudar, entender e comunicar suas descobertas. O processo de classificação envolve a formação de unidades taxonômicas (ou *taxa*) que, em Pedologia, tem o nome de *classes*, que agrupam objetos solo com base nos atributos que lhes são comuns. Elas nos ajudam a lidar com a complexidade da grande variedade de solos que existem na face da Terra. A existência de muitos tipos de solo pode dificultar a lembrança individualizada de cada um, mas se conseguirmos encontrar alguns atributos que lhes são comuns para diferenciá-los, nós poderemos agrupá-los em classes úteis, porque nos ajudarão a organizar os muitos conhecimentos e, assim, simplificar algumas tomadas de decisões. Desta forma, os "indivíduos solo" representados pelos seus perfis (ou *pedons*), são reunidos em classes de várias categorias hierarquizadas, das mais gerais às mais específicas, de forma idêntica aos vegetais e animais que são organizados em espécies, gêneros, famílias etc.

Quando um determinado sistema taxonômico estabelece grupos de indivíduos para uma finalidade específica, visando unicamente aplicações de caráter prático e demanda imediata, é uma *classificação técnica*. É o caso, por exemplo, das classificações de solo para fins de geotécnica ou das suas "classes de capacidade de uso" para a agricultura. Contudo, em atividades científicas, procura-se fazer grupamentos naturais que, além de atenderem a princípios puramente científicos, possam ser periodicamente interpretados, tanto para finalidades acadêmicas como para finalidades práticas: são as *classificações naturais*, que se baseiam na lógica de considerar todos os atributos conhecidos de uma população. Para fins de definição e estabelecimento das classes, consideram-se relevantes os atributos mais relacionados com a pedogênese, e que têm um maior número de características associadas; por exemplo, "cor do horizonte B", associa-se a várias outras características, como tipo e quantidade de óxidos de ferro que, por sua vez, dependem muito do clima onde o solo evoluiu.

Nas classificações naturais, as teorias de pedogênese formam a base principal e determinam o significado e a relevância das características do solo que devem ser escolhidas como atributos diferenciais. Tal princípio procura seguir as teorias relativas à evolução dos solos, com alguma semelhança à taxonomia dos reinos animal e vegetal.

Os solos são tão variáveis quanto os vegetais, nos quais usamos a morfologia das folhas como um dos principais atributos para classificá-los: folhas de uma mesma espécie de árvore têm anatomia semelhante, que difere entre uma e outra espécie, apesar de conservar as características fundamentais de folha. Da mesma forma, os perfis de solos têm morfologias similares – quando pertencem a uma mesma série (em Pedologia, equivale às espécies) e diferentes entre séries. Em um ponto, no entanto, a comparação com um vegetal é menos válida: comumente, o conjunto de perfis idênticos, chamado de *corpo do solo*, passa para outro gradualmente, sem limites rígidos, o que torna sua distinção nessas faixas de transição difícil, pois é mais fácil diferenciar um pomar de mangueiras de um de abacateiros, estejam as suas copas limítrofes entrelaçadas ou afastadas.

Por essa razão, para identificar e classificar objetivamente um solo, o pedólogo, baseado em sua experiência de campo, procura escolher um local situado além da faixa de transição entre dois solos diferentes. Nesse local, ele examinará o chamado perfil modal ou representativo do corpo de solo. Depois da cuidadosa escolha do local desse perfil, ele é examinado e sua morfologia descrita. Também se coletam amostras diversas de todos os horizontes para análises de laboratório.

Nos modernos sistemas de classificação pedológica, para classificar qualquer conjunto de solos, eles devem ser conhecidos com todos os detalhes necessários para definir os denominados critérios operacionais, ou seja, propriedades do solo relacionadas com processos de formação. Assim, poderão ser medidas com recursos disponíveis, em campo e/ou laboratórios, para o enquadramento nas classes taxonômicas sem haver conjecturas.

Formação e Conservação dos Solos

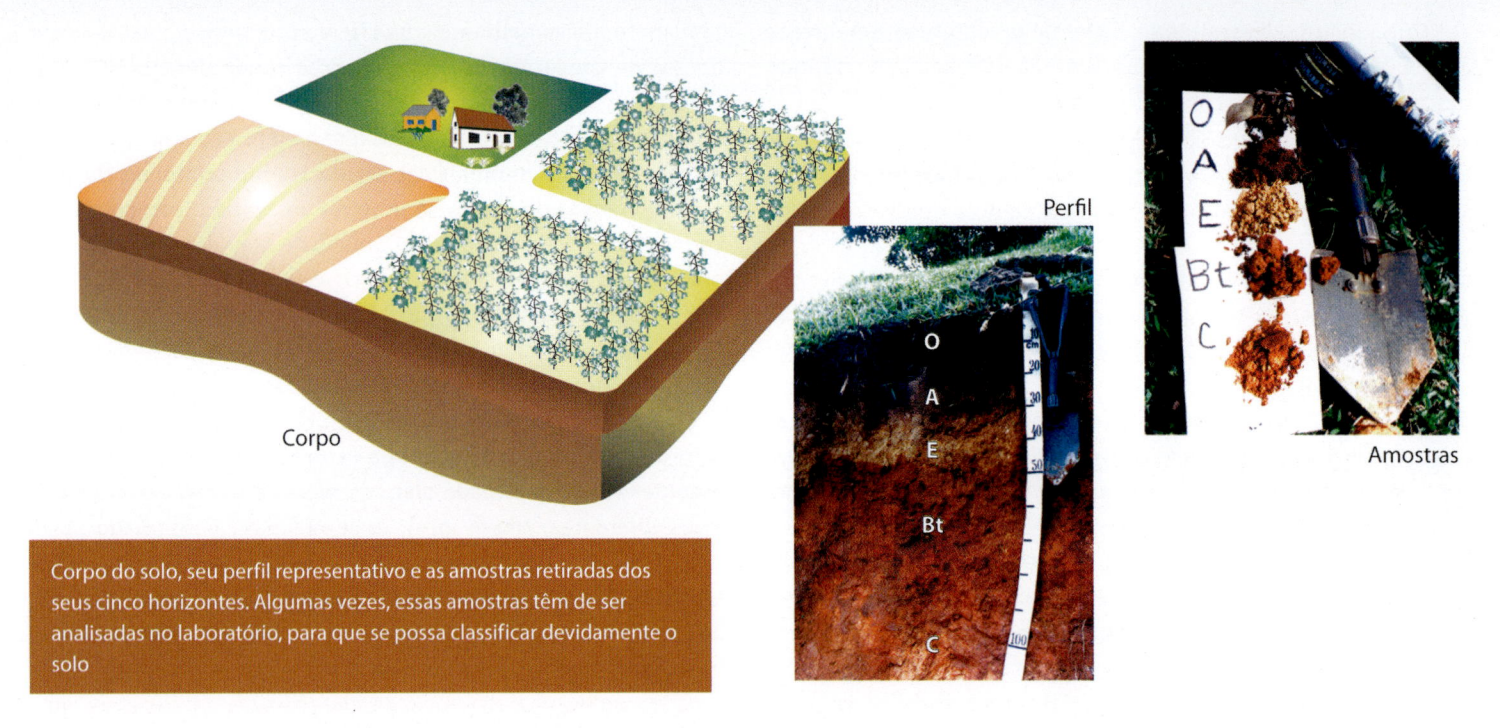

Corpo

Perfil

Amostras

Corpo do solo, seu perfil representativo e as amostras retiradas dos seus cinco horizontes. Algumas vezes, essas amostras têm de ser analisadas no laboratório, para que se possa classificar devidamente o solo

    Algumas vezes, a classe a que pertence o solo pode ser identificada diretamente no campo, após a cuidadosa e padronizada descrição morfológica de seus horizontes. No entanto, é necessário esperar pelo resultado de análises de laboratório (também padronizadas) das amostras da fração sólida de seus horizontes, para resolver as dúvidas acerca de propriedades do solo, que não puderam ser precisamente quantificadas no seu ambiente natural, como, por exemplo, a capacidade de troca de cátions.

    É importante ressaltar que se deve proceder de maneira diferente quando o objetivo principal do estudo não é a classificação de perfis que representam corpos de solo, mas o estudo da inter-relação, ou evolução entre indivíduos/solo. Nesse caso, as faixas de transição recebem especial atenção em uma análise detalhada dessas faixas, o que permite verificar melhor as relações de evolução. Tal procedimento costuma ser chamado de "análise estrutural da cobertura pedológica".

Como os solos apresentam características bastante complexas e relativamente novas, o ramo da ciência que se dedica a eles, encontra ainda muito a ser estudado, antes que surja uma classificação de caráter universal. Enquanto isso, a maioria dos sistemas taxonômicos mais modernos apresenta similaridades, porque tem como ponto de partida um aspecto em comum – a escola de Dokouchaev – e uma base científica razoável, que permite atender às finalidades de uma taxonomia natural, tal como a da Zoologia e da Botânica.

5.1 Sistemas naturais e suas hierarquizações

Os primeiros sistemas de classificação de solos eram bastante simples e puramente técnicos, uma vez que se destinavam somente a finalidades práticas imediatas. Mais tarde, com o avanço progressivo e a diversificação do uso do solo, e o início do seu estudo com bases científicas, surgiram classificações que procuravam reconhecer os solos com ênfase em um único de seus fatores de formação. Na maior parte das vezes, levava-se em consideração a rocha de origem, o relevo, o clima ou a vegetação primitiva. Assim, surgiram termos diversos, como "solos residuais de granitos", "solos de colúvio", "terras calcárias", "solos montanhosos", "solos tropicais", "solos de cerrado" etc.

No início do século XX, as ideias da escola russa, iniciada por Dokouchaev, foram mais bem difundidas, e os solos puderam ser mais bem conhecidos e, portanto, taxonomicamente, mais bem organizados. Surgiram vários sistemas nacionais de classificação de solos, que enfatizavam a noção de que, quando se classifica um solo, não é necessário usar inferências indiretamente baseadas no tipo de material de origem, clima ou vegetação, mas examinando diretamente a morfologia e outros atributos característicos do conjunto de horizontes do seu perfil.

A Pedologia difere das ciências mais tradicionais, como a Botânica e a Zoologia, que possuem classificações aceitas universalmente. Os diversos sistemas nacionais de classificações pedológicas resultam de diferentes pontos de vista e da maior ou menor ocorrência de determinados solos em certos países.

Para serem devidamente classificados, os solos necessitam de um sistema hierarquizado em diversos níveis categóricos. Cada classe, ou unidade sistemática, deve situar-se em um determinado nível. Por sua vez, todas as classes incluem outras, dos níveis inferiores. Nas primeiras categorias, de hierarquia mais elevada, o número de classes é pequeno, e são definidas em termos gerais, com poucas características. Em Biologia, as categorias mais conhecidas em ordem decrescente são: reino, classe, ordem, família, gênero e espécie. Para os solos, as categorias mais usadas, nesta mesma sequência, são: *ordem*, *subordem*, *grande grupo*, *subgrupo*, *família* e *série*.

Formação e Conservação dos Solos

Em Biologia, temos o nível categórico mais elevado, denominado reino, com apenas duas divisões: animal e vegetal. Nas categorias mais baixas, para as espécies na Biologia e as séries na Pedologia existe um número muito grande de classes, que atingem a casa das centenas de milhares. Nesse caso, ao contrário dos níveis hierárquicos superiores, as espécies ou séries são definidas dentro de limites bastante estreitos e específicos.

Para efeito de ilustração, a Tab. 5.1, a seguir, compara os níveis categóricos e as unidades sistemáticas (*classes*, no caso de solos) usados para classificar uma planta cultivada (café) e um solo (popularmente conhecido como "terra roxa legítima"). Para a classificação dessa terra roxa, usou-se o moderno Sistema Brasileiro de Classificação de Solos (SiBCS,) lançado pela EMBRAPA, em 1999, que contou com a colaboração de pedólogos que atuam em diversas instituições de várias partes do Brasil.

Primeiros sistemas naturais de classificação

A maior parte dos primeiros sistemas de classificação natural considerava, no nível categórico mais elevado, somente três ordens: *zonal*, *azonal* e *intrazonal*, que se baseavam em critérios

Tab. 5.1 Comparação da taxonomia de uma planta cultivada (café) e um solo ("terra roxa")

Classificação do cafeeiro		Classificação de uma "terra roxa"	
Nível categórico	Unidade sistemática	Nível categórico	Unidade sistemática (classe)
Reino	*Vegetal*	Ordem	*Latossolo*
Classe	*Dicotiledônea*	Subordem	*Latossolo Vermelho*
Ordem	*Rubiales*	Grande grupo	*Latossolo Vermelho Eutroférrico*
Família	*Rubiácea*	Subgrupo	*Latossolo Vermelho Eutroférrico Típico*
Gênero	*Coffea*	Família	*Não estabelecida*
Espécie	*Coffea Arabica*	Série	*Não estabelecida*

geográficos e avaliações da ação conjugada dos cinco fatores de formação do solo. Tais critérios, devido ao seu caráter pessoal e às dificuldades em estabelecer parâmetros mensuráveis, foram eliminados das classificações mais modernas. Contudo, o ponto de vista da zonalidade (do grego *zone* = cinturão) ainda é usado, inclusive nas ciências biológicas, quando nos referimos genericamente a um determinado grupo de indivíduos mais característicos de uma determinada zona ecoclimática.

Na ordem *zonal*, agrupam-se os solos bem desenvolvidos ou que refletem bem a influência dos fatores ativos da formação do solo: clima e organismos. São solos "normais" ou "maduros", com horizontes A, B e C bem diferenciados. Eles se desenvolvem de forma predominante em declives suaves, de boa drenagem e sobre material de origem exposto por um tempo suficientemente longo para que a ação do clima e dos organismos tenha expressado integral influência.

Na ordem *intrazonal*, situam-se aqueles com características que refletem mais a influência do relevo local, e/ou do material de origem, do que do clima ou dos organismos. Desenvolvem-se mais frequentemente em condições de excesso de umidade ou de salinidade.

Os *azonais* são aqueles que não têm características bem desenvolvidas, seja devido ao pouco tempo de sua formação (solos jovens ou "neoformados") ou à natureza do material rochoso e do relevo, que resistiu ou impediu, de alguma forma, o desenvolvimento de características normais das zonas climáticas onde ocorrem. Eles têm normalmente uma sequência de horizontes A-C, ou A-R (R = rocha: falta o horizonte B), os quais se associam a qualquer dos solos zonais.

Em grande parte dos antigos sistemas de classificação, essas três ordens eram subdivididas em várias subordens e grandes grupos. A Tab. 5.2 ilustra o dos EUA, de 1949, que é uma versão ampliada do publicado em 1935, que muito se baseou nos trabalhos da escola russa difundida pouco antes por K. D. Glinka.

Diagrama histórico derivado dos primeiros sistemas de classificações naturais, com as subdivisões dos "solos zonais"

Formação e Conservação dos Solos

TAB. 5.2 Sistema Americano de Classificação de 1935-49 (Os primeiros mapas de solos do Brasil adotaram a nomenclatura derivada dos seus Grandes Grupos)

Ordem	Subordem	Grande grupo
Zonal	Solos de zonas frias	- Tundra
	Solos claros de zonas áridas	- Solos Desérticos - Solos Desérticos Vermelhos - Sierozem - Solos Brunos - Solos Bruno-Avermelhados
	Solos escuros de pradarias semiáridas e subúmidas	- Chestnut - Chestnut - Avermelhado - Chernozem - Solos "Prairie" Brunos - Solos "Prairie" Bruno-Avermelhados
	Solos escuros de transição floresta-prado	- Chernozem degradado - Bruno Não Cálcico
	Solos "podzolizados" claros de florestas (zonas frias e temperadas)	- Podzol - Podzólico Acinzentado - Podzólico Bruno - Podzólico Bruno-Acizentado - Podzólico Vermelho-Amarelo

Ordem	Subordem	Grande grupo
Zonal (Cont.)	Solos lateríticos de florestas temperadas e tropicais	- Solos Lateríticos Bruno-Avermelhados - Solos Lateríticos Bruno-Amarelados - Solos Lateríticos (ou Latossolos)
Azonal	(Nenhuma subordem)	- Litossolo - Regossolo (inclui Areias) - Solos Aluviais - Vertissolo
Intrazonal	Solos Halomórficos (influenciados por excesso de sais)	- Solochak (ou Solos Salinos) - Solonetz - Solonetz - Solodizado - Solódio
	Solos Hidromórficos (influenciados por excesso de água)	- Glei Húmico - Glei Pouco Húmico - Solo Orgânico - Solo Meio Orgânico - Solo Orgânico de Altitude - Planossolo - Podzol Hidromórfico - Laterita Hidromórfica
	Solos Calcimorfos (influenciados por materiais calcários)	- Solos Brunos Florestais - Rendzina

Sistemas modernos de classificação

Após 1950, houve uma grande expansão dos levantamentos pedológicos, tanto em regiões temperadas como nos trópicos. Tal fato foi acompanhado pelo desenvolvimento de vários sistemas de classificação, entre os quais se destacam os desenvolvidos nos Estados Unidos da América, França, Bélgica, Portugal, Brasil e Austrália. Além desses, a FAO/UNESCO (Organização Para a Agricultura e Alimentação das Nações Unidas) desenvolveu um sistema que pudesse ser tanto mais abrangente como mundialmente mais aceito. Todos esses sistemas modernos de classificação utilizam o conceito de horizontes diagnósticos para a definição das suas unidades taxonômicas.

Horizontes Diagnósticos

O primeiro passo para classificar um determinado solo é o exame dos seus horizontes em perfis expostos em uma trincheira ou barranco de estrada; a presença ou ausência de certos tipos de horizontes é essencial para definir a sua classe taxonômica. No campo, a maioria dos perfis costuma ser subdividida em muitos sub-horizontes pedogenéticos – de meia dúzia a uma dezena deles (por exemplo: A1 - A2 - A3 - E1 - E2 - B1- B2- B3 - C1...) – o que complica a análise e a comparação do que é visto no campo com as convenções estabelecidas no livro do sistema de classificação. Além disso, as definições desses horizontes pedogenéticos são moldadas em termos morfológicos, e várias delas são pouco específicas e qualitativas, o que faz com que haja lacunas e sobreposições, que podem causar confusões no reconhecimento das unidades taxonômicas. Para contornar essas dificuldades, estabeleceu-se o conceito de horizontes diagnósticos, em menor número, mas de forma mais objetiva e quantitativamente mais definidos do que os pedogenéticos.

Depois de identificar os horizontes pedológicos de um solo pela descrição morfológica feita no campo, e de caracterizar suas amostras pelas análises no laboratório, todo o conjunto dos sub-horizontes pode ser simplificado, grupando-os em dois ou três horizontes diagnósticos.

Não se devem confundir os horizontes diagnósticos com os pedogenéticos O, A, E, B, C, que podem ser identificados diretamente no campo, examinando-se a morfologia, como foi visto anteriormente. No campo, a presença de horizontes diagnósticos poderá ser prevista, mas para confirmá-los com a certeza que uma taxonomia de solos exige, é necessário, além da descrição morfológica, fazer as análises químicas, físicas e mineralógicas. A descrição dos horizontes morfológicos envolve sempre certo grau de incerteza, porque requer interpretações que podem variar com a experiência pessoal e pontos de vista daqueles que descrevem o solo no campo. Por outro lado, os horizontes diagnósticos baseiam-se mais em atributos quantificados, o que descarta os fatores subjetivos. Os mais modernos sistemas taxonômicos de solos utilizam o conceito de horizontes diagnósticos, inclusive o brasileiro (Tab. 6.1), que adotou como base o sistema americano e da FAO/UNESCO, que serão abordados a seguir.

5.2 Sistemas nacionais e Internacionais

Classificação Americana (U.S. Soil Taxonomy)

No extenso território dos Estados Unidos da América, os levantamentos detalhados dos solos começaram há mais de 100 anos e formaram um imenso "banco de dados", com a caracterização de perfis representativos de muitas séries de solos cartografadas em mapas municipais. Por volta de 1951, milhares delas haviam sido identificados e mapeados, e surgiu assim a necessidade de agrupá-las (em mapas estaduais, por exemplo), com níveis categóricos adequados, intermediários entre séries e grandes grupos. No entanto, surgiram algumas dificuldades, dada a inexistência de critérios bem claros para definir famílias e subgrupos de solos na classificação divulgada em 1949. Por isso, em 1950, o governo federal norte-americano tomou a decisão de desenvolver um novo sistema de classificação, enquanto outros países, de forma independente, iniciavam o aperfeiçoamento de seus sistemas.

Tal tarefa foi feita com as chamadas "aproximações" divulgadas para pedólogos do mundo inteiro para mandarem críticas e sugestões. Pedólogos do Brasil, por exemplo, colaboraram com várias sugestões para o aperfeiçoamento da antiga subordem denominada "solos lateríticos" (hoje, *Oxisols*). Em 1960, foi publicada a "Sétima Aproximação", após novas revisões e, em 1970, passou a ser conhecida como "*U.S. Soil Taxonomy*: a comprehensive system" (Taxonomia Americana de Solos: um sistema abrangente), com os solos organizados em 12 ordens relacionadas na Tab. 5.3.

Uma característica única da *Soil Taxonomy* é o emprego de prefixos e sufixos, em sua maioria de origem grega ou latina, para formar os nomes das classes das cinco categorias de nível superior (ordem, subordem, grande grupo e subgrupo). O elemento formativo de cada uma dessas categorias é sucessivamente usado e incluído até no nível de família. Por exemplo, nos solos da ordem *Oxisol*, todo subgrupo tem sílabas que, automaticamente, identificam as demais categorias, como nos seguintes exemplos:

Subgrupo:

Typic Acrudox – indica solos típicos do grande grupo *Acrudox*, que reúnem *Oxisols* (*ox*, do francês *oxide* = óxidos); extremamente intemperizados e bem drenados, mas situados em clima constantemente úmido. O nome é composto por *Acr-ud-ox*:

– *Acr*, de *Acric* [do grego: *Akros* = extremo (estádio de intemperização)]

– *ud*, de *udic* [do latim *udus* = úmido]

– *Ox*, de *Oxisol* [do francês: *oxide* = óxidos; e do latim: *solum* = solo]

Grande grupo:

Plinthaquox – indica um grande grupo da ordem *Oxisol*, que reúne solos mal drenados e com muita plintita. O nome é composto por *Plinth-aqu-ox*:

– *Plinth*, de *Plynthite* [do grego *Plinthos* = tijolo]

– *Aqu*, de *Aquic* [do latim *aqua* = água]

– *Ox*, de *Oxisol* [do francês: *oxide* = óxidos]

Outra característica única desse sistema é que as subdivisões, em nível de subordem, baseiam-se no clima do solo (mais especificamente, no "regime de umidade"). Assim, os *Oxisols* (tal como a maior parte das demais ordens desse sistema) são primeiro subdivididos em cinco subordens, de acordo com seu regime de umidade, tais como: *aquic* (do latim, *aqua* = água), *perudic* (do latim, *per* = permanente e *udico* = úmido), *udic* (do latim, *udico* = úmido), *ustic* (do latim, *ustus* = queimado, seco)

TAB. 5.3 As doze ordens do atual sistema de classificação de solos dos EUA (U. S. Soil Taxonomy)

Solo (ordens)	Resumo das características
Gelisols	De climas gélidos, com camada permanentemente congelada (*permafrost*) a uma profundidade de até 2 m
Histosols	Compostos essencialmente de materiais orgânicos, com mais de 40 cm de espesssura
Spodosols	Com húmus ácido, horizonte E acinzentado e horizonte B com acúmulo de argila iluvial e óxidos de ferro e/ou alumínio e/ou húmus
Andisols	Pouco desenvolvidos, formados em depósitos de cinzas vulcânicas e outros materiais piroclásticos
Oxisols	Bem desenvolvidos, com argila de atividade baixa (horizonte B com acúmulo residual de óxidos de ferro e de alumínio)
Vertisols	Ricos em argila de alta atividade que se expandem e contraem periodicamente, formando fendas de até 50 cm de profundidade
Aridisols	Secos por mais de 6 meses do ano, com mínimo desenvolvimento de horizonte A, mas com acúmulo de algum material no horizonte subsuperficial (carbonatos etc.)
Ultisols	Com horizonte B de acúmulo de argila iluvial e com baixos teores de bases trocáveis
Mollisols	Com horizonte A espesso, escuro e com altos teores de cátions básicos trocáveis (principalmente cálcio)
Alfisols	Com horizonte B de acúmulo de argila iluvial e com altos teores de bases trocáveis
Inceptisols	Com um mínimo de desenvolvimento de horizontes em materiais fracamente intemperizados
Entisols	De origem recente, mais comumente sem horizontes pedogenéticos, exceto o A

e *torric* (do latim *torridus* = quente e seco). Desta forma, os *Oxisols* compreendem cinco subordens que, dos mais úmidos para os mais secos, são: *Aquox, Perox, Udox, Ustox* e *Torrox*.

Classificações Internacionais (FAO e WRB)

Em 1960, a Organização para a Agricultura e Alimentação das Nações Unidas (FAO/UNESCO) aceitou a incumbência de organizar a primeira tentativa de um Sistema Internacional de Classificação de Solos, com a finalidade de acomodar os principais padrões de solo em um mapa-múndi. Dada a inexistência de um sistema taxonômico mundialmente aceitável, o mapa deveria servir também de denominador comum aos vários sistemas nacionais. Assim, para preparar a legenda desse mapa, a FAO, como organização internacional, decidiu elaborar uma classificação pedológica apropriada.

O mapa-múndi de solos da FAO (escala 1:5.000.000) foi terminado em 1974, e definido como "um inventário da natureza e distribuição geográfica dos solos do mundo inteiro". Nele, a nomenclatura das classes de solo derivou de nomes clássicos e de idiomas de vários países, como:

Classe	Origem
Podzol	do russo: *pod* = sob; *zola* = cinza
Ferralsol	do francês: *ferrugineux* = ferruginoso
Andosol	do japonês: *ando* = (solo) escuro
Histosol	do grego: *histos* = tecido (de vegetais)
Fluvisol	do Latim: *fluvius* = rio
Gleysol	do russo: *gley* = "barro sujo"

A partir da classificação da FAO/UNESCO, em 1998, foi desenvolvido o "Sistema Referencial Básico Para Recursos dos Solos do Mundo" (WRB) que será abordado adiante.

Outros sistemas

Outros sistemas de classificação de solos existem em vários países, como Rússia, França, Bélgica, Reino Unido, Canadá, Austrália, Nova Zelândia, África do Sul e China. Tal como as taxonomias usadas nos EUA e pela FAO/UNESCO, muitas delas usam sistemas hierarquizados e visam organizar o conhecimento sobre solos, de forma que possa ser rapidamente acessado, relembrado e compreendido. Todos esses sistemas mostram como uma parte do objeto de estudo – o corpo do solo – está relacionado com o todo e usam terminologia específica para transmitir os conhecimentos. Cada perfil de solo de uma determinada paisagem tem propriedades únicas; contudo, os vários sistemas de taxonomia pedológica demonstram que eles podem ser grupados de acordo com um conjunto de regras, que variam conforme os diversos sistemas de classificação existentes.

Os diversos sistemas de classificação baseiam-se em critérios pedogenéticos e regionais; um dos propósitos é o de padronizar

Princípios Básicos e as Várias Classificações

as legendas dos mapas de solos. Em alguns países, como nos EUA, que realizam mais levantamentos detalhados (com mapas municipais em grandes escalas), a prioridade é agrupar as séries em mapas mais generalizados. Em outros, como no Brasil, a prioridade é organizar os levantamentos de reconhecimento (com mapas estaduais em escalas menores). Isso, aliado a outros fatores, como a maior ou menor ocorrência de determinados solos em determinados países, faz com que proliferem os sistemas nacionais de classificação de solos.

Muitos opinam que essa não é uma situação ideal, porque as comunicações internacionais acerca dos solos são prejudicadas pelo uso de tantos sistemas. Há quem argumente que não devemos nos preocupar muito com esse fato: sistemas de classificação são elaborados para preencher certas necessidades que variam em função do país e do tempo. As classificações refletem nosso conhecimento sobre solos, que muito varia de um local para outro. Em países como no Brasil, considera-se mais relevante que os nomes dos solos e os métodos consagrados e reconhecidos sejam identificados por aqueles que lidam com a terra e aqueles que o analisam em laboratórios.

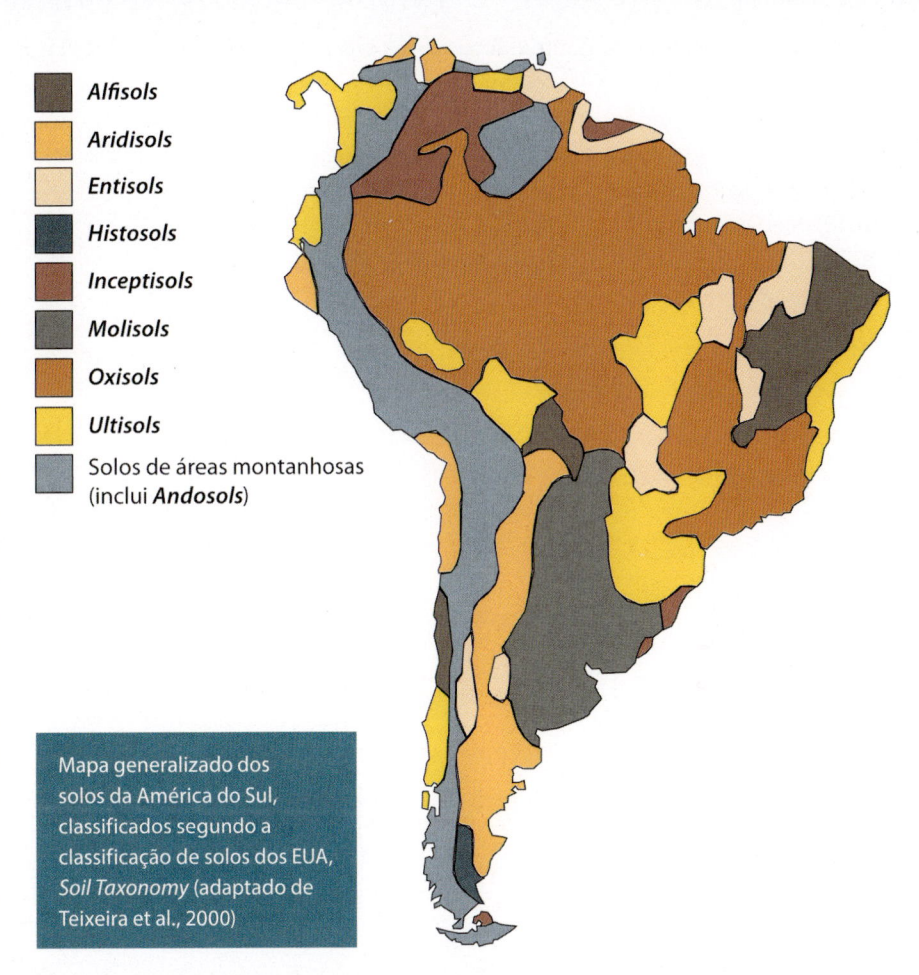

- *Alfisols*
- *Aridisols*
- *Entisols*
- *Histosols*
- *Inceptisols*
- *Molisols*
- *Oxisols*
- *Ultisols*
- Solos de áreas montanhosas (inclui *Andosols*)

Mapa generalizado dos solos da América do Sul, classificados segundo a classificação de solos dos EUA, *Soil Taxonomy* (adaptado de Teixeira et al., 2000)

Assim, tudo indica que, por muito tempo, os diversos sistemas nacionais de classificação de solos continuarão a ser usados. Para comunicarem suas descobertas internacionalmente, os pesquisadores terão de identificá-los em mais de um sistema de classificação. Por isso, no Brasil, em artigos científicos, é comum que os solos estudados sejam necessariamente enquadrados na classificação brasileira (que será vista a seguir), na dos EUA (o "U.S. Soil Taxonomy", atualmente o mais usado no mundo) e/ou na do Referencial Básico para Recursos do Solo (WRB).

6 Sistema Brasileiro de Classificação de Solos

6.1 Apresentação e estrutura hierárquica

O Sistema Brasileiro de Classificação de solos (SiBCS) foi desenvolvido com base em dados extraídos dos muitos levantamentos exploratórios e de reconhecimento realizados nos últimos 60 anos em todos os Estados do Brasil. Sua primeira versão oficial foi apresentada pela EMBRAPA em 1999 e é constantemente revista e aperfeiçoada; sua terceira edição foi lançada em 2013. Um mapa generalizado de todo país, em escala 1:5.000.000, foi publicado em 2000 e pode ser acessado pela internet em sites de interesse indicados na p. 178.

O SiBCS é hierárquico e multicategórico. Atualmente, 13 classes de solos são reconhecidas no nível categórico de hierarquia mais elevada: as ordens. Por sua vez, elas estão subdivididas em subordens que, sucessivamente, comportam grandes grupos e subgrupos. No entanto, ainda não foram estabelecidas famílias e séries. Todas as classes de solos são diferenciadas pela presença ou ausência de horizontes diagnósticos bem definidos (Tab. 6.1), tanto superficiais (por exemplo, "horizonte A ócrico" e "horizonte A chernozêmico") como subsuperficiais (por exemplo, "horizonte B latossólico" e "horizonte B textural"). Além desses horizontes, vários atributos diagnósticos são considerados, como a cor do solo, teores de óxidos de ferro, saturação por bases, atividade das argilas etc.

Os nomes dados às classes de solos das várias categorias podem fornecer muitas informações, porque quando um solo é classificado ao nível de subgrupo, cada vocábulo corresponde a uma determinada categoria. Por exemplo, no subgrupo *Latossolo Vermelho Eutroférrico Típico*:

a. *Latossolo* (ordem): o solo é profundo, fortemente intemperizado, bem drenado, sem aumento significativo de argila em profundidade, baixa capacidade de troca; minerais primários facilmente intemperizados ausentes ou em quantidades muito pequenas.

b. *Vermelho* (subordem): as cores no horizonte B são vermelhas (o matiz é 2,5 YR, ou mais vermelho, na maior parte do horizonte B), o que indica a presença do mineral férrico hematita.

c. *Eutroférrico* (grande grupo): tem elevada saturação por bases (> 50%, indicada pelo prefixo *eutro*, de eutrófico) e teores de ferro também elevados (entre 18 e 36%).

d. *Típico* (subgrupo): o solo não apresenta características intermediárias (para Cambissolos ou Chernossolos, se fosse, seria *Cambic* ou *Chernic*, respectivamente).

A seguir, descreveremos resumidamente os solos das 13 ordens (listadas na Tab. 6.2) do SiBCS, com breve referência às suas subdivisões em subordens.

Tab. 6.1 Principais horizontes diagnósticos do *solum* e suas principais características no sistema brasileiro de classificação (EMBRAPA, 1999)

Horizonte	Resumo dos atributos mais notáveis
Horizontes diagnósticos superficiais	
Hístico	Essencialmente orgânico, com até 40 cm de espessura
A chernozêmico	Mineral superficial muito espesso (mais de 25 cm), escuro e rico em húmus e cálcio
A proeminente	Mineral superficial, também escuro e espesso (entre 25 e 75 cm), com baixos teores de cálcio
A húmico	Semelhante ao A proeminente, porém mais espesso (mais de 75 cm)
A antrópico	Muito modificado pelo uso contínuo do solo pelo homem
A ócrico	O mais comum (moderado), sem destaques (que não se enquadra nas definições dos anteriores)
Horizontes diagnósticos subsuperficiais	
B textural	Com acúmulo de argila iluvial (removida do A e E)
B plânico	Tipo especial de B textural adensado com mudança textural abrupta
B nítico	Sem aumento de argila e com estrutura em blocos e com nítidas superfícies brilhantes
B latossólico	Muito intemperizado com acúmulo residual de óxidos e sem aumento de argila
B incipiente	Pouco desenvolvido e/ou parcialmente intemperizado
B espódico	Com acúmulo iluvial de húmus e/ou ferro e alumínio
Vértico	Horizonte (B ou C) com rachaduras e superfícies de fricção, típicas de argilas expansivas
Plíntico	Com mais de 50% de plintita (ou "laterita" não endurecida)
Concrecionário	Com mais de 50% petroplintita (ou "laterita" endurecida) na forma de concreções
Litoplíntico	Com mais de 50% de petroplintita consolidada (ou "laterita" endurecida) e cimentada
Glei	Acinzentado, fortemente influenciado pelo excesso d'água

Sistema Brasileiro de Classificação de Solos

TAB. 6.2 As 13 ordens, segundo a nova classificação brasileira de solos, seus horizontes diagnósticos, principais características diagnósticas e terminologia dos equivalentes mais comuns usados em classificações anteriores da EMBRAPA

Ordens	% da área total do Brasil	Horizontes diagnósticos e outras características	Principais equivalentes (Sistemas anteriores)
Neossolo	14	Sem horizonte B diagnóstico (solos jovens ou neoformados)	Litossolos, Regossolos, Solos Aluviais
Vertissolo	2	Horizonte vértico, com mais de 30% de argila no A e com fendas de expansão	Vertissolos, Grumossolos
Cambissolo	3	B incipiente, sem A chernozêmico (exceto se Tb*)	Cambissolos
Chernossolo	<1	A chernozêmico e B incipiente, textural ou nítico (com argilas Ta** e eutrófico)	Brunizems
Luvissolo	3	B textural rico em cátions básicos trocáveis e Ta**	Brunos não Cálcicos, Podzólicos eutróficos Ta
Argissolo	20	B textural e Tb*	Podzólicos (Vermelho-Amarelos e Vermelhos-Escuros) Tb*
Nitossolo	2	B nítico e Tb*	Terras Roxas e Terras Brunas Estruturadas
Latossolo	39	B latossólico imediatamente abaixo do horizonte A	Latossolo
Espodossolo	2	B espódico abaixo de horizonte A e E	Podzóis e Podzóis Hidromórficos
Planossolo	3	B plânico abaixo de horizonte E e A	Planossolos, Solonetz-Solodizados
Plintossolo	6	Com horizonte plíntico, petroplíntico e/ou litoplíntico	Lateritas Hidromórficas, Solos Concrecionários
Gleissolo	3	Com horizonte glei dentro dos 50 cm da superfície	Gleis pouco Húmicos e Húmicos, Hidromórficos Cinzentos
Organossolo	<1	Com horizonte hístico de mais de 40 cm (exceto se diretamente sobre rocha)	Solos Orgânicos, Solos Turfosos (diversos)

*Tb = argila de baixa atividade; **Ta = argila de alta atividade

6.2 Latossolos

Latossolos são muito intemperizados, com pequena diferenciação de horizontes e, na sua maior parte, sem macroagregados nítidos no horizonte B. Segundo o SiBCS, eles são definidos pelo horizonte B latossólico imediatamente abaixo de qualquer horizonte diagnóstico superficial, exceto horizonte hístico, e desenvolvem-se em marcantes e prolongadas condições de ambientes tropicais quentes e úmidos. Os processos responsáveis pela sua formação são comumente designados como dessilicificação ou latossolização (ou "laterização") concomitante à prolongada bioturbação. São conhecidos em outros países como *Ferralsols* (FAO/UNESCO e WRB) e *Oxisols* (*U. S. Soil Taxonomy*). Em algumas classificações mais antigas eram "solos lateríticos", termo ainda empregado em geotécnica. Tal nome está em desuso porque o termo "laterita" (do latim, *later* + tijolo) é usado também para designar material terroso rico em óxidos de ferro, muito endurecido, ou macio, mas que endurece irreversivelmente ao ser exposto ao sol; hoje, em Pedologia, é conhecido como *petroplintita* (quando endurecido) ou *plintita* (quando macio).

Os perfis de Latossolos considerados mais típicos apresentam horizonte A pouco espesso e com transição difusa para um B latossólico muito espesso (atinge comumente mais de 2 m de profundidade), com consistência muito friável, alta porosidade e colorações que varia de avermelhadas a amareladas. A textura, relativamente uniforme em todo o perfil, varia de média a muito argilosa. A estrutura é composta de agregados granulares, por vezes denominados "pseudoareias" ou "pó de café", porque os grãos são muito pequenos (1 a 3 mm de diâmetro), soltos e bem definidos, similares às areias ou grãos de café moído. Esses agregados estão arranjados de modo que deixam entre si um grande espaço poroso, o que proporciona uma alta permeabilidade, mesmo quando são muito argilosos.

As principais variações do "perfil típico" são do horizonte A, bastante espesso e escuro (Latossolos com A proeminente ou A húmico), cores amareladas no B, aliadas a uma estrutura com macroagregados subangulares de consistência firme quando úmidos e, dura quando secos (Latossolos Amarelos Coesos). Alguns têm colorações brunadas (os das regiões mais elevadas e frias do Sul) e outros, com cores vermelho-escuras, com alta saturação por bases (os eutróficos do Centro-Oeste e Sudeste), quase sempre desenvolvidos de rochas básicas (principalmente basalto), com algumas modalidades dos popularmente conhecidos como "terras roxas" (antes denominados Latossolos Roxos eutróficos). Uma outra variação, de pequena ocorrência, corresponde aos que apresentam horizonte A espesso, escuro, muito rico em cálcio e fósforo e com fragmentos de cerâmica indígenas (horizonte A antropogênico). São as "terras pretas de índio", comuns na Amazônia.

As condições de clima tropical úmido atuaram durante muito tempo em um relevo com superfícies relativamente estáveis, quase planas, cujos exemplos mais típicos estão nos cha-

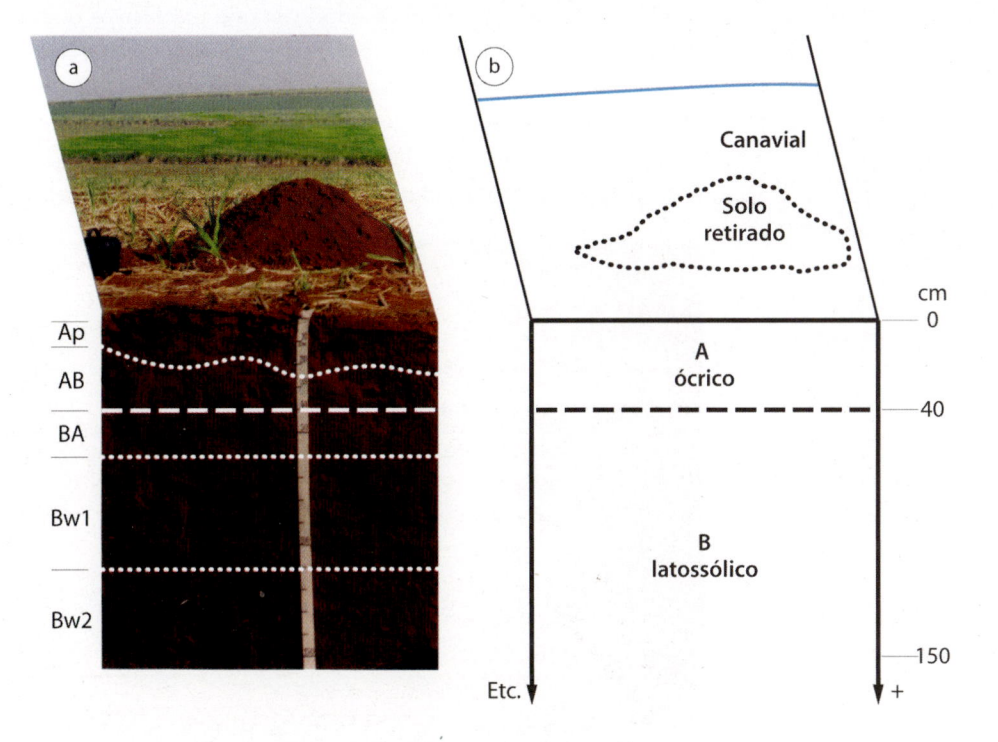

Perfil de Latossolo Vermelho Eutroférrico ("terra roxa legítima") exposto em trincheira recém-escavada; (a) foto mostrando a sua paisagem (em relevo suave ondulado) e seus horizontes pedogenéticos; (b) esquema da paisagem e de seus horizontes diagnósticos (Ribeirão Preto, SP)

padões dos Cerrados do Brasil Central. Nessas condições, houve intensa alteração dos mais variados tipos de regolitos que estiveram submetidos, durante milhões de anos, a erosões e redeposições, em vários ciclos poligenéticos. Nesses ciclos, a maior parte dos minerais desses regolitos foi intensamente intemperizada e lixiviada, e hoje sobraram apenas os mais resistentes (como quartzo e caulinita), aos quais foram acrescidos óxidos de ferro e alumínio e empobrecidos de sílica e cátions básicos. Além disso, foram muito remexidos pela bioturbação da fauna local (principalmente cupins e formigas).

Formação e Conservação dos Solos

Como esses materiais consistem praticamente de minerais muito resistentes, situados em áreas de intensa movimentação do solo por processos de bioturbação, poucos processos pedogenéticos levam a uma maior diferenciação de horizontes e, por isso, apresentam perfis que, apesar de muito profundos, parecem bastante homogêneos.

Por causa do intemperismo intenso e duradouro, a maioria dos Latossolos é muito pobre em nutrientes vegetais. A maior parte dos poucos nutrientes dos ecossistemas sustentados pelos Latossolos está "em trânsito" nos tecidos vegetais da sua vegetação natural. Quando situados em regiões permanentemente úmidas, a vegetação original é uma densa floresta, como a Amazônica, mantida por uma quantidade mínima de nutrientes, rápida e periodicamente, reciclada pela vegetação. Em regiões com longa estação seca, comumente estão sob vegetação pouco densa, com arbustos de tronco tortuoso, conhecida como cerrado ou savanas edáficas.

Muitos dos Latossolos eram, até há algumas décadas, considerados solos problemáticos para a agricultura, pela baixa fertilidade natural. Contudo, hoje são muito procurados para atividades agrícolas, principalmente aqueles que se situam na região do Cerrado, pelos resultados de pesquisa agrícola e avanços tecnológicos relacionados ao uso de corretivos da acidez do solo (rocha calcária moída) e de fertilizantes de tipos e quantidades adequados. Nas áreas em que essa tecnologia é aplicada, e onde os manejos seguem métodos estabelecidos pela moderna pesquisa agrícola, os Latossolos são economicamente bastante produtivos quando cultivados com lavouras diversas, tais como soja, milho, sorgo e algodão. Várias condições físicas favorecem a agricultura nesses solos: relevo com inclinação suave; pouco suscetíveis à erosão hídrica; favoráveis ao trabalho das máquinas agrícolas; boas propriedades internas pela alta friabilidade e permeabilidade.

Foto aérea: nas áreas recém-aradas, é possível distinguir solos de várias cores: Latossolo Amarelo Acrico associado ao Plintossolo Hálico (área mais clara corresponde a uma depressão do terreno), Latossolo Vermelho-Amarelo e Latossolo Vermelho (áreas mais avermelhadas). Uberlândia, MG (BR-452 cruzando com BR-365), 2002

Sistema Brasileiro de Classificação de Solos

São os solos de maior representação geográfica no Brasil, ocupando cerca de 340 milhões de hectares, que correspondem a cerca de metade dos Latossolos do mundo. No SiBCS, eles estão subdivididos em quatro subordens: Latossolo Bruno, Amarelo, Vermelho-Amarelo e Vermelho. Os *Brunos* situam-se mais na Região Sul; os *Amarelos*, principalmente na Amazônia e tabuleiros costeiros do nordeste; os *Vermelho-Amarelos* estão em muitas áreas antes ocupadas pela mata atlântica.

A subordem dos Vermelhos compreende tanto alguns derivados de rochas básicas como outros, da região dos cerrados, antes conhecidos como Latossolo Roxo e Latossolo Vermelho-Escuro, respectivamente. Os primeiros estão hoje taxonomicamente incluídos no grande grupo dos Latossolos Vermelhos Eutroférricos, popularmente conhecidos como "terras roxas legítimas", frequentemente eutróficos, que se desenvolvem em locais onde predominam rochas básicas (basalto e diabásio), mais facilmente intemperizáveis. Muitos dos materiais derivados, por razões ainda não completamente esclarecidas, conservam boa parte das bases dessas rochas. Portanto, nesse aspecto, esses Latossolos

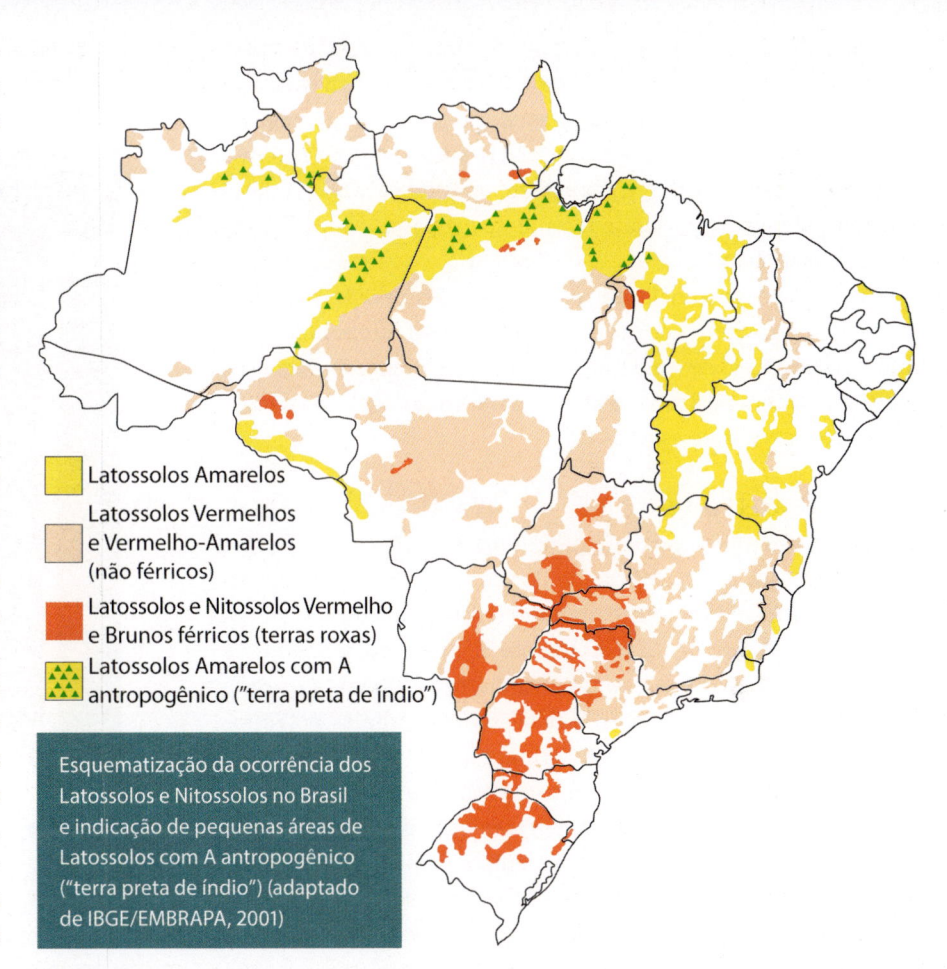

- Latossolos Amarelos
- Latossolos Vermelhos e Vermelho-Amarelos (não férricos)
- Latossolos e Nitossolos Vermelho e Brunos férricos (terras roxas)
- Latossolos Amarelos com A antropogênico ("terra preta de índio")

Esquematização da ocorrência dos Latossolos e Nitossolos no Brasil e indicação de pequenas áreas de Latossolos com A antropogênico ("terra preta de índio") (adaptado de IBGE/EMBRAPA, 2001)

são uma exceção à baixa fertilidade natural característica dos demais. Os Latossolos Vermelhos Eutroférricos, com sua alta fertilidade natural, sustentaram frondosas florestas que depois foram substituídas, em sua maior parte, pelos grandes cafezais cultivados no início do século passado, no Estado de São Paulo e, hoje, se encontram predominantemente ocupadas com o cultivo de cana-de-açúcar.

A pequena coerência entre os agregados, aliada à grande espessura, faz com que os Latossolos sejam preferidos para muitos trabalhos de engenharia, que envolvem escavações e aterros, tais como estradas e aterros sanitários, lagoas de decantação de efluentes de esgotos etc.

6.3 Nitossolos

Nitossolos são medianamente profundos, bastante intemperizados e com fraca diferenciação de horizontes, mas com macroagregados nítidos e reluzentes no horizonte B. Segundo o SiBCS, eles são definidos por um horizonte B nítico imediatamente abaixo de um horizonte A ou E. Além disso, o B nítico tem argila de atividade baixa ou caráter alítico (atividade alta com saturação por alumínio também alta). Formam uma classe que tem em comum a textura argilosa ou muito argilosa, sem aumento significativo de argila em profundidade, transição gradual ou difusa do horizonte A para o B, que apresenta estrutura com agregados em forma de blocos com nítidas e brilhantes superfícies, comumente descritas como cerosidade. Nas classificações mais antigas do Brasil tinham o nome de "Terra Roxa Estruturada" e "Terra Bruna Estruturada".

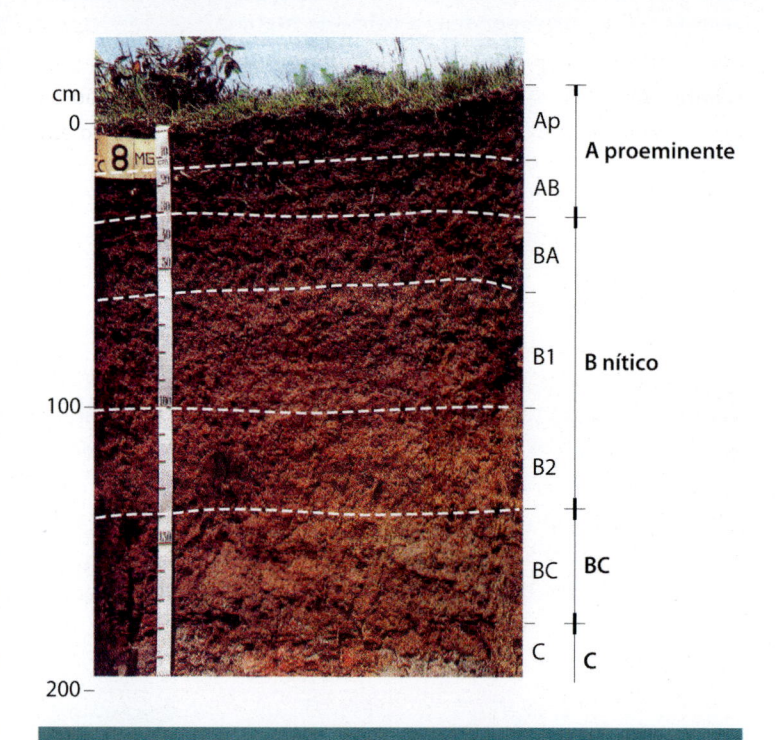

Perfil de Nitossolo Bruno e esquema de seus horizontes diagnósticos (esquema adaptado de Oliveira et al., 1998)
Foto: P. K. T. Jacomine.

Os perfis de Nitossolos considerados mais típicos apresentam predomínio de cor vermelha em todo perfil, diferenciação gradual entre horizontes, alta a média saturação por bases e desenvolvem-se de rochas básicas (diabásio e basalto principalmente). As principais variações desse perfil mais típico são os que apresentam horizonte A bastante espesso, escuro e rico em bases (Nitossolos com A chernozêmico); os com cores brunadas e com baixa saturação por bases (Nitossolos Brunos, subtropicais, mais comuns no Sul do Brasil); os com horizonte nítico pouco espesso acima de um B latossólico (Nitossolos intermediários para Latossolos) e alguns com argila de atividade alta (parte dos antes denominados Alissolos).

No SiBCS, eles estão subdivididos em três subordens: Vermelhos, Brunos e Háplicos. Os Vermelhos se desenvolvem mais de rochas básicas em clima tropical úmido; os Brunos, em condições de clima subtropical de altitude; e os Háplicos encontram-se mais em áreas intermediárias entre esses climas.

Os Nitossolos Vermelhos, antes conhecidos como "Terras Roxas Estruturadas", existem em todo o Brasil, mas são mais expressivos na bacia do rio Paraná (principalmente nos Estados do Paraná e São Paulo). Os Brunos, antes conhecidos como "Terras Brunas Estruturadas", são mais restritos às regiões subtropicais de maiores altitudes (serras de Santa Catarina e Rio Grande do Sul). Ambos constituem uma classe de solos com grande significado agronômico; assim como os Latossolos Eutroférricos, considerados os solos mais produtivos dos trópicos úmidos.

6.4 Argissolos

Argissolos normalmente são também bastante intemperizados, mas, ao contrário dos Latossolos, apresentam marcante diferenciação de horizontes, com um B de acúmulo de argila. Segundo o SiBCS, eles são definidos por um horizonte B textural imediatamente abaixo de um horizonte A ou E. O B textural deve apresentar argila de atividade baixa ou, excepcionalmente, alta, se conjugada com saturação também alta por alumínio. Formam uma classe relativamente heterogênea, que tem em comum o aumento de argila em profundidade; compreendem muitos solos intermediários para outras ordens, principalmente dos Latossolos, com os quais muitos ocorrem associados, uma vez que se desenvolvem também em condições de um ambiente tropical úmido. A maioria, nas classificações mais antigas do Brasil, era chamada de "Podzólicos Vermelho-Amarelos", "Podzólicos Vermelho-Escuros", "Podzólicos Amarelos" e, alguns, de "Alissolos" ou "Rubrozems", estes dois últimos, quando com argilas de alta atividade.

Os perfis de Argissolos, mais típicos, apresentam diferenciação moderada a marcante no perfil, com um horizonte A escuro sobre um E de cor acinzentada e assente sobre um horizonte B com aumento de argila, espessura mediana (0,5 a 1,5 m), cores vermelho-amareladas e estrutura em blocos subangulares, moderada a fortemente desenvolvida, e revestimentos de argila (cerosidade). As principais variações apresentam um horizonte

Formação e Conservação dos Solos

A bastante espesso e escuro (Argissolos com A proeminente), transições difusas entre horizontes (Argissolos intermediários para Latossolos), horizonte superficial arenoso muito espesso (Argissolos arênicos ou espessarênicos), argila de atividade alta (antes denominados "Rubrozems" e "Alissolos"), horizonte plíntico ou glei abaixo do B textural (intermediários para Plintossolos e Gleissolos), textura com cascalhos (popularmente denominados "salmorão"), pouco profundos (intermediários para Cambissolos e Neossolos) e com alta saturação por sódio (intermediários para Planossolos). Uma outra variação ocorre em pequenas áreas da Amazônia, e corresponde aos solos com horizonte A espesso, escuro, muito rico em cálcio e fósforo e com fragmentos de cerâmica indígena (horizonte A antropogênico). Fazem parte das "terras pretas de índio", assim como os Latossolos.

Depois dos Latossolos, a ordem Argissolos é a mais extensa no Brasil, pois ocupa cerca de 20% do território nacional e talvez seja a mais heterogênea, uma vez que podem ser rasos ou muito profundos, com alta ou baixa saturação por bases; arenosos ou argilosos em superfície e as transições de textura podem ser graduais ou abruptas. Neste último caso, os teores de argila podem mais que dobrar em distâncias verticais relativamente pequenas, entre os horizontes E e B. O relevo é também muito variável, montanhoso a suave ondulado. Quando associado aos Latossolos, costumam se situar em relevo mais declivoso.

No SiBCS, eles estão subdivididos em cinco subordens: Argissolos Bruno-Acinzentados, Acinzentados, Amarelos, Vermelhos e Vermelho-Amarelos. Os Bruno-Acinzentados e Acinzentados situam-se mais na Região Sul; os Amarelos encontram-se,

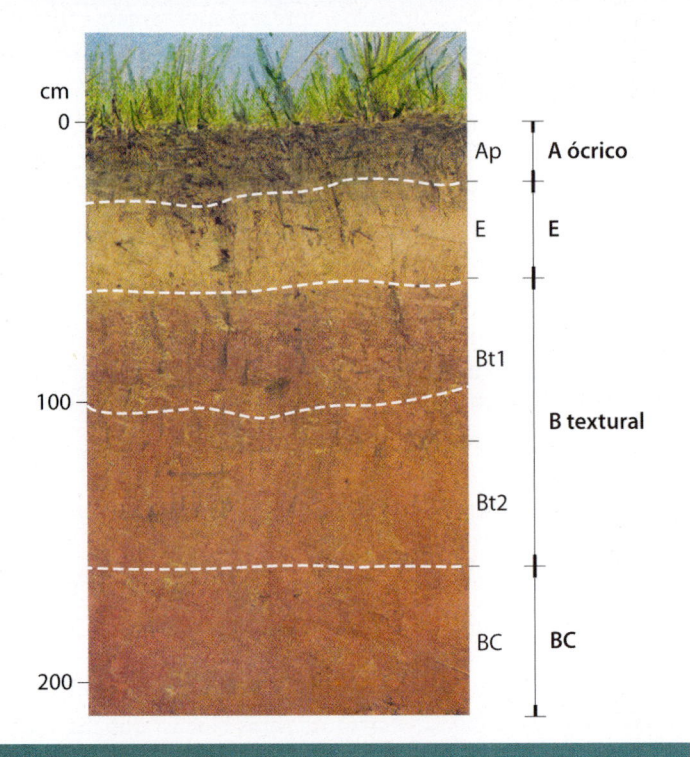

Perfil de Argissolo Vermelho-Amarelo e esquema de seus horizontes diagnósticos (B textural tem argilas de atividade baixa)

Sistema Brasileiro de Classificação de Solos

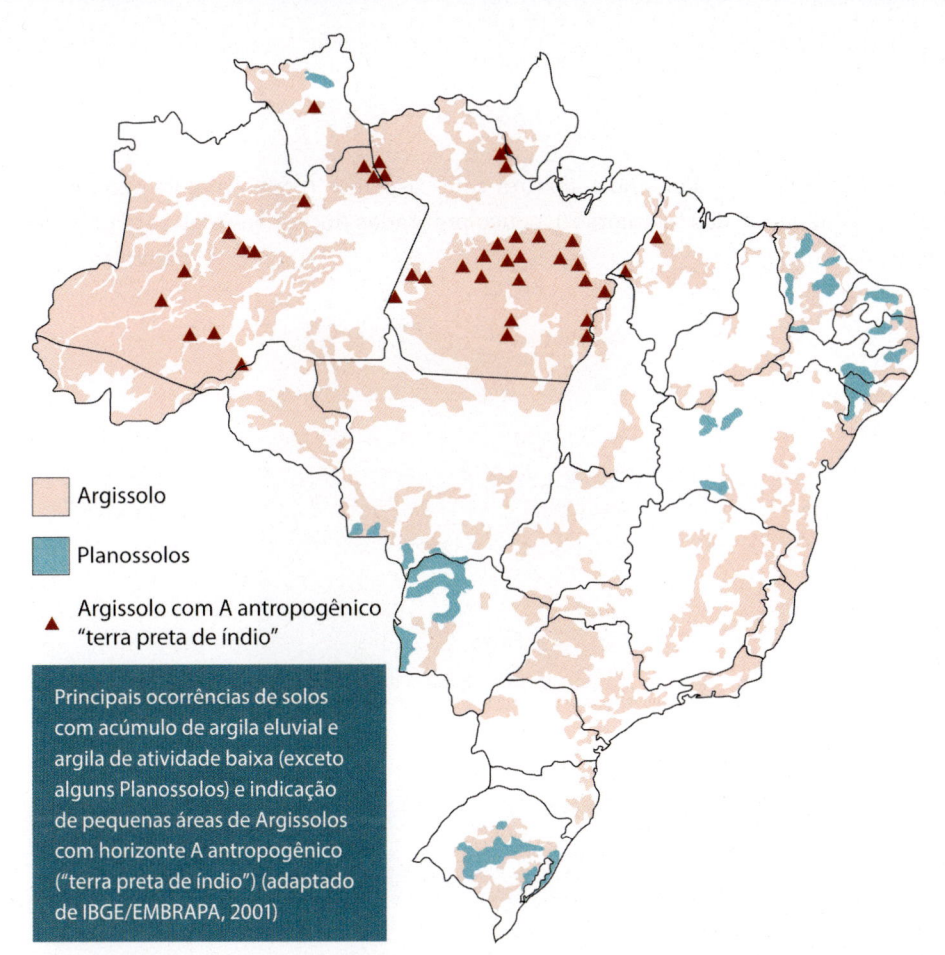

principalmente, na Amazônia e em tabuleiros costeiros do Nordeste; os Vermelhos e Vermelho-Amarelos encontram-se principalmente na região Amazônica e em muitas das áreas antes ocupadas pela mata atlântica.

A vegetação natural mais encontrada nos Argissolos são as florestas. A maior parte dos Argissolos presta-se relativamente bem para a agricultura, desde que não estejam situados em áreas montanhosas, com fortes declives, pois, nessas condições, estão muito sujeitos à erosão. Essa suscetibilidade à erosão é maior quando o horizonte A é arenoso, com aumento abrupto de argila em profundidade. A maior parte é ácida e pobre em nutrientes e, por isso, necessita do uso adequado de corretivos e fertilizantes em intensivos de agricultura.

6.5 Planossolos

Planossolos têm horizontes superficiais de textura mais arenosa sobre horizonte subsuperficial de constituição bem mais argilosa e adensada. Segundo o SiBCS, eles são definidos pelo horizonte A ou E, seguidos de um B plânico, não coincidente com horizonte plíntico ou glei. As classificações mais antigas do Brasil denominavam-nos,

- Argissolo
- Planossolos
- ▲ Argissolo com A antropogênico "terra preta de índio"

Principais ocorrências de solos com acúmulo de argila eluvial e argila de atividade baixa (exceto alguns Planossolos) e indicação de pequenas áreas de Argissolos com horizonte A antropogênico ("terra preta de índio") (adaptado de IBGE/EMBRAPA, 2001)

principalmente, como "Solonetz Solodizado" e "Hidromórficos Cinzentos com mudança textural abrupta".

Os perfis considerados mais típicos apresentam um horizonte A pouco espesso sobre um horizonte E de coloração pálida, passando abruptamente para um horizonte B pouco permeável e com considerável aumento de argila. Esse aumento costuma ser tão grande que, quando o solo está muito úmido, detém um pequeno lençol d'água sobreposto ao horizonte B e, quando muito seco, pode aparecer um fendilhamento horizontal, logo abaixo do horizonte E.

No SiBCS, eles estão subdivididos em duas subordens: Planossolos Nátricos e Háplicos. Os Nátricos têm alta saturação por sódio e ocorrem no nordeste semiárido brasileiro e no Pantanal mato-grossense; os Háplicos ocorrem principalmente em baixadas do Rio Grande do Sul, onde muitos são usados para o cultivo de arroz irrigado.

A maior parte dos Planossolos possui limitações físicas para a agricultura. Nos Planossolos Nátricos, o excesso de sódio trocável dispersa as argilas, diminui a permeabilidade à água e dificulta a penetração de raízes. O lençol freático suspenso temporário, advindo da baixa permeabilidade do horizonte B, mesmo nos Planossolos Háplicos, pode prejudicar o enraizamento de plantas cultivadas não adaptadas a essa situação. Apesar dessas restrições, no Rio Grande do Sul eles são muito usados para o cultivo de arroz e pastagens.

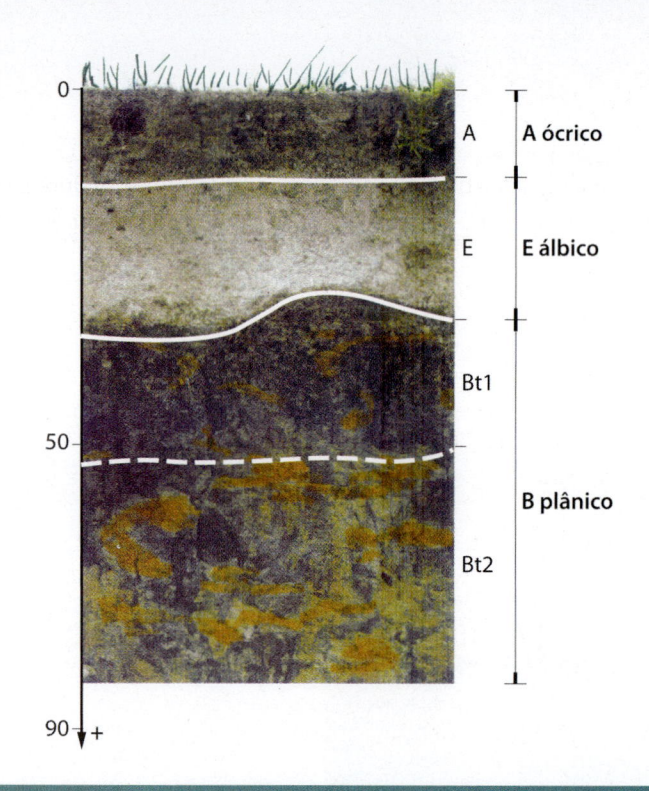

Perfil de Planossolo Háplico e esquema de seus horizontes diagnósticos

6.6 Plintossolos

Os Plintossolos apresentam horizonte com pronunciado acúmulo de óxidos de ferro e/ou alumínio na forma de nódulos e/ou concreções, ou mesmo de camadas contínuas. Tais feições podem ser tanto macias, constituindo a plintita, como muito endurecidas, caso da petroplintita. Segundo o SiBCS, eles são definidos pelo horizonte plíntico, litoplíntico ou concrecionário, iniciado dentro dos 40 cm da superfície (ou 200 cm, se precedidos de horizonte glei).

Esses solos formam uma classe relativamente heterogênea, que tem em comum a presença de plintita e/ou petroplintita, compreendendo muitos solos intermediários para outras ordens, como a dos Latossolos e Argissolos, com as quais ocorrem associados, principalmente nas regiões de clima mais quente e úmido do Brasil (Amazônia e Brasil Central). Nas classificações mais antigas, tinham o nome de "Lateritas Hidromórficas" e "Solos Concrecionários Lateríticos".

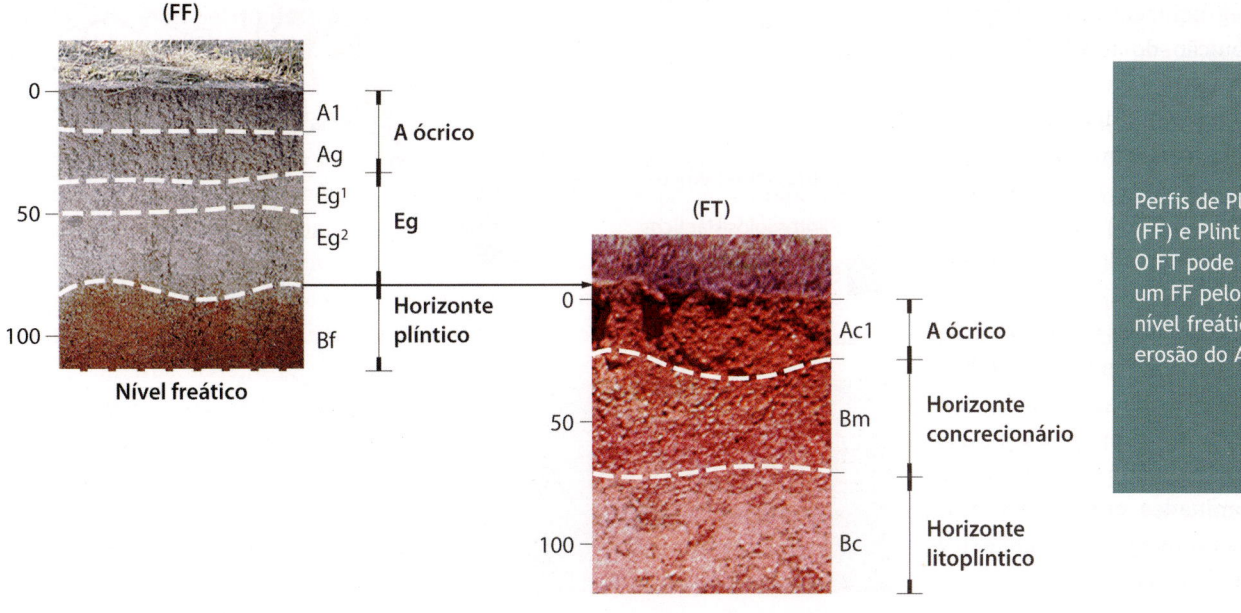

Perfis de Plintossolo Argilúvico (FF) e Plintossolo Pétrico (FT); O FT pode ter se originado de um FF pelo rebaixamento do nível freático, dissecação e erosão do A e Eg

Três subordens são reconhecidas no SiBCS: Espodossolos Humilúvicos, Ferrilúvicos e Ferrihumilúvicos. Os Humilúvicos têm acúmulo predominante de carbono e alumínio no horizonte espódico; nos Ferrilúvicos, predomina o acúmulo de compostos de ferro e, nos Ferrihumilúvicos, o horizonte tem acúmulo expressivo de ferro e de carbono.

Quase todos os Espodossolos do Brasil são muito arenosos, extremamente pobres em nutrientes e mal drenados. Por isso, não são usados para a agricultura, exceto em poucas áreas do litoral do Nordeste em cultivos de coqueiros e cajueiros. Próximos aos grandes centros urbanos, como no litoral de São Paulo, muitos desses solos são usados para urbanização e turismo por estarem próximos das praias oceânicas.

6.8 Luvissolos

Luvissolos são solos pouco ou medianamente intemperizados, ricos em bases e com acumulação de argila no horizonte B. Segundo o SiBCS, eles são definidos pelo horizonte B textural imediatamente abaixo de um horizonte A (exceto A chernozêmico) ou E. Além disso, o horizonte B deve ter tanto argila de atividade alta como elevada saturação por bases. Eles têm maior representatividade no Nordeste (antigos "Solos Bruno Não Cálcicos"), Região Sul (antigos "Brunizem Acinzentados Eutróficos") e alguns no Estado do Acre (onde antes eram denominados "Podzólicos Vermelho-Amarelos, e Vermelho-Escuros eutróficos Ta"). No SiBCS, eles estão subdivididos em duas subordens: Luvissolos Crômicos e Háplicos.

O perfil típico dos Crômicos é pouco profundo (raramente com mais de 1 m de *solum*), com horizonte A delgado sobre

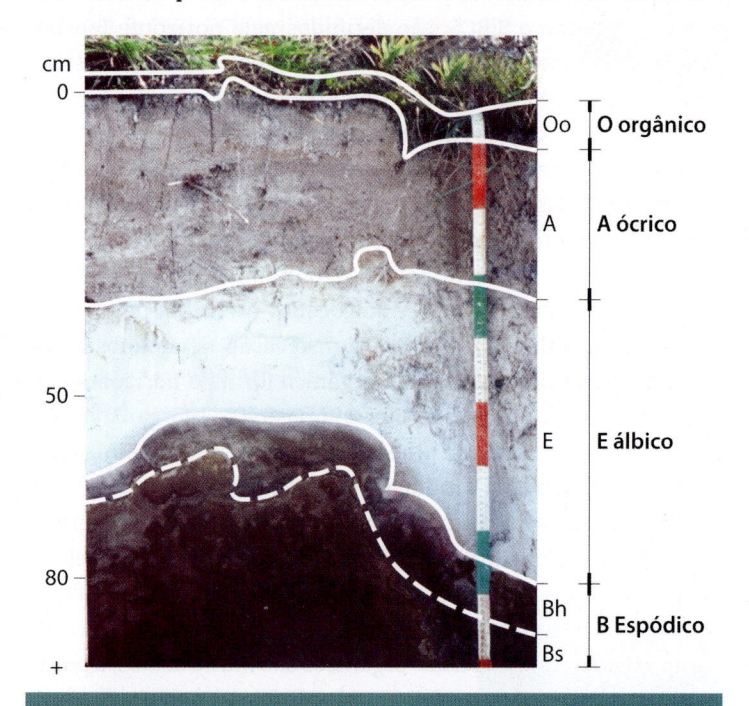

Perfil de Espodossolo Ferrihumilúvico e esquema de seus horizontes diagnósticos
Foto: P. Vidal-Torrado.

horizonte B avermelhado, por vezes com acúmulo de carbonato de cálcio. São comuns nas regiões semiáridas do Nordeste brasileiro, onde existe vegetação do tipo caatinga, caracterizada por conter muitos arbustos espinhosos, cactos e gramíneas. Os Luvissolos Háplicos têm, comumente, um horizonte A moderado e um B textural de coloração brunada; na região Sul, por vezes, o B tem o topo singularmente escurecido.

A pequena espessura dos Luvissolos Crômicos do Nordeste semiárido é devida, principalmente, pelas condições do clima, com chuvas escassas e mal distribuídas. A escassez de umidade dificulta a decomposição das rochas e, assim, o aprofundamento do solo. As chuvas são mal distribuídas e concentram-se em poucos meses do ano, em forma de grandes aguaceiros, o que provoca forte erosão, fator que contribui também para a pequena profundidade. Por isso, é comum a ocorrência, sobre a superfície, de uma camada de pedras de tamanho variado, deixada pela erosão, que remove partículas menores de argila, silte e areia, mas não consegue remover os cascalhos e pedras, devido ao seu tamanho maior.

Os Luvissolos ocorrem em regiões climáticas muito distintas, o que faz com que tenham muitas diferenças em relação à aptidão para a agricultura. Os Crômicos (antes denominados "Solos Bruno Não Cálcicos") encontram-se na região semiárida; enquanto os Háplicos (antes denominados "Podzólicos Bruno-Acinzentados eutróficos") situam-se na região Sul e Amazônica, em áreas com leve deficiência hídrica. No Nordeste semiárido a

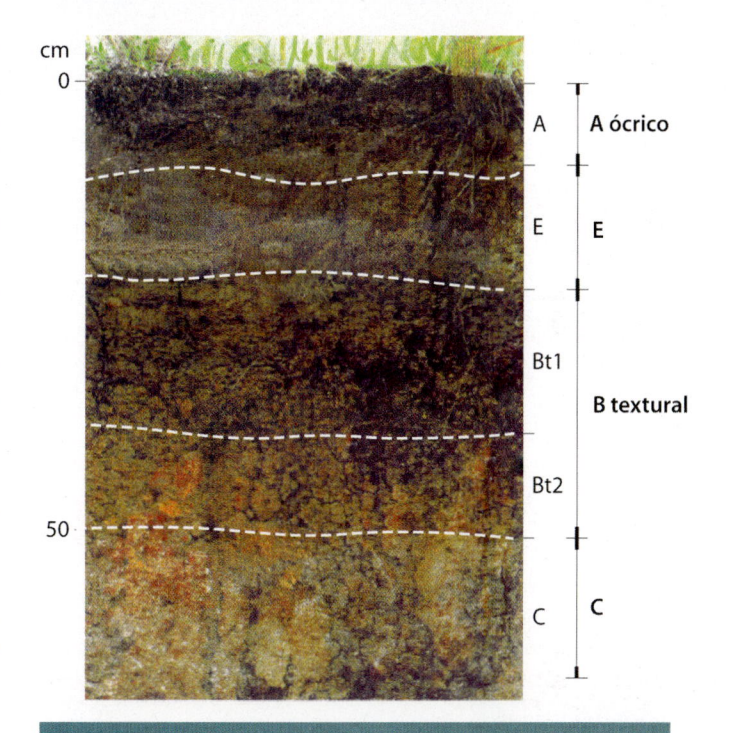

Perfil de Luvissolo Háplico e esquema de seus horizontes diagnósticos (B textural tem argilas de alta atividade e elevada saturação por bases)

acentuada deficiência hídrica, aliada a algumas características físicas pouco favoráveis à agricultura, como pouca espessura e pedras à superfície, faz com que sua principal utilização seja para a pecuária extensiva. Na Amazônia, alguns Háplicos foram desmatados e ocupados com pastagens plantadas, e na região Sul é muito utilizado com lavouras ou pastagens.

6.9 Chernossolos

Os Chernossolos apresentam um horizonte superficial espesso, escuro e muito rico em bases e argilas de atividade alta. Segundo o SiBCS, eles são definidos pelo horizonte A chernozêmico sobrejacente a um horizonte B textural, ou incipiente, com argila do tipo 2:1. Nas classificações mais antigas do Brasil eram "Brunizems", "Rendzinas", "Brunizems Avermelhados" e "Brunizéms Hidromórficos".

Os perfis de Chernossolos, considerados mais típicos, têm espessura mediana e apresentam um horizonte A escuro, espesso (mais de 30 cm), de consistência macia (quando seco), e rico em bases (principalmente cálcio). Esse horizonte assenta-se sobre um horizonte B bruno, ou bruno-avermelhado, por vezes escurecido no topo, com estrutura em blocos e evidências de argilas de atividade alta.

No SiBCS, eles estão subdivididos em quatro subordens: Chernossolos Rêndzicos, Ebânicos, Argilúvicos e Háplicos. Os Rêndzicos são aqueles sem horizonte B e com o A chernozêmico diretamente sobre material calcário (antigas "Rendzinas"). Os Ebânicos têm horizonte subsuperficial escurecido e os Argilúvicos apresentam B textural bem desenvolvido e são mais típicos

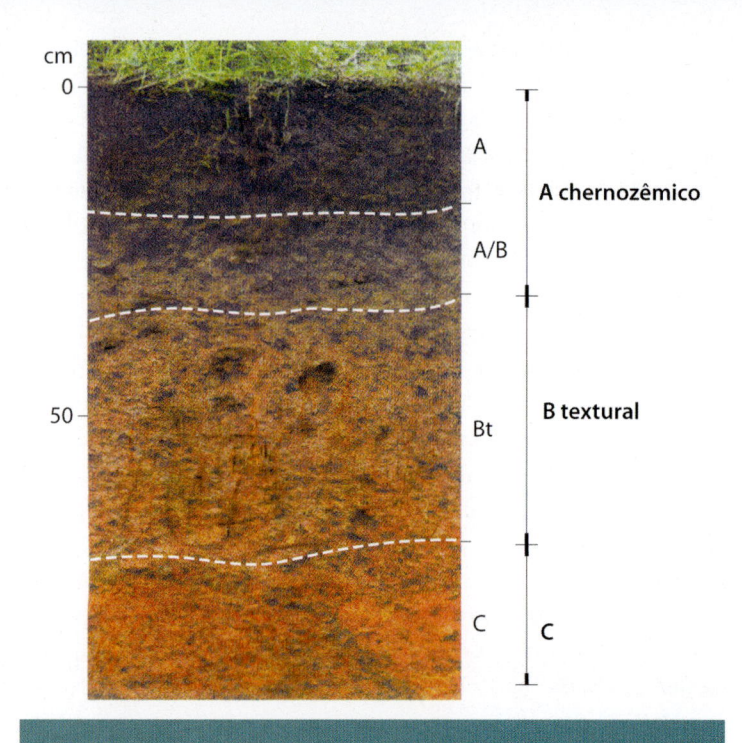

Perfil de Chernossolo Argilúvico e esquema de seus horizontes diagnósticos (B textural tem argilas de alta atividade e elevada saturação por bases)

nos campos da campanha gaúcha, principal área de ocorrência dos Chernossolos no Brasil.

Os Chernossolos são considerados de elevado potencial agrícola, tanto por serem quimicamente ricos, como pela presença do horizonte A chernozêmico, rico em húmus e bem-estruturado. No entanto, no Brasil, a maior parte ocorre na região da campanha gaúcha (Rio Grande do Sul), com clima relativamente seco. Devido a esse clima e por serem muito argilosos, seu aproveitamento agrícola é baixo; em sua maioria, estão sob vegetação natural de gramíneas usadas para pastagens extensivas. Também estão presentes, em pequena escala, em outras regiões de todo o Brasil, sobre rochas básicas e/ou calcários, em áreas com relevos acidentados, pouco propícios à agricultura moderna.

6.10 Vertissolos

Vertissolos são os solos que, quando secos, formam fendas, por conterem muitas argilas com grande capacidade de expansão (quando molhadas) e contração (quando secas). Segundo o SiBCS, eles são definidos pelo horizonte vértico entre 25 e 100 cm de profundidade e fendas verticais com, pelo menos, 1 cm de largura, atingindo até 50 cm de profundidade. O nome Vertissolo (do latim *vertere* = revirar) refere-se ao constante revolvimento natural do material interno do solo. Muitos eram antes conhecidos como "Grumossolos" e no Nordeste são popularmente chamados de "massapé".

Os perfis mais representativos são cinza-escuros, com insignificante diferenciação de horizontes que apresentam muitas rachaduras na estação seca; os agregados apresentam inclina-

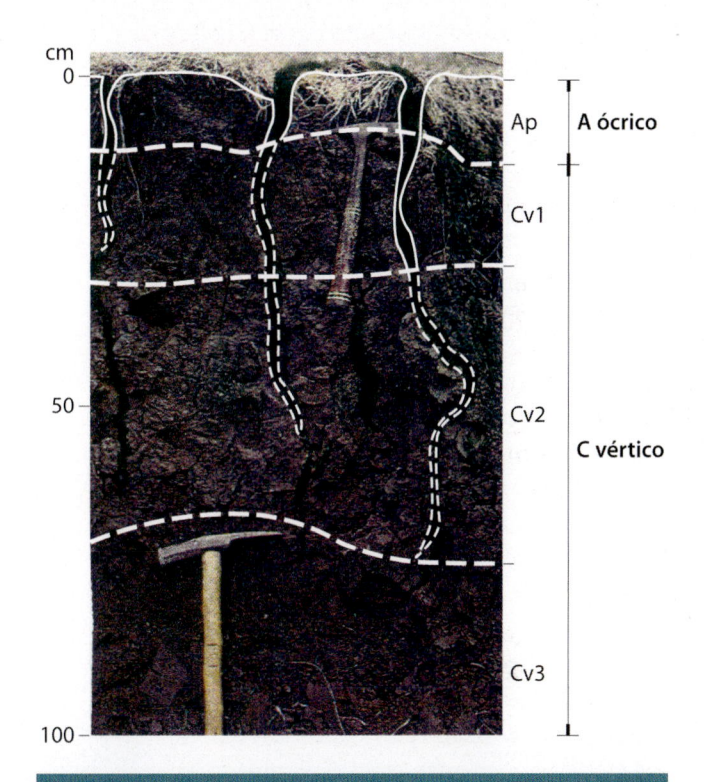

Perfil de Vertissolo Ebânico fotografado no fim da estação seca, quando fendas estão abertas (esquema adaptado de Oliveira et al., 1998)
Foto: M. N. Camargo.

Formação e Conservação dos Solos

ção em relação ao prumo do perfil e superfícies de fricção em suas faces. A consistência é muito plástica e pegajosa quando molhados, e extremamente dura quando secos.

Desenvolvem-se em sedimentos finos com argilas do tipo 2:1 (argilitos, por exemplo) ou de produtos de decomposição de rochas que também produzem argilas semelhantes. Situam-se preferencialmente em baixadas planas ou na parte inferior de encostas, quase planas, de superfície irregular, na forma de uma série de montículos denominados "microrrelevo gilgai". Como consequência do alto grau de contração das argilas durante a estação seca, apresentam grande quantidade de fendilhamentos, que podem atingir de 10 a 20 cm de largura e estender-se verticalmente até mais de 50 cm. Na estação mais seca, quando as fendas estão mais abertas, o material mais solto da superfície cai no seu interior e, na estação chuvosa, o solo se expande, tendendo a fechar as fendas. Contudo, como elas estão parcialmente preenchidas, o solo "se estufa", formando os montículos característicos.

No SiBCS, estão subdivididos em três subordens: Vertissolos Hidromórficos, Ebânicos e Háplicos.

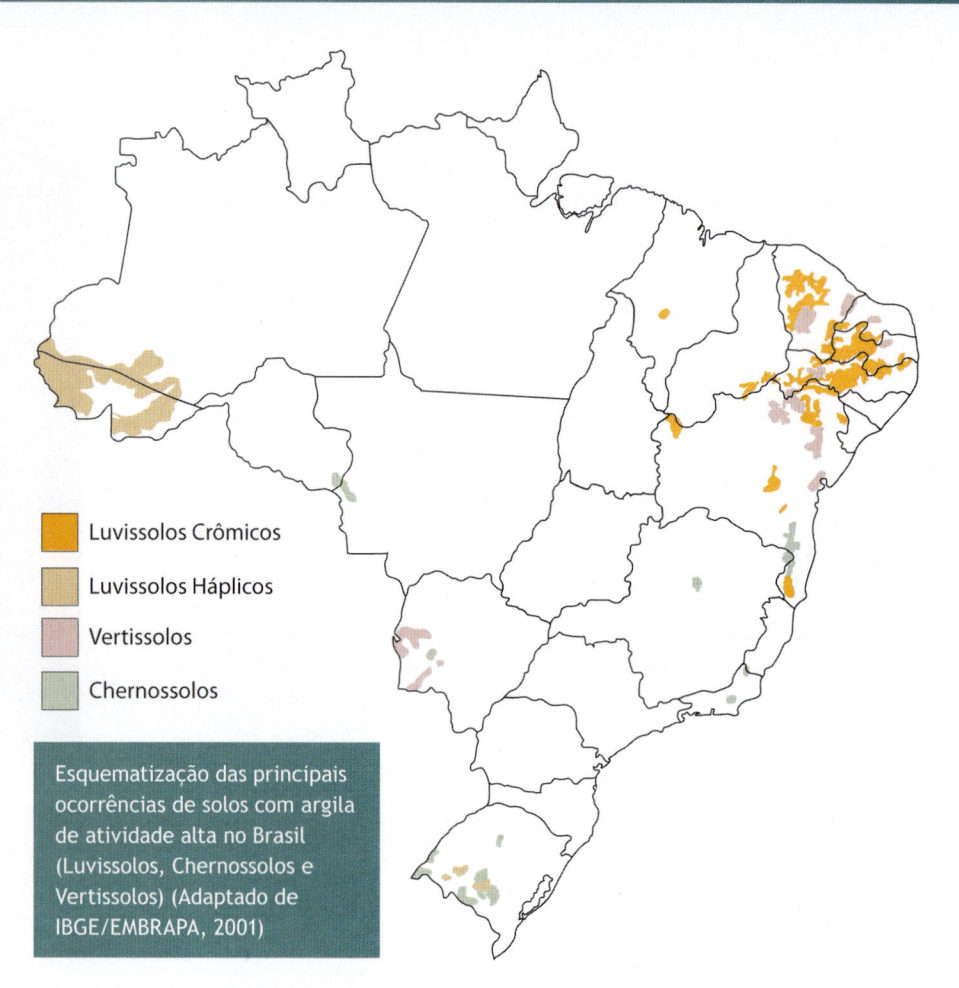

- Luvissolos Crômicos
- Luvissolos Háplicos
- Vertissolos
- Chernossolos

Esquematização das principais ocorrências de solos com argila de atividade alta no Brasil (Luvissolos, Chernossolos e Vertissolos) (Adaptado de IBGE/EMBRAPA, 2001)

Apesar da alta fertilidade natural, os Vertissolos apresentam muitos problemas para a agricultura, por suas propriedades físicas, pois o material argiloso é muito plástico e pegajoso quando úmido, e muito duro quando seco, quando se fendilha, o que dificulta o trabalho das máquinas agrícolas e o enraizamento das plantas. Os fenômenos periódicos de contração e expansão afetam também os trabalhos de engenharia civil, com limitações severas para o estabelecimento de fundações de edifícios e leito de rodovias.

6.11 Cambissolos

Os Cambissolos são solos em início de formação, ou embriônicos, com poucas características diagnósticas. Segundo o SiBCS, eles são definidos pelo horizonte B incipiente, subjacente a qualquer tipo de horizonte superficial (exceto um hístico com 40 cm ou mais de espessura) desde que o perfil não apresente requisitos definidos para Chernossolos, Plintossolos ou Gleissolos. O nome Cambissolo (do latim *cambiare* = mudança) refere-se ao material em estado de transformação.

Os perfis mais típicos dos Cambissolos ocorrem em áreas de relevo acidentado. São pouco profundos (raramente com mais de 1 m de *solum*), com argilas de atividade média a alta, discreta variação de textura, com quantidades relativamente elevadas de minerais primários facilmente intemperizáveis, e alguns também apresentam fragmentos de rocha. A principal variação do perfil típico, pouco profundo, está nos solos mais espessos,

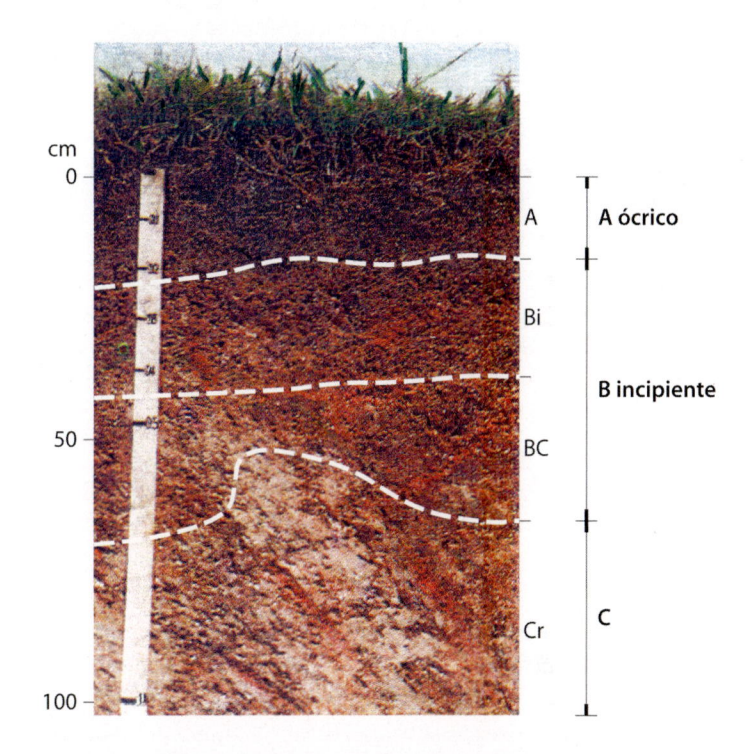

Perfil de Cambissolo Háplico e esquema de seus horizontes diagnósticos (A ócrico sobre B incipiente); (esquema adaptado de Oliveira et al., 1998)
Foto: M. N. Camargo.

tanto nos perfis intermediários para Latossolos, como naqueles desenvolvidos de sedimentos das planícies aluviais.

No SiBCS, eles estão subdivididos em três subordens: Cambissolos Húmicos, Flúvicos e Háplicos. Os Húmicos têm um horizonte superficial escurecido e espesso (A húmico ou horizonte hístico) e ocorrem mais em regiões montanhosas e mais frias; os Flúvicos, em planícies fluviais; os Háplicos são os mais comuns e compreendem grandes grupos com características e ocorrências muito diversas.

Uma grande parte dos Cambissolos está sob vegetação natural, em áreas montanhosas de difícil acesso e manejo. Contudo, a pouca espessura do solo, e pedregosidade e a baixa saturação por bases restringem muito a prática da agricultura. Em áreas com declives mais acentuados, muitos são usados para pastagens ou reflorestamento. Alguns Flúvicos, mais espessos, em áreas planas, encontram-se sob uma grande variedade de usos agrícolas.

6.12 Neossolos

Os Neossolos são os solos com pouca ou nenhuma evidência de horizontes pedogenéticos subsuperficiais. Segundo o SiBCS, eles são definidos pelo material mineral ou orgânico que os constitui, com menos de 20 cm de espessura, sem qualquer tipo de horizonte B diagnóstico. Eles se formam em materiais praticamente inertes, sem argilas, e são extremamente resistentes ao intemperismo (como areias de quartzo) ou estão tão pouco e recentemente expostos aos processos pedológicos em que os típicos horizontes diagnósticos estão ausentes. Eram antes conhecidos como "Regossolos", "Areias Quartzosas", "Litossolos", "Solos Litólicos" e "Solos Aluviais".

Dois são os perfis mais típicos (todos sem o horiznte B): um horizonte A assentado diretamente sobre a rocha (sequência A-R) ou sobre um horizonte C (sequência A-C). No caso A-C, o C pode ser constituído tanto de sedimentos aluviais recentes ou de rocha em decomposição (mantendo sua estrutura original, ou seja, um saprolito) ou de areias constituídas de minerais primários, dificilmente alteráveis (com predominância do quartzo). Correspondem, respectivamente, a quatro subordens: Neossolos Litólicos, Flúvicos, Regolíticos e Quartzarênicos.

Os Litólicos distribuem-se por todo o Brasil, predominando em declives fortes de áreas com relevo movimentado (uma exceção é a região de Uruguaiana, no Rio Grande do Sul, onde o relevo é suavemente ondulado). Tem muitas limitações ao uso agrícola, pelo fato de a rocha situar-se a pouca profundidade e as pedras serem frequentes na superfície. Os Flúvicos, ao contrário, situam-se em relevos aplainados e têm espessura suficiente para o sistema radicular dos cultivos, mas estão sujeitos a constantes inundações. Os Regolíticos, apesar de não apresentarem rocha a pouca profundidade, apresentam limitações de suscetibilidade à erosão, semelhante aos Litólicos. Os Quatzarênicos, por serem muito arenosos, apresentam limitações pela baixa capacidade de armazenar água e nutrientes para as plantas.

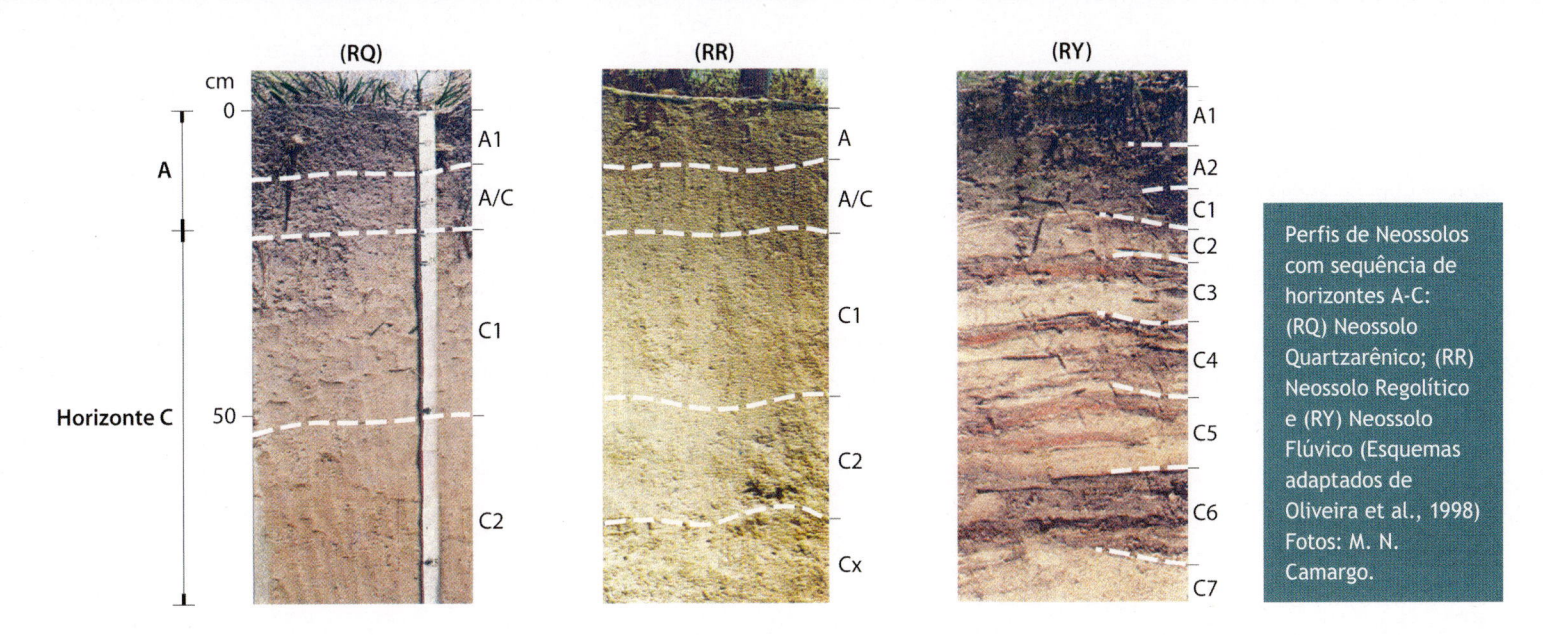

Perfis de Neossolos com sequência de horizontes A-C: (RQ) Neossolo Quartzarênico; (RR) Neossolo Regolítico e (RY) Neossolo Flúvico (Esquemas adaptados de Oliveira et al., 1998) Fotos: M. N. Camargo.

6.13 Gleissolos

Gleissolos são comuns nas baixadas úmidas, saturadas com água por períodos suficientes para que o ferro seja reduzido, removido, e o solo torne-se descolorido, com padrões acinzentados característicos. Segundo o SiBCS, eles são definidos pelo material constitutivo, predominantemente mineral, com um horizonte glei nos primeiros 150 cm e com menos de 50% de plintita, abaixo de um horizonte A ou de um H pouco espesso.

Dois são os perfis mais típicos: de horizonte superficial espesso e escurecido (húmico e/ou hístico) e de A moderado. Ambos têm um horizonte subsuperficial acinzentado, que comumente apresentam mosqueados na zona de oscilação do lençol freático. Os primeiros correspondem aos antes denominados "Glei Húmicos" e os segundos, aos "Glei Pouco Húmicos".

O SiBCS distingue quatro subordens: Gleissolos Tiomórficos, Sálicos, Melânicos e Háplicos. Os Tiomórficos apresentam hori-

Formação e Conservação dos Solos

Cambissolos

Neossolos Quartzarênicos

Neossolos Litólicos e Regolíticos

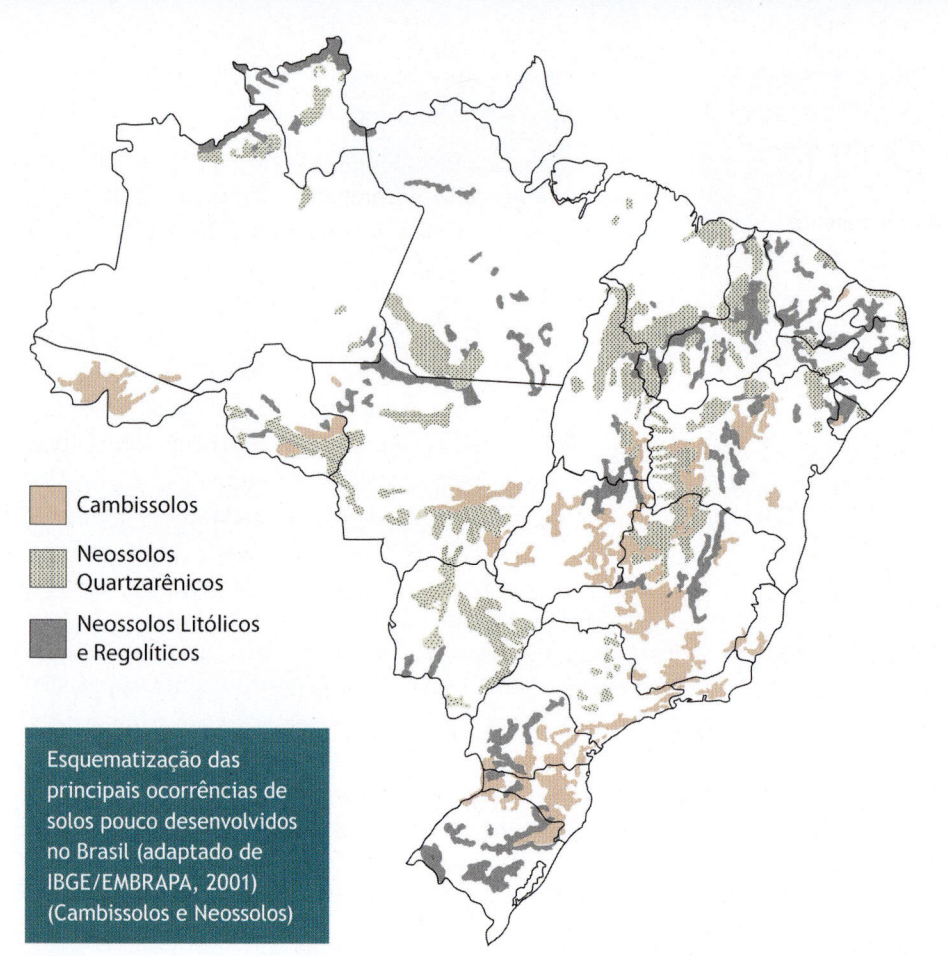

Esquematização das principais ocorrências de solos pouco desenvolvidos no Brasil (adaptado de IBGE/EMBRAPA, 2001) (Cambissolos e Neossolos)

zonte com apreciáveis quantidades de sais de enxofre, quase sempre por influência de águas marinhas e incluem muitos dos solos com vegetação de mangue, e outros que lhes são próximos. Os Sálicos têm elevados teores de sais solúveis, tanto por se situarem próximos ao mar, como por estarem em regiões semi-áridas. Os Melânicos são os que apresentam horizonte superficial mais escuro (Hístico, húmico, proeminente ou mesmo chernozêmico) e são comuns nas áreas de transição para Organossolos. Os Háplicos apresentam horizonte superficial mais claro (A moderado).

A maioria dos Gleissolos situa-se em várzeas que permanecem encharcadas de água na maior parte do ano, com lençol freático elevado. Para serem usados na agricultura, necessitam primeiramente de drenagem e de proteção contra inundações, com a construção de diques e "pôlderes". Em alguns locais, constituem depósitos argilosos acinzentados, popularmente conhecidos como "tabatingas" ou "barro de olaria", extraídos para serem comercialmente usados como matéria-prima na confecção de tijolos e telhas.

6.14 Organossolos

Organossolos são solos escuros, compostos predominantemente por materiais orgânicos em graus variados de decomposição, formados por um grande acúmulo de restos vegetais em locais onde muito lentamente se decompõem. Segundo o SiBCS, eles são definidos pelo horizonte hístico com mais de 40 cm de espessura (ou mais de 20 cm se diretamente acima de rocha). Compreendem solos antes denominados "Solos Orgânicos", "Solos Semiorgânicos", "Solos Tiomórficos Turfosos" e "Solos Litólicos Turfosos".

O SiBCS distingue quatro subordens: Organossolos Tiomórficos, Fólicos, Mésicos e Háplicos. Os Tiomórficos apresentam horizonte com apreciáveis quantidades de sais de enxofre (tiosulfatos); os Fólicos situam-se nas áreas montanhosas úmidas e frias do Sul do Brasil; os Mésicos apresentam teores intermediários de matéria orgânica e os Háplicos têm a menor densidade e os maiores teores de materiais orgânicos.

Com exceção dos Fólicos, os demais Organossolos constituem-se principalmente das turfas que se formam em locais onde a taxa de adição de restos orgânicos é maior do que a taxa de decomposição. Seu aproveitamento para a agricultura é problemático, em função dos elevados teores de água deficiente em oxigênio em sua constituição, por isso requerem drenagem artificial e proteção contra as frequentes inundações. Contudo, após ser drenada, a oxidação da matéria orgânica pode provocar

Perfil de Gleissolo Melânico e seus horizontes diagnósticos
(A proeminente sobre horizonte Glei)
Foto: Alceu L. Pádua Jr.

Formação e Conservação dos Solos

rebaixamento (subsidência) da superfície do solo. No caso dos Tiomórficos, há formação de compostos de enxofre que acidificam intensamente o solo, tornando-o completamente impróprio para cultivos. Algumas várzeas dos Organossolos Mésicos, localizadas próximos a grandes centros urbanos, são aproveitadas para horticultura intensiva.

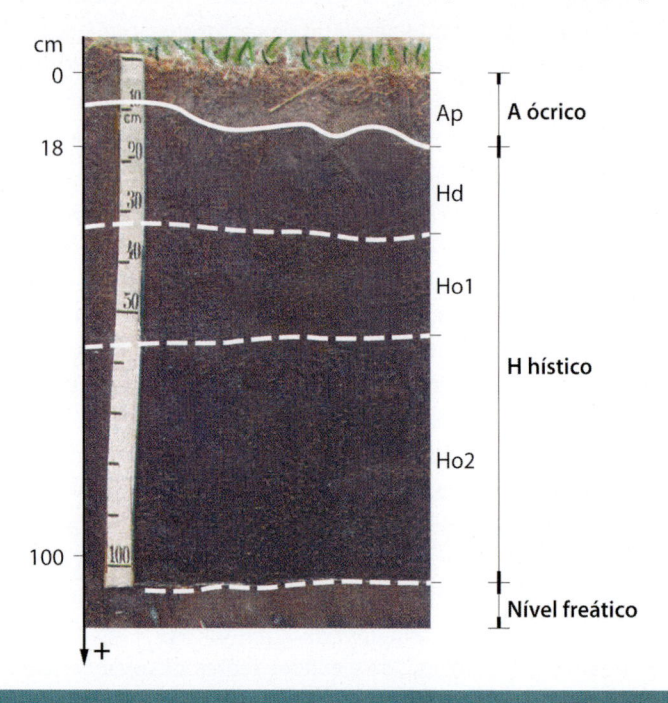

Perfil de Organossolo Háplico; o horizonte Ap indica que foi drenado e cultivado (esquema adaptado de Oliveira et al., 1998)
Foto: M. N. Carmargo.

Organossolos, que depois da construção dos drenos, estão sendo cultivados com hortaliças (Várzea do rio Tietê, Mogi das Cruzes, SP)

7 Os mapas de solos (levantamentos pedológicos)

7.1 O que são e como são produzidos

Os levantamentos pedológicos são uma aplicação sintética das informações pertinentes à distribuição geográfica e da composição dos diferentes solos existentes em uma determinada localidade. Os mapas resultantes mostram onde se localizam os diversos solos, nomeando-os segundo um sistema de classificação natural, nos quais, além dos delineamentos, ou "manchas", representando a repartição dos diversos solos, há referências geográficas mais conhecidas como estradas, cidades e rios.

Para confeccionar esses mapas, os pedólogos identificam os solos que existem em determinada região e decidem a melhor forma de grupar os que têm perfis mais semelhantes, para poder representá-los em mapas. Nessa etapa, é muito útil o exame da morfologia interna do solo. Depois, para demarcá-los, verifica-se onde estão os limites laterais, observando as diversas feições do relevo. Isto é feito em um mapa cartográfico básico, em uma fotografia aérea ou em uma imagem de satélite, que mostrará os contornos dos locais com solos similares. Essa similaridade é considerada tanto em relação á sequência vertical de seus horizontes quanto ao formato da superfície do terreno.

7.2 Tipos de levantamentos e suas Unidades de Mapeamento

As unidades de mapeamento nem sempre têm limites bem distintos no terreno. Muitas vezes, não é possível delimitar nos mapas as unidades de um único tipo de solo, quando ocorrem em padrões intrincados ou repetitivos, tornando-se praticamente impossível separá-los na escala do mapa feito, principalmente se for pequena. Neste caso, o mapa mostra áreas que constituem uma *associação de solos* e, na sua legenda, a descrição das classes de solos que ali ocorrem associadas, com indicações a respeito da posição topográfica que ocupam na paisagem. Por exemplo: Associação de "Latossolos + Argissolos + Neossolos" (em colinas em que os Latossolos ocupam os compartimentos mais elevados; os Argissolos, as partes medianas; e os Neossolos, as porções inferiores das encostas).

Os mapas pedológicos podem ter diferentes graus de detalhe, que dependem tanto da intensidade dos trabalhos de campo como da escala de publicação. Assim, os principais tipos são: a) *detalhados* (os mais informativos); b) *generalizados* e *esquemáticos* (os de menor detalhe); c) *de reconhecimento* e *exploratórios* (os mais comuns no Brasil e com grau de detalhe intermediário).

Um mapa é *detalhado* quando os solos são identificados diretamente no campo, a partir de exames do perfil feitos em intervalos relativamente próximos (pelo menos uma identificação a cada 5 hectares) em todas as diferentes feições do terreno

Formação e Conservação dos Solos

visíveis na paisagem. Os solos são delimitados principalmente com base em conhecimentos dos chamados "modelos de relações solo-paisagem". Os mapas são publicados em escala de 1:20.000 ou maior (1 cm no mapa corresponde a 200 m no terreno). Para identificar os perfis dominantes nas unidades de mapeamento usam-se classes das categorias mais baixas da taxonomia: as séries, que costumam ser definidas como "áreas em que predominam perfis (pedons) com horizontes similares, desenvolvidos de um mesmo material de origem e em situações de relevo similares". Levantamentos detalhados ainda são raros no Brasil e costumam englobar, no máximo, a área de um município.

Os mapas de escalas muito pequenas e, consequentemente, de menor detalhe, são os *esquemáticos* e os *generalizados*, e as unidades cartográficas são compostas com frequentes associações de solos. Eles são feitos sem trabalhos de campo, porque são compilados e/ou deduzidos de outros mapas. Para a elaboração dos generalizados, as diversas unidades de mapeamento são delimitadas, tomando-se como base mapas mais detalhados já existentes, normalmente de escalas variadas e efetuados em diversas épocas. Se em determinadas áreas inexistem levantamentos pedológicos com trabalho de campo, um mapa esquemático é feito pelas predições baseadas, nas correlações conhecidas entre as classes de solo e os fatores de formação (clima, relevo, vegetação etc.). As escalas desses mapas podem ser de 1:5.000.000, ou menores, englobando por vezes áreas continentais. Um exemplo é o Mapa de Solos do Brasil lançado pelo IBGE/EMBRAPA que também pode ser acessado pela internet.

Entre os mapas detalhados (em escalas grandes) e os generalizados (em escalas muito pequenas), existem outros com graus de detalhe intermediários. São os *exploratórios* e os *de reconhecimento*, que precisam de trabalhos de campo, mas diferem dos levantamentos detalhados na intensidade dos trabalhos, por se tratar de uma porção menor da área percorrida. Para os trabalhos de campo, percorrem-se somente as principais estradas e os caminhos da região. Assim, a maior parte dos contornos das

Para a execução de um mapa de solos detalhado, o pedólogo examina a morfologia do solo no campo em intervalos relativamente próximos, em locais com feições de paisagem idênticas. Os limites dos solos são marcados em uma fotografia aérea, baseados nessas feições, para depois serem lançados em mapas topográficos

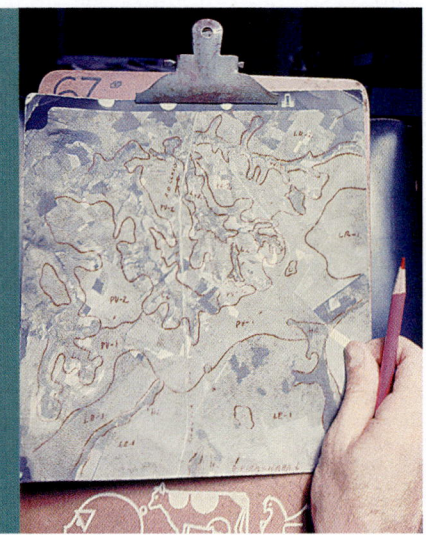

Os Mapas de Solos (levantamentos pedológicos)

diferentes unidades de mapeamento é estabelecida por processos de extrapolação, a partir das relativamente poucas observações de campo, e com base em relações conhecidas entre solos, geologia, vegetação e relevo.

Cada tipo de levantamento de solo destina-se a uma finalidade específica. Os mapas detalhados contêm um maior número de informações e servem diretamente a atividades mais exclusivas, como: o planejamento de propriedades agrícolas; a orientação para projetos do traçado de estradas; a construção de barragens de terra; e a escolha de áreas para a disposição e o tratamento de resíduos de grandes centros urbanos (aterros sanitários etc.).

Os mapas exploratórios e de reconhecimento raramente são completos para detalhes de propriedades agrícolas ou áreas urbanas específicas, mas permitem uma avaliação generalizada do potencial dos solos de uma determinada região que englobe, por exemplo, vários municípios. Esses mapas, embora não tenham essas aplicações práticas, são úteis para dar uma visão geral no início das atividades relacionadas ao planejamento do desenvolvimento de regiões pioneiras, tais como seleção preliminar de áreas mais propícias à reorganização de assentamentos agrícolas (etapa do planejamento de reformas agrárias) ou decisões sobe onde instalar núcleos agrícolas coloniais em áreas de população escassa.

Além desses mapas, de cunho essencialmente pedológico, existem outros que têm por finalidade mostrar características específicas de adaptabilidade dos solos a diferentes sistemas de manejo. Eles são denominados *mapas interpretativos*, e podem ser preparados a partir da interpretação de mapas pedológicos. Neles, os solos são classificados visando a uma determinada finalidade de aplicação prática e mais imediata. Citam-se, como exemplo, os "mapas de capacidade de uso da terra" e os "mapas de aptidão agrícola", frequentemente usados para interpretar levantamentos de tipo de reconhecimento, e indicam o potencial da terra para lavouras conduzidas por três sistemas, de diferentes condições de aplicação de tecnologia e capital: manejo desenvolvido, semidesenvolvido e primitivo.

Formação e Conservação dos Solos

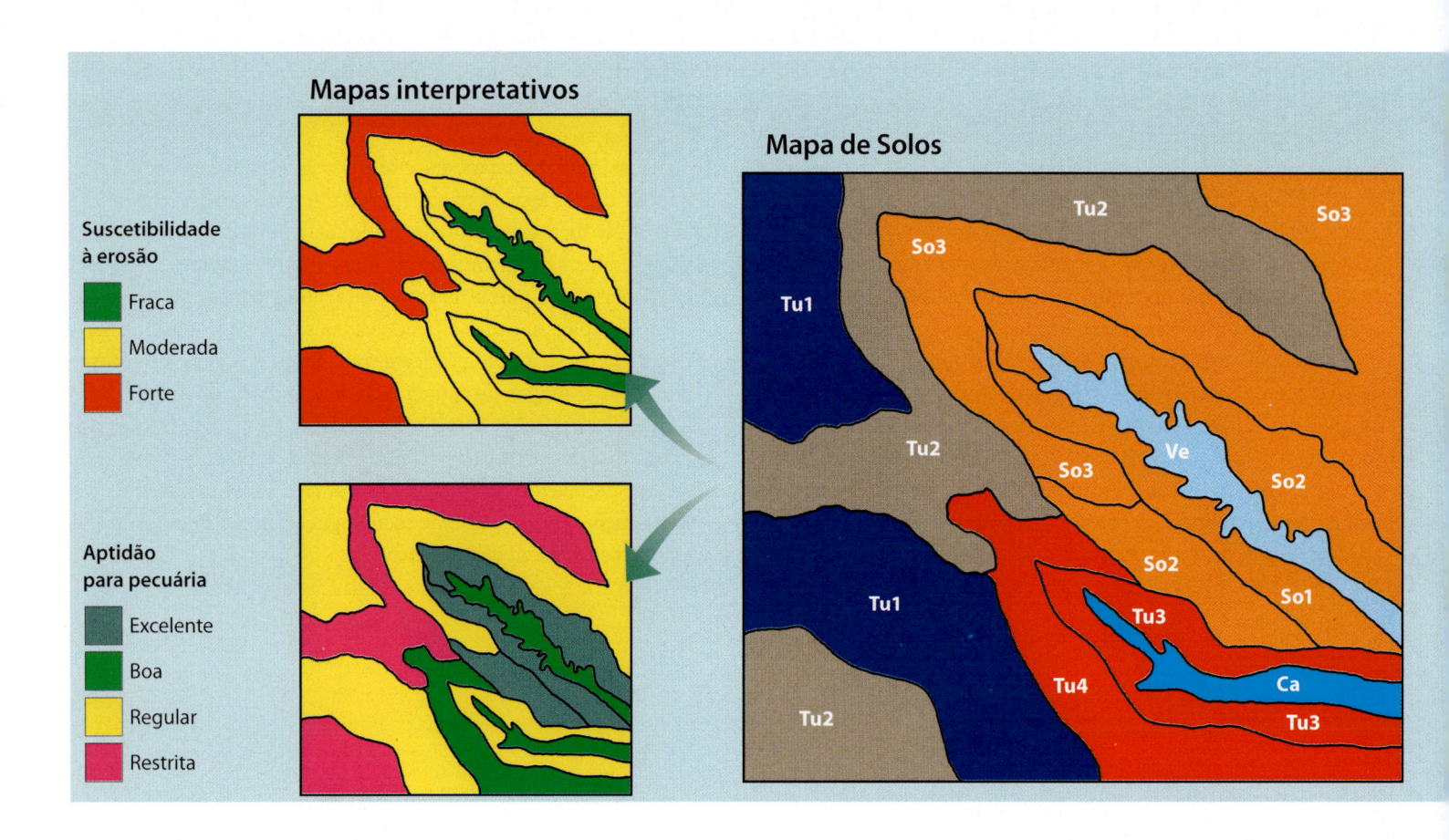

Mapas interpretativos

Suscetibilidade à erosão
- Fraca
- Moderada
- Forte

Aptidão para pecuária
- Excelente
- Boa
- Regular
- Restrita

Mapa de Solos

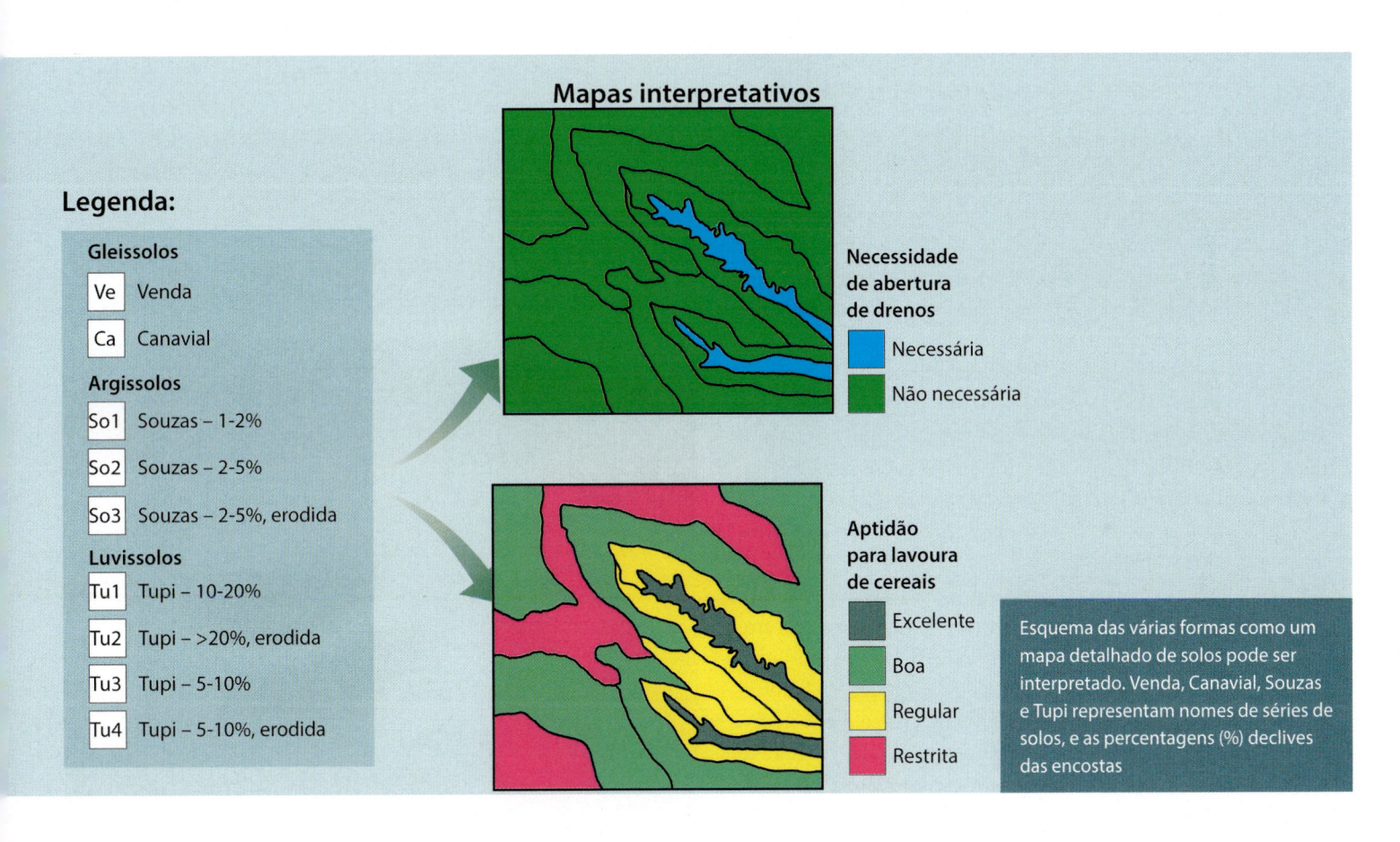

Os Mapas de Solos (levantamentos pedológicos)

Mapas interpretativos

Legenda:

Gleissolos
- Ve — Venda
- Ca — Canavial

Argissolos
- So1 — Souzas – 1-2%
- So2 — Souzas – 2-5%
- So3 — Souzas – 2-5%, erodida

Luvissolos
- Tu1 — Tupi – 10-20%
- Tu2 — Tupi – >20%, erodida
- Tu3 — Tupi – 5-10%
- Tu4 — Tupi – 5-10%, erodida

Necessidade de abertura de drenos
- Necessária
- Não necessária

Aptidão para lavoura de cereais
- Excelente
- Boa
- Regular
- Restrita

Esquema das várias formas como um mapa detalhado de solos pode ser interpretado. Venda, Canavial, Souzas e Tupi representam nomes de séries de solos, e as percentagens (%) declives das encostas

8 Mapas de solos das regiões do Brasil

A primeira referência ao solo brasileiro foi feita por Pero Vaz de Caminha, escrivão da frota das caravelas comandadas por Pedro Álvares Cabral, na qual se lê:

> Esta terra [...] traz ao longo do mar, em algumas partes grandes barreiras, umas vermelhas, e outras brancas; e a terra em cima é toda chã e muito cheia de arvoredos [...].Até agora não pudemos saber se há ouro ou prata nela [...], contudo a terra em si é de muito bons ares frescos e temperados como os Entre-Douro-e--Minho [...]. Em tal maneira é graciosa que, querendo-a aproveitar, dar-se-á nela tudo; por causa das águas que tem!

Essas observações foram baseadas na visão que o escrivão teve das falésias da Formação Barreiras e da exuberante floresta úmida tropical (mata atlântica), então existente em seu estado natural, próximas ao local em que os primeiros europeus desembarcaram em terras brasileiras.

Daquela época em diante, iniciou-se o povoamento por imigrantes vindos de outros continentes. Os solos começaram, pouco a pouco, a ser conhecidos pelos lavradores e pecuaristas, os quais, à custa das próprias observações, verificaram a diversidade existente no ambiente em que tentavam se estabelecer, principalmente no que dizia respeito à duração da fertilidade natural com os cultivos sucessivos. Muitos passaram a perceber que os tipos de vegetação nativa e a cor do horizonte superficial serviam para caracterizar o solo e permitir a escolha do melhor para a agricultura e, a partir dessas observações, na imensidão das terras por colonizar, escolheram onde substituir a vegetação nativa por lavouras ou pastagens. Por algumas centenas de anos, a tarefa de conhecer o solo baseou-se quase exclusivamente na experiência de alguns homens que, pela observação mais acurada, conseguiam distinguir as diferentes qualidades de terras.

No início da segunda metade do século passado, em decorrência do aumento progressivo de nossa população, boa parte

Afloramento de solo e das rochas sedimentares das quais se desenvolveu (falésia em sedimentos da Formação Barreiras). Porto Seguro, BA

das chamadas "terras virgens de boa qualidade" começou a escassear. Surgiu a necessidade de se utilizar a tecnologia agrícola moderna (por exemplo, usar fertilizantes e corretivos do solo), para produzir o máximo de alimentos por unidade de área. Essas condições impulsionaram várias das pesquisas aplicadas às ciências da terra, incluindo os levantamentos de solos.

O levantamento de solos no Brasil começou há pouco mais de 60 anos, e hoje existem várias equipes encarregadas dessa tarefa, que é trabalhosa, devido à grande extensão territorial do País. A quase totalidade do Brasil já foi cartografada em mapas pedológicos do tipo exploratório ou de reconhecimento (escalas 1:1.000.000 a 1:500.000).

A seguir, apresenta-se um esboço geral dos solos do Brasil, ilustrado com pequenos mapas generalizados, segundo divisões territoriais adotadas pelo Instituto Brasileiro de Geografia e Estatística (IBGE). As três divisões correspondem primeiramente aos chamados "Complexos Regionais": Amazônia, Nordeste e Centro-Sul, este subdividido em três Grandes Regiões: Sudeste, Centro-Oeste e Sul. Os mapas tiveram de ser bastante generalizados por causa da pequena escala com que são representados. Eles foram adaptados dos diversos trabalhos de reconhecimento, exploração e generalização cartográfica, realizados por várias equipes de pedólogos brasileiros, dentre os quais, destacam-se os da EMBRAPA e do antigo Projeto RADAMBRASIL, pelo grande volume e qualidade de trabalhos.

8.1 Solos da Amazônia

O Complexo Regional da Amazônia compreende quase 60% do território nacional, e abrange os Estados do Amazonas, Acre, Amapá, Pará, Rondônia, Roraima e Tocantins, a parte norte de Mato Grosso e o oeste do Maranhão. Esse complexo regional é dos menos conhecidos, inclusive quanto à caracterização de seus solos. A maior parte está ocupada com a exuberante floresta equatorial que cobre gigantescas proporções da região, além de alguns cerrados nos Estados de Roraima e Amapá e nas áreas de transição com a região Centro-Oeste. No Amapá, encontra-se uma zona costeira constituída de mangues, praias e campos inundáveis, que se estende até a parte oeste da ilha de Marajó e norte do Estado do Pará. O relevo é bastante variado, compreendendo as planícies e os planaltos amazônicos, em uma imensa bacia sedimentar (ao redor dos maiores rios) circundada por morros e montanhas dos dois escudos cristalinos que limitam essa bacia.

A respeito dessa parte do Brasil, foram publicados, principalmente pela imprensa não especializada, muitos artigos controvertidos acerca dos solos e do potencial das terras para a agricultura. Uma das primeiras ideias acerca da Amazônia é que seria constituída, em sua quase totalidade, por planícies inundáveis, com dominância de solos hidromórficos. Hoje se sabe que essa concepção é errônea, porque essas planícies úmidas compõem uma faixa relativamente estreita ao longo dos principais rios, e constituem menos de 10% da área total. Na realidade, a

Formação e Conservação dos Solos

maioria dos solos da Amazônia situa-se em locais bem drenados, regionalmente denominados "terras firmes".

A exuberância das florestas equatoriais levou também os primeiros exploradores a supor que os solos eram naturalmente muito férteis. No entanto, hoje sabemos que a maioria deles é pobre em nutrientes, apesar da pujança da vegetação – mais relacionada à luminosidade, temperatura e umidade constantemente elevadas. Na floresta amazônica, os nutrientes concentram-se na biomassa vegetal. No solo, pode existir apenas uma quantidade muito pequena, mas suficiente e sempre pronta para atender às necessidades mínimas dos vegetais.

A floresta é energeticamente autossustentável, consumindo tudo o que produz, e consegue se manter com um o mínimo necessário de nutrientes, que não são totalmente removidos pela lixiviação das águas das chuvas, devido à abundância e constância de raízes que continuamente os reabsorvem. Contudo, quando a mata é derrubada e substituída por lavouras ou pastagens, esse ciclo é facilmente rompido. Assim, com o desaparecimento das raízes que os absorvem constantemente junto com a água, eles são perdidos em profundidade para o nível freático, ou superficialmente, pela erosão. Desta forma, o solo, quando indevidamente cultivado, pode empobrecer em poucos anos. Esta é uma das razões de muitas das primeiras tentativas de ocupação da Amazônia com a agricultura fracassaram.

Com a descoberta de que a maioria dos solos da Amazônia é pobre em nutrientes essenciais, e depois do fracasso das primeiras tentativas de colonização nessa área, julgou-se erroneamente que, com a retirada da floresta, a delgada camada fértil de húmus se perderia e o solo se tornaria "tão estéril como um deserto". Outros chegaram a afirmar que a camada superficial do solo, se diretamente exposta ao sol, endureceria como um tijolo. Tais ideias eram fruto de crenças de que o material mineral do horizonte A era composto de areias lavadas ou de camadas ferruginosas "laterizadas" (plintita).

Nas margens do rio Negro, perto de Manaus, um desbarrancamento expõe um perfil de Latossolo Amarelo, sob mata equatorial, comum nessa região
Foto: F. Juliatti.

O que atualmente se conhece a respeito da Amazônia é suficiente para afirmar que, apesar de grande parte dos solos ter pouquíssimos nutrientes, existem muitas áreas em boas condições para a implantação de uma agricultura produtiva e sustentável, sem grandes danos ao ambiente, desde que se use uma tecnologia apropriada para os trópicos úmidos, observando-se adequadamente as práticas de manejo conforme os princípios de proteção ambiental. Contudo, a maior parte deve ser conservada com sua floresta nativa, pois constitui um dos ecossistemas mais ricos em biodiversidades do planeta.

A área ocupada com agricultura nessa região é relativamente pequena e em alguns locais ainda existe o sistema de agricultura itinerante ou migratória. Esse sistema também era usado pelos indígenas locais. Ainda hoje, consiste em derrubar e queimar uma pequena área da floresta (dois a cinco hectares), pouco antes do início da estação mais chuvosa. Depois, culturas como arroz, milho, feijão e mandioca são plantadas, intercaladas entre alguns restos de vegetais pouco queimados (troncos maiores etc.). Com as cinzas da queima, muitos nutrientes, que antes estavam na biomassa, são liberados para o solo, o que faz com que eles possam ser imediatamente aproveitados pelos cultivos. Após a segunda ou terceira colheita, a área é abandonada e substituída por outra, e todo o processo é repetido. O abandono é ocasionado pelo declínio da produtividade da terra, principalmente em consequência do empobrecimento do solo e pela invasão de pragas. Após um período de 10 a 15 anos de recuperação natural da mata, esse sistema de cultivo poderá ser novamente repetido no mesmo local.

Esse tipo de agricultura é considerado primitivo, quando comparado com cultivos modernos, principalmente pelas baixas produtividades. Sabe-se que, se efetuado em escala muito pequena (tal como faziam nossos indígenas), não provoca danos ambientais. Contudo, as queimadas podem ser ambientalmente muito prejudiciais quando seguidas e extensivas. Infelizmente,

Áreas relativamente grandes da floresta amazônica são desmatadas e queimadas na tentativa de utilização do solo para extensas pastagens

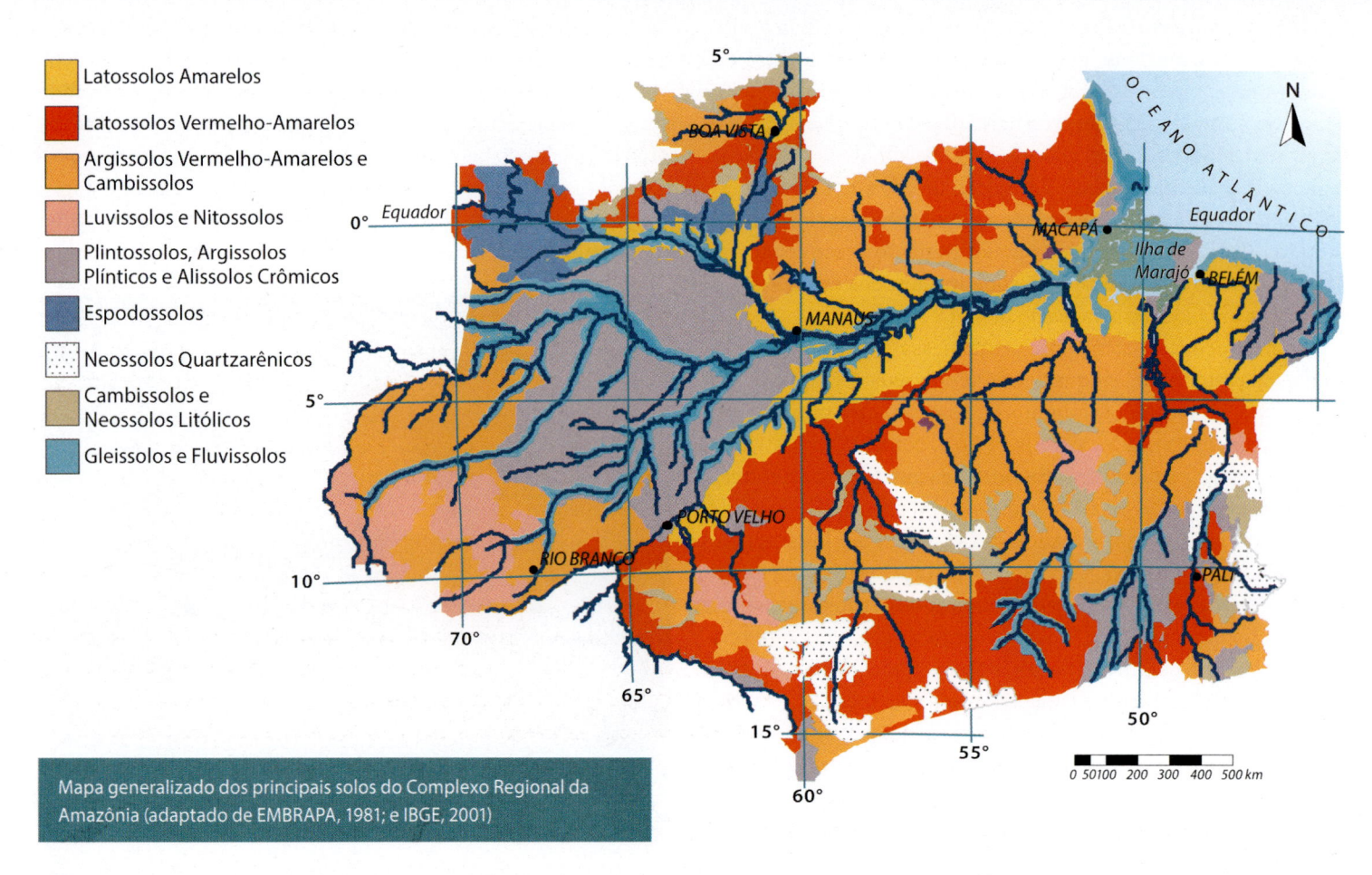

Formação e Conservação dos Solos

- Latossolos Amarelos
- Latossolos Vermelho-Amarelos
- Argissolos Vermelho-Amarelos e Cambissolos
- Luvissolos e Nitossolos
- Plintossolos, Argissolos Plínticos e Alissolos Crômicos
- Espodossolos
- Neossolos Quartzarênicos
- Cambissolos e Neossolos Litólicos
- Gleissolos e Fluvissolos

Mapa generalizado dos principais solos do Complexo Regional da Amazônia (adaptado de EMBRAPA, 1981; e IBGE, 2001)

na Amazônia, grandes áreas são desmatadas e queimadas, na tentativa de formar extensas pastagens e lavouras, com baixa produtividade pela ausência de práticas de conservação do solo. Se, ao contrário, as áreas agrícolas fossem menores, escolhidas de acordo com os melhores solos agrícolas e convenientemente manejadas, elas teriam elevada e contínua produtividade, suprindo a demanda de alimentos e diminuindo a prática do desmatamento.

Os mapas pedológicos da Amazônia mostram que, nas áreas dos planaltos, são comuns os Latossolos Amarelos e Vermelho-Amarelos e Argissolos Vermelho-Amarelos (estes, antes conhecidos como Solos Podzólicos). Os Neossolos Quartzarênicos (antes chamados de Areias Quartzosas) situam-se em extensões relativamente pequenas ao sul. Plintossolos (antes denominados Laterita Hidromórfica e Podzólicos Plínticos) ocupam cerca de 20% da Amazônia, principalmente na sua parte ocidental e no Estado do Tocantins.

Existem algumas áreas relativamente pequenas de solos naturalmente mais férteis para a agricultura, como os Neossolos Flúvicos (antes denominados Solos Aluviais), e os relacionados com a ocorrência de rochas básicas e sedimentos andinos, que são os Nitossolos (popularmente denominados "terras roxas") e os Luvissolos, que ocorrem principalmente no Estado do Acre.

Em muitas áreas de pequena extensão – de um a poucas dezenas de hectares – ocorrem solos denominados "terra preta de índio" ou "terra preta arqueológica". Elas estão espalhadas ao longo de terras firmes próximas aos grandes rios, e se caracterizam por um horizonte A Antrópico, bastante escuro, rico em carbono e com restos de cerâmica indígena dispostos no local há centenas de anos. São solos muito ricos em nutrientes vegetais e, apesar de ocuparem uma pequeníssima extensão em relação ao total da Amazônia, têm chamado muito a atenção pela alta fertilidade e por representarem sítios de sequestro de carbono da atmosfera.

Nas áreas montanhosas, como as do Planalto dos Parecis (onde se situa o pico da Neblina, ponto culminante do Brasil), ocorrem solos pouco desenvolvidos, principalmente os Neossolos Litólicos (antes denominados Litossolos) e Cambissolos.

Na parte leste, principalmente nas áreas limítrofes aos Estados de Goiás e Maranhão, existem algumas áreas em que os solos que se encontram sob vegetação de campo cerrado são constituídos, em sua maior parte, por nódulos endurecidos de óxidos de ferro e classificados como Plintossolos Pétricos (antes denominados Solos Concrecionários Lateríticos).

8.2 Solos do Nordeste

No Complexo Regional do Nordeste, existem quatro sub-regiões compreendendo domínios de solos bastante diferentes, e estreitamente relacionadas com o tipo de clima: o Meio Norte (parte leste do Maranhão e oeste do Piauí); a Zona da Mata (algumas dezenas de quilômetros de estreita faixa litorânea); o Sertão (compreendendo as terras semiáridas, ou "polígono das secas", que vai do Piauí até o norte de Minas Gerais); e o Agreste (faixa intermediária entre a Zona da Mata e o Sertão).

Formação e Conservação dos Solos

A Zona da Mata engloba uma faixa relativamente estreita, de clima mais chuvoso, do leste do Rio Grande do Norte até o sul da Bahia. A maior quantidade de chuvas deve-se aos chamados ventos alísios, que vêm do oceano próximo e incidem sobre a costa atlântica voltada para o leste. Mais perto do litoral, existem areias de antigas praias e dunas onde ocorrem os Neossolos Quartzarênicos (antes denominados Areias Quartzosas Marinhas); em direção ao interior, ocorrem relevos achatados, denominados *tabuleiros*, seguidos ou entremeados de colinas e morros. Nos tabuleiros, predominam os Latossolos Amarelos, enquanto nas colinas e morros situam-se os Argissolos (antes denominados Podzólicos Vermelho-Amarelos) e alguns Latossolos Vermelho-Amarelos. No Recôncavo Baiano, existe a inclusão de área com Vertissolo (localmente denominado "massapé").

A sub-região do meio norte é uma área cuja paisagem vegetal apresenta muitas plantas arbóreas da família *Palmaceae* (zona dos cocais, onde predomina a palmeira babaçu), com características intermediárias para a região Amazônica. Nas partes mais baixas e próximas à costa, ocorrem Plintossolos (antes conhecidos como Laterita Hidromórfica e Podzólico Plíntico) e, ao redor de extensa área com dunas (com destaque aos chamados "lençóis maranhenses"), existem Neossolos Quartzarênicos. Na parte em que o relevo se eleva, encontram-se os Argissolos (antes denominados Podzólicos, e alguns eutróficos) e Latossolos Vermelho-Amarelos.

O Sertão engloba uma área relativamente rebaixada em relação aos planaltos da bacia do rio Parnaíba (Maranhão e Piauí), da serra de Borborema (leste de Pernambuco e Paraíba), Chapada Diamantina (Bahia) e das serras do Atlântico (sudeste da Bahia). Nessas paragens semiáridas, os solos estão vinculados à vegetação do tipo caatinga em suas diversas formas, a qual é constituída de arbustos e árvores e reflete as condições de clima existente, com ar muito seco e quente e chuvas irregulares concentradas em somente quatro meses do ano. A água é escassa tanto por

Palmeiras de carnaúba em áreas de Planossolo Nátrico, no agreste de Pernambuco.

causa das poucas chuvas como pelo fato de os solos serem muito rasos ou salinos, e por isso armazenarem pouca água. Devido a essas condições, a vegetação tem um grau de adaptação à seca muito grande, com um grande número de espécies da família *Cactacea*. Caracteriza-se pela abundância de espinhos, e perda e redução da área foliar, o que representa uma defesa contra a falta de água aos vegetais, pois se o vegetal conservasse suas folhas, perderia quase toda a água do corpo por transpiração, quando da impossibilidade de absorver água pelas raízes.

Os principais solos que ocorrem são os Luvissolos Crômicos (antes designados Solos Brunos Não Cálcicos) e Argissolos Vermelhos Eutróficos (antes conhecidos como Podzólicos Vermelho-Amarelos eutróficos), nas porções intermediárias do relevo. São pouco profundos, com somente 40 a 60 cm de *solum* acima da rocha, relativamente ricos em nutrientes e com uma camada de pedras e cascalhos na superfície.

Nas partes mais elevadas do relevo, existem os Neossolos Litólicos (Litossolos) e afloramentos rochosos que formam os chamados *inselbergues*. Nas partes mais baixas, onde o relevo é quase plano, frequentemente ocorrem Planossolos Nátricos, solos salinizados em sua maioria (antes denominados Solonetz-Solodizados), e Vertissolos.

A ocorrência de Neossolos Flúvicos (Solos Aluviais) ao longo de alguns cursos d'água (localmente denominados "baixios") é relativamente pequena, destacando-se os do médio curso do rio São Francisco e do rio Paranaíba.

Perfil de Luvissolo Crômico (antes denominado Bruno Não Cálcico). Notam-se, à superfície, pedras e cascalhos (pavimento desértico)

Os planaltos e chapadas nordestinas compreendem uma destacada paisagem inserida nas rebaixadas zonas das caatingas. Eles abarcam os divisores da bacia do rio Parnaíba (Maranhão e Piauí), serra de Borborema (leste de Pernambuco e Paraíba), Chapada Diamantina (Bahia) e serras do Atlântico (sudeste da Bahia). As temperaturas são menos elevadas, a precipitação pluviométrica é maior e os solos são mais profundos. Muitas vezes, constituem verdadeiras "ilhas verdejantes" ou, como localmente denominadas, "brejos de altitude" entremeados na caatinga, e revestidos por uma vegetação semelhante à dos cerrados do Brasil Central ou a das florestas tropicais. O Latossolo Vermelho-Amarelo é encontrado dominando as áreas mais planas e elevadas, ao passo que os Argissolos e Nitossolos (antes Podzólico Vermelho Amarelo e Podzólico Vermelho-Escuro, respectivamente) situam-se onde o relevo é mais movimentado.

No sertão semiárido do Nordeste, os solos são, em sua maioria, ricos em elementos nutritivos para as plantas, mas muitos deles apresentam sérias limitações para a agricultura, e a maior é a pouca espessura do *solum*, além do regime incerto e escasso de chuvas. As partes mais baixas e planas também podem apresentar problemas ligados ao excesso de sais (salinização).

Em locais com solos mais espessos, as limitações climáticas podem ser corrigidas com práticas adequadas de irrigação e drenagem, desde que exista água de boa qualidade e em quantidade adequada. Assim, destaca-se uma faixa de terras ao longo do rio São Francisco, onde existem Neossolos Flúvicos profundos e abundância de água de boa qualidade, com áreas cultivadas

Paisagem do Sertão Nordestino. Em primeiro plano (parte mais baixa do relevo): Planossolos Nátricos; ao fundo (nos morros): Neossolos Litólicos e, nas partes intermediárias do relevo: Luvissolos Crômicos

Cultivo de palma forrageira (cactácea) em Cambissolo Háplico Eutrófico. Sertão do Estado de Pernambuco

Mapas de Solos das Regiões do Brasil

Legenda:

- Latossolos Amarelos, Latossolos Vermelho-Amarelos, Argissolos Vermelho-Amarelos
- Latossolos Vermelho-Amarelos, Argissolos Vermelho-Amarelo e Nitossolos Vermelhos
- Plintossolos, Argissolos e Latossolos Vermelhos
- Luvissolos Crômicos, Argissolos Eutróficos e Cambissolos
- Planossolos e Vertissolos
- Neossolos Quartzarênicos
- Neossolos Litólicos, Cambissolos e Afloramentos Rochosos
- Neossolos Flúvicos, Gleissolos e Vertissolos

Mapa generalizado dos principais solos do Complexo Regional Nordeste (adaptado de EMBRAPA, 1981; e IBGE, 2001)

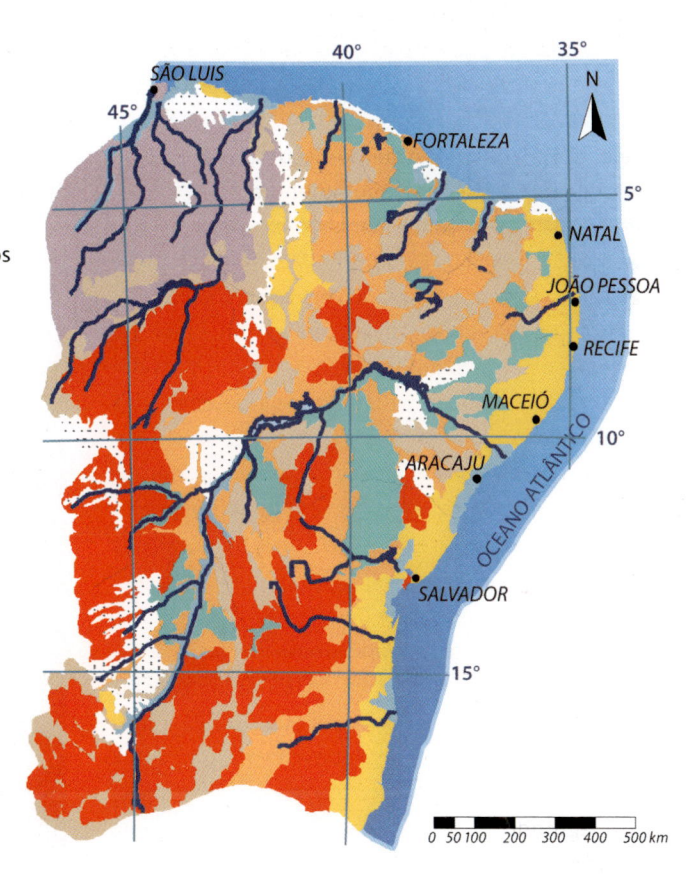

de plantas hortícolas (principalmente uvas de mesa, melões, cebolas e batatas), de alta produtividade. O algodão arbóreo, pastagens e cultivos alimentares de subsistência são as principais atividades no restante da região, onde tradicionalmente, a irrigação não é praticada.

8.3 Solos da Região Centro-Oeste

Esse complexo regional engloba os Estados de Mato Grosso, Mato Grosso do Sul e Goiás. Compreende dois principais domínios naturais: o Planalto Central, com chapadões entremeados de vales, matas-galerias e a planície do Pantanal.

No Planalto Central, a paisagem dominante é de chapadas com vegetação arbustiva dos cerrados (*stricto sensu*) e seus prolongamentos, ocorrendo também algumas áreas revestidas de campos (campo-cerrado) e algumas extensões que apresentam florestas (Cerradão). A topografia é variável, mas dominam as áreas com declives suaves. O clima é predominantemente úmido, com uma estação seca pronunciada, que pode ir de maio a setembro. Os Latossolos (especialmente os Vermelhos) e alguns Neossolos (principalmente os Quartzarênicos, antes denominados Areias Quartzosas) são os mais comuns nas superfícies quase planas das chapadas e nas áreas de relevo suavemente ondulado.

As veredas e as matas-galerias constituem feições típicas dessa sub-região. Seguindo a direção das nascentes dos rios, destacam-se as veredas, os campos úmidos ocupados por palmeiras buritis e, mais abaixo, por matas-galerias, à medida que os vales alargam-se. Aí ocorrem, nas áreas mais úmidas, Organossolos e Gleissolos e, entre estas e as áreas mais elevadas e quase planas, os Plintossolos Pétricos e Argissolos (antes denominados Solos Concrecionários Lateríticos e Podzólicos Vermelho-Amarelos, respectivamente).

Os Latossolos sob vegetação de cerrado são ácidos e pobres em nutrientes. A acidez, relacionada ao alumínio tóxico, e a escassez de nutrientes são algumas das principais causas do

Perfil de Latossolo Vermelho-Escuro Ácrico

aparecimento do cerrado como vegetação natural, em vez de floresta. Não obstante a baixa fertilidade natural, a maior parte dos Latossolos dessas áreas pode ser utilizada para a agricultura intensiva, desde que se faça a neutralização da acidez (com a aplicação de calcário) e se adicionem quantidades adequadas de nutrientes, com a aplicação de fertilizantes. Além desses solos das áreas de cerrado, existem outros, originalmente sob floresta que, apesar de ocorrerem em espaços bem menores, destacam-se pela fertilidade natural, relativamente alta. Entre eles sobressai, pela alta produtividade, o grande grupo dos Vermelhos Eutroféricos das ordens Latossolos e Nitossolos (as populares "terras roxas"), principalmente em áreas de rochas básicas, ao longo dos afluentes do rio Paraná.

No sudoeste da região, há uma extensa área de relevo e clima diferentes das zonas de cerrado, denominada "pantanal mato-grossense". O Pantanal, em quase sua totalidade, fica em bacia sedimentar de origem terciária, de clima com algumas semelhanças ao das paragens semiáridas do Nordeste brasileiro.

Aspecto do cerrado, com vegetação muito comum em áreas de Latossolos Vermelhos e Vermelho-Amarelos Ácricos da região Centro-Oeste (chapada Uberaba, Uberlândia, MG)

Aspectos da extensa planície do Pantanal mato-grossense, onde predominam Planossolos, Gleissolos e Vertissolos

Formação e Conservação dos Solos

Legenda:
- Latossolos Vermelhos e Latossolos Vermelho-Amarelos
- Argilossolos Vermelho-Amarelos e Argissolos Vermelhos
- Latossolos Vermelhos (férricos) e Nitossolos Vermelhos
- Plintossolos
- Espodossolos e Planossolos Háplicos
- Planossolos, Vertissolos e Chernossolos
- Neossolos Quartzarênicos
- Cambissolos e Neossolos Litólicos
- Gleissolos e Neossolos Flúvicos

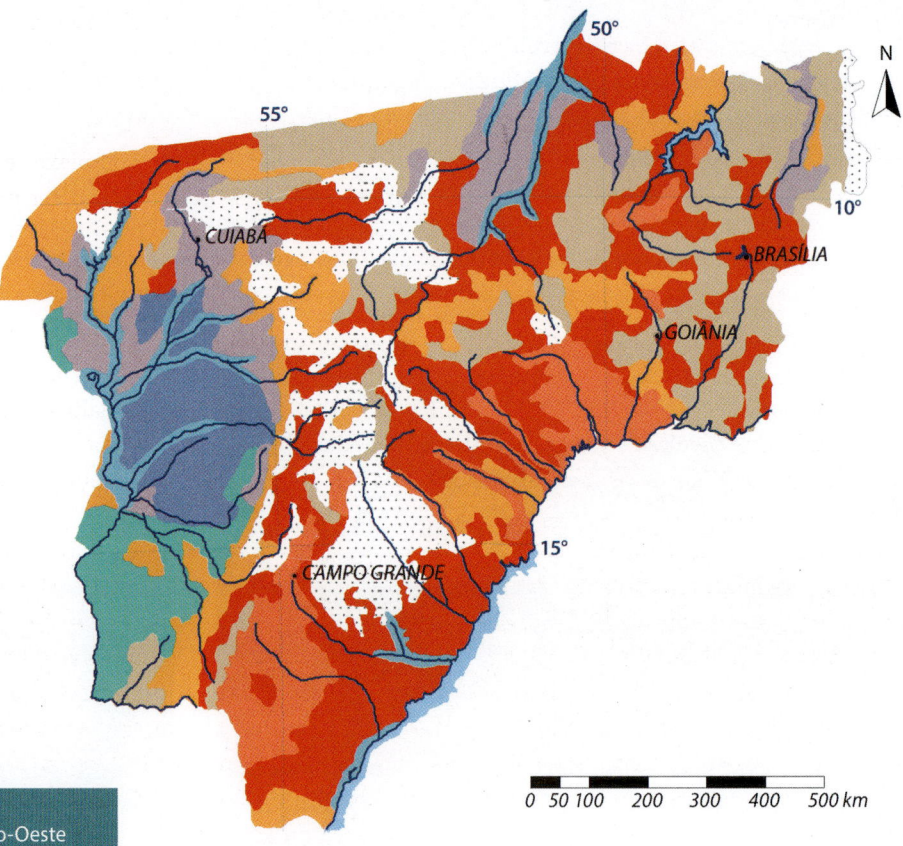

Mapa generalizado dos principais solos da região Centro-Oeste (adaptado de EMBRAPA, 1981; e IBGE, 2001)

Contudo, o relevo é quase plano e, em grande parte de seu território, ocorrem periódicas inundações ocasionadas por enchentes do rio Paraguai com seus afluentes, por ter um leito relativamente estreito e tornar-se maior quando alcança as divisas territoriais com a Argentina ao sul.

A vegetação é constituída de campos nas áreas inundáveis e, nos pequenos elevados, de cerrados e caatingas, que formam um conjunto ora denso ora ralo, denominado "complexo do pantanal". Os solos refletem essas condições, e também formam conjuntos complexos, destacando-se sequências de faixas alternadas de Neossolos, Planossolos, Plintossolos, Gleissolos, Espodossolos e Vertissolos.

A maior parte resulta de antigos sedimentos aluviais, de textura muito diversa: desde os mais arenosos (mais próximos aos bordos, ou curso superior dos rios dessa sub-região) até os argilosos (mais ao sul, próximos do rio Paraguai). Nas partes mais arenosas, predominam os Plintossolos Distróficos, Neossolos Quartzarênicos e Espodossolos (antes conhecidos como Laterita Hidromórfica, Areia Quartzosa e Podzol Hidromórfico, respectivamente). Em materiais menos arenosos, aparecem solos com horizonte B de acentuado acúmulo de argila, principalmente os Planossolos. Mais ao sul, aparecem solos argilosos com fendas na época das secas (mormente Vertissolos), alguns dos quais com quantidades relativamente elevadas de sais solúveis (Vertissolos e Planossolos Nátricos) tais como seus similares do Nordeste semiárido. Perto do curso dos rios maiores, são comuns os Gleissolos e Neossolos Flúvicos (antes denominados Solos Hidromórficos, Gleis e Aluviais).

8.4 Solos da Região Sudeste

No complexo regional do Sudeste, há uma grande variedade de solos, por ser uma zona de transição entre as regiões de clima semiárido e úmido, e também pela diversidade de relevo, vegetação e material de origem. Existem quatro grandes áreas de solos: a) região semiárida (parte sul do polígono das secas); b) faixa litorânea; c) área montanhosa compreendida pelos planaltos e serras do sudeste (incluindo as serras do Mar e da Mantiqueira); d) planaltos de origem sedimentar, situados no oeste dos Estados de Minas Gerais e São Paulo.

A parte semiárida, situada ao norte de Minas Gerais, foi incluída e descrita no Complexo Regional do Nordeste, por causa dos solos similares aos do sertão nordestino.

A faixa litorânea, de largura variável ao longo de sua extensão, compreende depósitos arenosos e outros sedimentos de rios, bem como alguns tabuleiros. Nas areias da orla costeira, remanescentes de antigas praias e dunas, encontram-se principalmente Neossolos Quartzarênicos e Espodossolos alternados com Organossolos, e alguns Gleissolos e Planossolos, muito comuns, por exemplo, na Baixada Fluminense. Alguns desses últimos sofrem influência dos sais das águas do mar como os Gleissolos Tiomórficos (comuns nos mangues) e os Planossolos Nátricos. Ocorrem também Neossolos Flúvicos (antes, Solos Aluviais) nos

Formação e Conservação dos Solos

deltas dos rios principais, como no rio Doce e no Paraíba. Nas relativamente estreitas faixas de tabuleiros, são mais comuns os Latossolos e Argissolos Amarelos.

A área montanhosa compreende grande extensão dos Estados do Espírito Santo, Rio de Janeiro e partes do leste de São Paulo e Minas Gerais. É o domínio da mata atlântica, hoje em sua maior parte substituída por pastagens e reflorestamentos com eucaliptos. Nos espaços com relevo do tipo mamelonar, por vezes referido como "mar de morros", predominam os Argissolos (antes denominados Podzólicos Vermelho-Amarelos) e Latossolos Vermelho-Amarelos, desenvolvidos principalmente em materiais derivados de granitos, gnaisses e xistos. Nas partes serranas, onde os declives são excessivamente fortes, que impedem um bom desenvolvimento dos solos, preponderam os Neossolos Litólicos e diversos Cambissolos. A maior limitação ao uso da agricultura dos frequentes Argissolos dessa região deve-se à

Mata atlântica em área montanhosa, onde dominam Argissolos, Cambissolos e Neossolos Litólicos. Serra do Mar, SP

Encosta com Cambissolos Háplicos Eutróficos derivados de basalto. Oeste de Minas Gerais

topografia montanhosa, que dificulta o uso de máquinas e favorece a erosão. Por esse motivo, são mais adequados a culturas perenes, pastagens e reflorestamento. Nas áreas de solos pouco desenvolvidos (Neossolos Litólicos e Cambissolos), que compreendem boa parte dos contrafortes das serras do Mar e da Mantiqueira, a mata atlântica deveria ser mantida em toda extensão, o que, infelizmente, não ocorre.

Na extensa área geológica sedimentar, a oeste da área montanhosa mencionada, existem solos bastante diversificados, principalmente a oeste do Estado de São Paulo. Alguns deles, originalmente sob vegetação de cerrado, assemelham-se aos do Planalto Central, como os Latossolos (Vermelho-Amarelo e Vermelho) e os Neossolos Quartzarênicos. Outras áreas, antes de florestas, apresentam solos relativamente férteis, como as

Perfil do Cambissolo Háplico Eutrófico. Notam-se fragmentos de rocha basáltica semidecomposta no horizonte B incipiente (Bi).

Aspecto de área montanhosa, onde antes dominava a mata atlântica e hoje é cultivada com bananeiras. Predominam os Argissolos Vermelho-Amarelos Distróficos (antes denominados Podzólicos Vermelho-Amarelos). Miracatu, SP.

Formação e Conservação dos Solos

"terras roxas", classificadas hoje como Latossolos e Nitossolos (ambos Vermelhos, Férricos, e muito Eutróficos). Há outros solos férteis, superficialmente arenosos, e com horizonte B de acúmulo de argila, desenvolvidos a partir de arenitos com cimento calcário (hoje classificados como Argissolos Vermelho-Amarelos Eutróficos).

Os solos mais produtivos da região, como as "terras roxas", encontram-se nos vales dos rios Parnaíba, Grande e Paranapanema e em significativa parte do nordeste de São Paulo. A fertilidade natural relativamente alta desses solos, aliada às condições de clima propícias a muitos cultivos, e também com topografia adequada à mecanização, são fatores responsáveis pela alta produção que estas paragens têm desde meados do século passado.

Perfil de Argissolo Vermelho-Amarelo com horizonte A proeminente sobre horizonte iluvial (E) e B eluvial (B textural ou Bt)

Paisagem do oeste do Estado de São Paulo (região de Ribeirão Preto), onde ocorrem solos localmente denominados *terras roxas*: Latossolo Vermelho Eutroférrico, em relevo suave ondulado e Nitossolos Vermelhos Eutroférricos e Neossolos Litólicos Eutróficos (substrato basalto) nas partes mais declivosas

Mapas de Solos das Regiões do Brasil

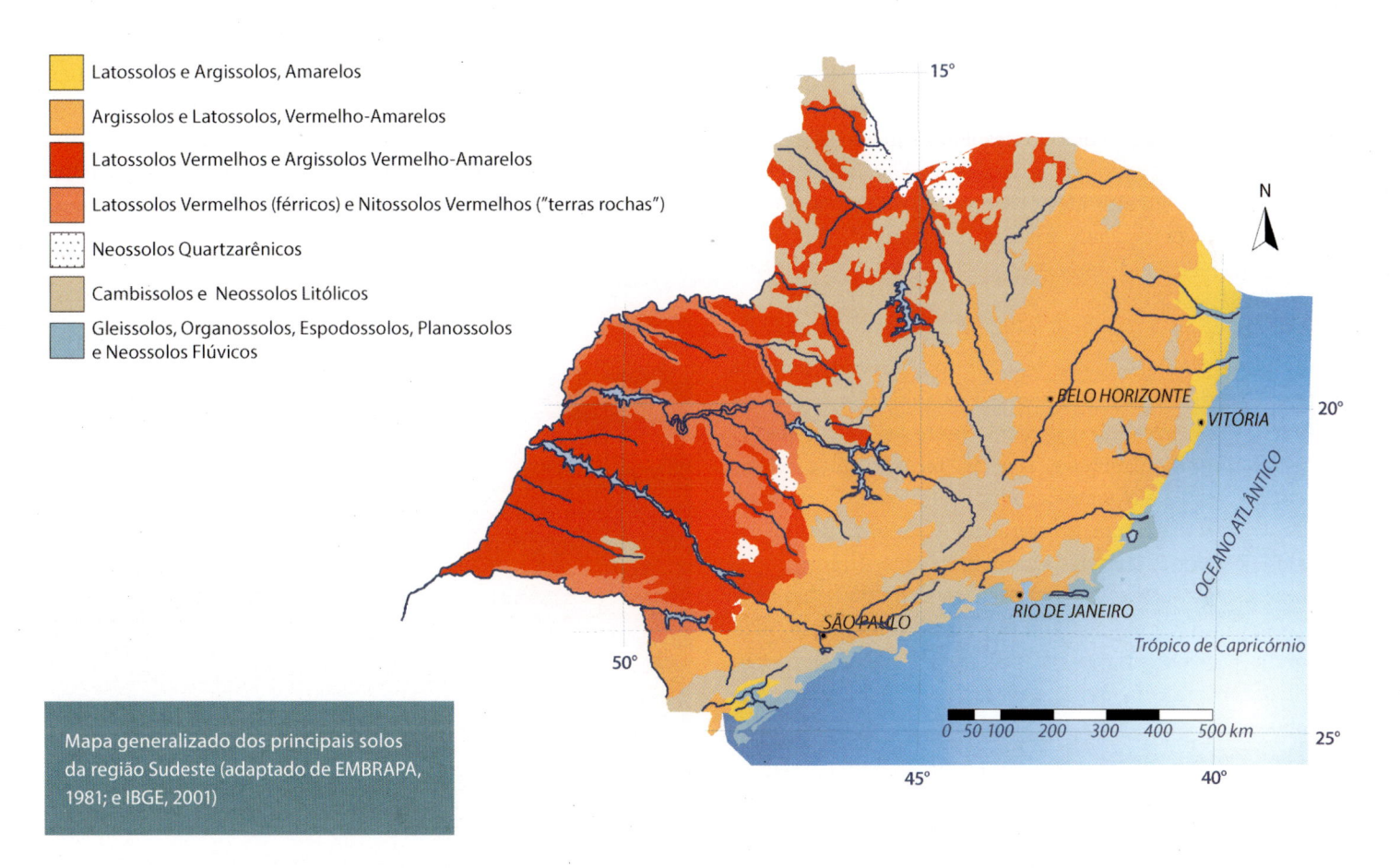

- Latossolos e Argissolos, Amarelos
- Argissolos e Latossolos, Vermelho-Amarelos
- Latossolos Vermelhos e Argissolos Vermelho-Amarelos
- Latossolos Vermelhos (férricos) e Nitossolos Vermelhos ("terras rochas")
- Neossolos Quartzarênicos
- Cambissolos e Neossolos Litólicos
- Gleissolos, Organossolos, Espodossolos, Planossolos e Neossolos Flúvicos

Mapa generalizado dos principais solos da região Sudeste (adaptado de EMBRAPA, 1981; e IBGE, 2001)

8.5 Solos da Região Sul

O complexo regional do Sul do Brasil (que coincide com a região de mesmo nome) compreende os Estados do Paraná, Santa Catarina e Rio Grande do Sul. Situa-se em uma zona de transição entre clima tropical e temperado, tanto por estar ao sul do Trópico de Capricórnio, quanto por compreender extensas áreas do Planalto Meridional em altitudes próximas a 1.000 m, com temperaturas relativamente mais frias. A desigualdade dos solos existentes, em relação às demais regiões do País, reflete essas variações climáticas.

Nas zonas mais elevadas do Planalto Meridional, a vegetação natural era da mata subtropical com pinhais (ou "Mata de Araucárias"). Nessa região, são comuns os solos desenvolvidos de rochas básicas (basalto), originando tanto as "terras roxas" como, nos locais mais úmidos e frios, as "terras brunas". Compreendem Latossolos e Nitossolos, adjetivados como Vermelhos ou Brunos, respectivamente. As terras roxas de alta fertilidade, comuns no oeste do Estado do Paraná, eram classificadas como Terra Roxa Estruturada e, segundo a nova taxonomia brasileira, são Nitossolos Vermelhos Eutroférricos. Inicialmente, elas foram muito procuradas para o plantio do café, mas agora são mais utilizadas para cultivos anuais (soja, milho, trigo etc.), principalmente pela ocorrência periódica de geadas, que são muito prejudiciais aos cafezais.

Nas encostas de planaltos, em áreas de relevo mais acidentado, ocorrem Neossolos Litólicos, Argissolos e Cambissolos. Estes, quando em altitudes maiores, apresentam horizonte A relativamente espesso e escuro, com destaque aos Cambissolos Húmicos. Em encostas menos íngremes e sobre rocha basáltica, é comum aparecerem Chernossolos.

Os Chernossolos têm sua área de maior expressão geográfica no extremo sul, nas sub-regiões Campanha e Depressão Central, onde aparecem associados a Vertissolos. Em alguns locais da

Paisagem do Planalto Meridional onde ocorrem Latossolos Brunos e Cambissolos Húmicos

região, são comumente referidos como "terras pretas de Bagé". Predomina um relevo suave, quase plano, e vegetação de gramíneas. O período mais seco do ano coincide com os meses mais quentes de verão (janeiro a março). A menor precipitação e as maiores temperaturas do verão, bem como a pouca espessura dos solos, trazem problemas acentuados de falta de água.

Na faixa costeira, principalmente ao redor das lagoas dos Patos e Mirim, existem consideráveis áreas de solos desenvolvidos em condições de excesso de água ou de areias de antigas praias, destacando-se os Planossolos Gleicos, os Gleissolos e Neossolos Quartzarênicos. Grande parte destes Planossolos e Gleissolos é utilizada para o cultivo de arroz irrigado.

Região dos Pampas, no extremo sul do Brasil, onde ocorrem Chernossolos e Vertissolos
Foto: W. C. Vieira.

Formação e Conservação dos Solos

- Latossolos Vermelhos (férricos) e Nitossolos Vermelhos
- Latossolos Brunos, Nitossolos e Cambissolos Húmicos
- Argilossolos, Cambissolos e Latossolos Vermelho-Amarelos
- Chernossolos e Vertissolos
- Neossolos Litólicos e Chernossolos
- Neossolos Litólicos e Cambissolos
- Planossolos e Luvissolos, Háplicos
- Gleissolos, Planossolos Gleicos e Neossolos Quartzarênicos

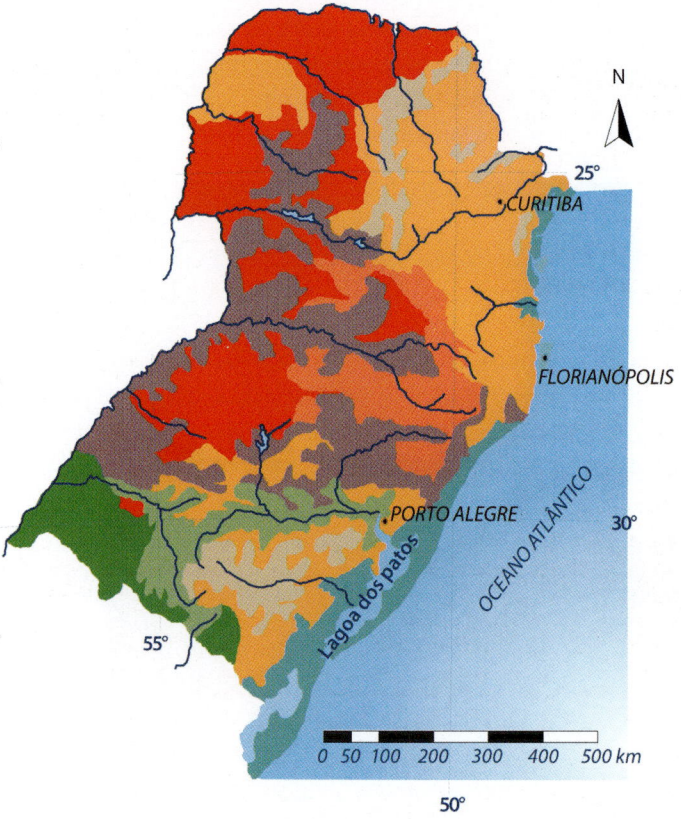

Mapa generalizado dos principais solos da região Sul (adaptado de EMBRAPA, 1981; e IBGE, 2001)

9 Solos do Mundo

Os mapas em escalas pequenas, que mostram a distribuição dos solos em todos os continentes da Terra, são muito importantes para vários tipos de estudo, como as pesquisas em escalas globais, relacionadas ao impacto das mudanças climáticas decorrentes do efeito estufa na produção agrícola. O principal mapa de solos do mundo foi publicado pela FAO/UNESCO, na escala 1:5 milhões, e compreende 19 folhas com legendas em vários idiomas, que correspondem ao sistema de classificação da FAO, publicadas entre 1971 e 1981. Geralmente, esse mapa é aceito como a fonte de informação mais apropriada para estudos de natureza continental ou global. Outros foram produzidos a partir dele, por generalização e transformações, como, por exemplo, o mapa elaborado pelo Departamento de Agricultura dos Estados Unidos (USDA), em escala 1:30 milhões, em que se usou o Sistema Taxonômico Americano (*U.S. Soil Taxonomy*), e o mapa da FAO sobre "Recursos de Solos do Mundo", em escala 1:25 milhões. Estes dois estão digitalizados e podem ser acessados pela internet (veja os *sites* no fim deste capítulo).

Uma "Base de Referência Mundial Para os Recursos de Solos" (WRB: *Word Reference Base for Soil Resources*) foi adotada em 1998 pela União Internacional da Ciência do Solo (IUSS: *International Union of Soil Sciences*), e substitui a classificação anterior da FAO. Tal sistema tem por finalidade servir de denominador comum entre os vários sistemas nacionais de taxonomia pedológica. Vários mapas da distribuição global dos solos são apresentados com base nessa taxonomia.

O WRB contém 32 "grupos de referência de solos", com nomenclatura na maior parte dos casos, seguidas de nomes tradicionais e com muitas similaridades ao sistema originalmente desenvolvido pela FAO/UNESCO. As grafias originais foram mantidas aqui, por desconhecimento de traduções oficiais para o português. Os quatro mapas de solos do mundo ilustram esquematicamente a distribuição de alguns desses grupos, resumidamente descritos a seguir. Os equivalentes aproximados nas taxonomias Americanas (*U.S. Soil Taxonomy*) e Brasileira (SiBCS) são apresentados no final da descrição dos grupos de referência do WRB.

9.1 Grupos de solos bem desenvolvidos em climas tropicais úmidos (*Ferralsols, Lixisols, Acrisols, Nitisols, Alisols* e *Plinthosols*)

Os trópicos úmidos caracterizam-se por temperaturas relativamente elevadas durante o ano, sem estação seca ou não muito prolongada, e compreendem cerca de dois milhões de hectares do total das terras emersas do planeta. Sua expressão máxima localiza-se na bacia Amazônica, África Central e Costeira Oriental, Sudoeste da Ásia e em algumas das muitas ilhas dos oceanos Pacífico, Atlântico e Índico. A vegetação mais típica é a floresta tropical perenifólia, porém estende-se também para a região dos cerrados, onde a estação seca é de média duração.

Formação e Conservação dos Solos

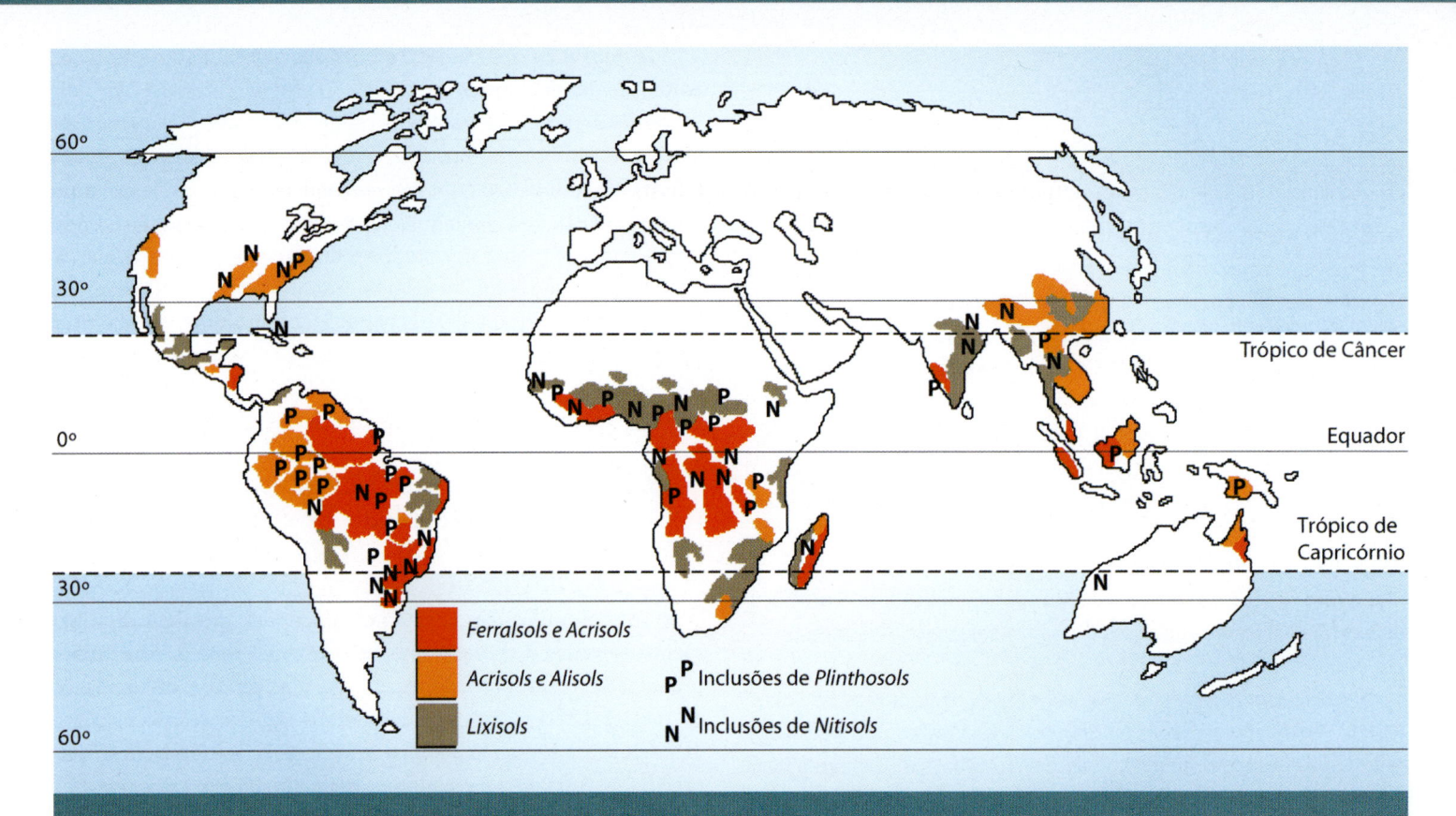

Ferralsols e Acrisols
Acrisols e Alisols
Lixisols
^{P}P Inclusões de *Plinthosols*
^{N}N Inclusões de *Nitisols*

Distribuição global das áreas onde dominam grupos (segundo WRB) de solos bem desenvolvidos (ou "zonais") formados sob condições de climas tropicais subtropicais úmidos (adaptado de FAO, 1998; e Driessen et al., 2001).

Na maior parte desses trópicos, a decomposição das rochas se fez com muita intensidade e os regolitos (*solum* + saprolito) formaram-se interruptamente durante os dois milhões de anos do período Quaternário, com muitos sobre as rochas de origem, ou movendo-se a distâncias relativamente curtas. Esse quadro contrasta com as regiões de clima temperado, onde as glaciações do Quaternário alteraram a paisagem, removendo totalmente os regolitos formados antes do último período glacial, que terminou há cerca de 10.000 anos.

Consequentemente, nas regiões tropicais úmidas os solos formaram-se a partir de regolitos muito intemperizados e espessos (frequentemente ultrapassando dez metros) e, muitas vezes, formados a partir de materiais submetidos a vários ciclos de intemperização, remoção e deposição.

A maior parte dos solos desenvolvidos nessas condições ambientais é espessa, bastante lixiviada e ácida. O conjunto dos processos mais atuantes na formação desses solos é comumente designado por *dessilicificação e bioturbação*. O primeiro caracteriza-se por uma intensa remoção de sílica e bases, com concentração residual de óxidos de ferro e alumínio; o segundo, pela intensa movimentação do material do solo por processos biológicos, principalmente de formigas e cupins. Por isso, em muitos dos solos não se nota o enriquecimento de argila do horizonte B por processos de iluviação.

Como muitas superfícies dos trópicos foram expostas ao intemperismo, à formação do solo e às erosões por muitas épocas geológicas, muitos solos se formaram de materiais quase sem minerais que contêm elementos essenciais para as plantas. Nas partes do relevo mais estáveis, esse estágio avançado de intemperismo produz solos ricos em óxidos de ferro e alumínio, e bastante lixiviados. Os solos apresentam cores avermelhadas ou amareladas, em consequência dos óxidos de ferro, e são normalmente profundos, com apenas alguns traços de minerais primários, facilmente intemperizáveis, ou com total ausência deles. As argilas são constituídas principalmente por partículas de caulinita, revestidas por películas de óxidos de ferro e/ou alumínio. Os solos apresentam carapaças ou concreções ferruginosas em alguns locais em que esses óxidos de ferro se movimentaram e se concentraram.

Segundo o WRB, seis grupos de solos são reconhecidos como predominantes nessas regiões, listados e resumidamente descritos a seguir.

Ferralsols

Os *Ferralsols* correspondem, quase totalmente, aos Latossolos da classificação de solos brasileira. Estendem-se por cerca de 750 milhões de hectares, quase todos nos trópicos úmidos, principalmente no Brasil (onde ocupam perto de 340 milhões de hectares), na África (especialmente no Congo, República Democrática do Congo, República Centro Africana, Angola, Guiné e parte leste de Madagascar) e ainda em algumas outras regiões do sudeste asiático.

Os perfis apresentam transição entre horizontes gradual ou difusa, e quase sempre a única diferença é um escurecimento do horizonte A, ocasionado pelo acúmulo de húmus advindo de uma intensa decomposição de restos vegetais. As argilas são predominantemente do tipo caulinita, revestidas por óxidos de ferro. As altas temperaturas e abundantes chuvas promoveram uma intensa intemperização dos mais variados tipos de rochas. O relevo é de superfícies relativamente estáveis, cuja posição dificulta a erosão, mas possibilita a intensa ação do clima por muito tempo.

Por causa do intenso intemperismo a que são submetidos, a maior parte dos *Ferralsols* são pobres em nutrientes vegetais. Quando em regiões tropicais permanentemente úmidas, costumam ostentar vegetação de densa floresta, mantida por uma quantidade mínima de nutrientes, rápida e periodicamente reciclada pela vegetação. Quando em regiões com longa estação seca, comumente estão sob vegetação pouco densa, com arbustos de tronco tortuoso, conhecida como cerrado ou savanas edáficas. Pela taxonomia de solos dos Estados Unidos, são conhecidos, em sua maioria, como *Oxisols*.

Tradicionalmente, os *Ferralsols* eram considerados solos problemáticos para a agricultura e somente usados para agricultura itinerante, pastoreio extensivo e agricultura de subsistência; hoje, muitos estão ocupados com lavouras extensivas, principalmente de cana-de-açúcar, café e uma grande variedade de grãos. São solos que requerem formas de manejo únicas e uma aplicação adequada dos resultados de pesquisas agronômicas, devido à baixa reserva de nutrientes, acidez, alta capacidade de fixação de fósforo e elevada permeabilidade. Com seus associados, *Lixisols*, *Acrisols* e *Nitisols*, constituem uma das últimas maiores reservas de terras não cultivadas e disponíveis para atender à constante demanda mundial por alimentos. Nos últimos 50 anos, tem ocorrido uma grande expansão no uso dos *Ferralsols* no Brasil Central, onde milhares de hectares, antes sob vegetação de cerrado, foram incorporados à agricultura altamente tecnificada para a produção de diversos cultivos como soja, milho, sorgo, algodão etc.

À esquerda: corte de estrada expõe a sequência de perfis de um *Acric Ferralsol* (Latossolo Vermelho Ácrico) e, à direita, *Petric Plinthosol* (Plintossolo Pétrico), ambos sob vegetação de cerrado. Uberaba, MG

A maior parte dos Ferralsols é conhecida por *Oxisols* pela taxonomia de solos dos Estados Unidos, e por *Latossolos*, pelo SiBCS.

Lixisols, Acrisols e Nitisols

Nesses grupamentos, encontram-se os solos bem intemperizados, com horizonte B e algum acúmulo de argila, isto é, partículas de argila que migram do horizonte A e depositam-se no B. Por essa razão, o horizonte apresenta mais comumente uma estrutura com agregados na forma de blocos revestidos por finas películas de argila, denominadas *cerosidade*. O horizonte A é menos argiloso do que o B, menos espesso e não tão intemperizado e lixiviado como os *Ferralsols* (Latossolos), com os quais ocorrem associados, frequentemente em paisagem com relevo mais movimentado e rejuvenescido.

Os *Lixisols* e *Acrisols* comumente apresentam um horizonte E com coloração mais clara do que o A ou o B. A principal distinção está no teor de nutrientes, maior nos primeiros do que nos segundos. Em termos globais, *Lixisols* ocupam aproximadamente 430 milhões de hectares e os *Acrisols*, um bilhão.

Perfil de *Acrisol* (Argissolo Vermelho-Amarelo)

Paisagem de relevo ondulado onde ocorrem os *Acrisols* (Argissolos). Valinhos, SP

Os Nitisols distinguem-se dos Lixisols e Acrisols pela inexpressiva migração de argila em profundidade e exibem agregados com faces muito nítidas e reluzentes. A maior parte dos Nitisols desenvolve-se a partir de rochas básicas (basaltos e diabásios) e são mais ricos em nutrientes do que os demais solos dos trópicos úmidos. Estendem-se por cerca de 200 milhões de hectares da superfície terrestre.

Retirada de amostras de solo, com perfurador mecanizado, em área de Nitosol (Nitossolo Vermelho) cultivado com cana-de-açúcar. North Queensland, Austrália

Segundo a taxonomia de solos dos Estados Unidos, conhece-se grande parte dos Lixisols, Acrisols e Nitisols como Alfisols, Ultisols e Oxisols (subgrupos kandic), respectivamente. No SiBCS, os equivalentes aproximados dos Lixisols e Acrisols são os Argissolos, e a maioria dos Nitisols correspondem aos nossos Nitossolos.

Alisols

Os Alisols compreendem solos ácidos, horizonte B de acúmulo de argila com atividade elevada (ou alta capacidade de troca), ao contrário dos demais desse grupo. Geralmente, são formados de sedimentos argilosos (argilito, por exemplo) e sua extensão mundial é relativamente pequena (cerca de 100 milhões de hectares). No Brasil, a maior parte corresponde a Argissolos de pequena expressão geográfica, que recebiam várias denominações, tais como Alissolos e Rubrozems. Por serem extremamente ácidos e de baixa fertilidade, necessitam do uso adequado de corretivos e fertilizantes para serem devidamente cultivados.

A maior parte dos Alisols equivale aos Ultisols da taxonomia de solos dos Estados Unidos e aos Argissolos (com argila de atividade alta e distróficos) do SiBCS.

Plinthosols

São solos que contêm óxidos de ferro concentrados na forma de nódulos, ou carapaças na forma de plintita e/ou petroplintita. A plintita normalmente é formada em condições de algum impedimento ao movimento da água gravitativa, geralmente em locais em que há grande oscilação do lençol freático, facilitando a solubilização (redução) e a segregação do ferro. A petroplintita forma-se por processos de endurecimento da plintita. Tais denominações substituíram a "laterita", uma vez que ela, muitas vezes, refere-se genericamente a quase todos os solos desenvolvidos nos trópicos úmidos.

A plintita é um material rico em óxidos de ferro e apresenta-se em camadas ou nódulos avermelhados. Quando expostos diretamente ao calor do sol, os óxidos endurecem irreversivelmente e podem ser usados como blocos para construção. Tal endurecimento pode ter ocorrido naturalmente, em locais que antes eram periodicamente úmidos e depois se tornaram mais secos; neste caso são chamados de *petroplintita*.

No mundo, a extensão de solos com plintita e/ou petroplintita é de aproximadamente 60 milhões de hectares. Os que possuem plintita macia são comuns no oeste da Amazônia, na parte central da bacia do rio Congo e no sudeste da Ásia. Extensas áreas de solos com petroplintita (plintita endurecida) ocorrem na região do Sudão (no Sahel) e, no Brasil, no Estado do Tocantins.

A maior parte dos *Plinthosols* na taxonomia de solos dos Estados Unidos equivale aos subgrupos *Plinthic* de várias ordens, principalmente *Oxisols*, *Ultisols* e *Alfisols* (por exemplo: *Plinthic Aquox*). No SiBCS, correlacionam-se com os nossos Plintossolos.

Torre de igreja construída com blocos de laterita (petroplintita) retirados de *Plinthosols* (Plintossolo Pétrico) e tijolos confeccionados com *Ferralsols* (Latossolos) argilosos (blocos menores), em Uberaba, MG

9.2 Grupos de solos condicionados por climas temperados úmidos, com intensa redistribuição de argilas (*Luvisols, Planosols, Albiluvisols* e *Umbrisols*) ou de húmus com ferro e/ou alumínio (*Podzols*)

A maior parte das regiões temperadas da Terrra esteve coberta por camadas de gelo durante os períodos glaciais do Quaternário. Portanto, nessas baixas latitudes os solos se originaram de depósitos relativamente recentes, formados durante o último período glacial ou rochas recém-expostas quando as geleiras se derreteram. Em contraste com os solos das regiões tropicais úmidas, desenvolveram-se sob florestas decíduas ou de coníferas, a partir um regolito pouco intemperizado e lixiviado. Eles apresentam cores dominantemente brunadas ou acinzentadas e uma intensa redistribuição, dos horizontes mais superficiais para os subsuperficiais, de argilas ou de compostos orgânicos ligados ao ferro e/ou alumínio.

Luvisols

São solos moderadamente rasos (50 a 100 cm de profundidade), típicos das regiões de transição entre florestas temperadas e pradarias, com horizonte superficial de coloração bruna (marrom), não muito escura. Apresentam um horizonte B de acúmulo de argilas de alta atividade (ou elevados valores de capacidade de troca), predominando o tipo 2:1, rico em cátions básicos. O horizonte A é normalmente pouco espesso. São os *Alfisols* da classificação americana.

Ocupam cerca de 500 milhões de hectares em relevo plano ou suavemente ondulado, em condições de clima temperado úmido, como na parte oeste e central da Rússia, Estados Unidos e Europa Central. Podem situar-se também em algumas regiões de clima quente, com alternância de estações secas no verão e úmidas no inverno, como, por exemplo, na orla do mar Mediterrâneo. Menos caracteristicamente, aparecem ainda entre o Uruguai e o Brasil, e no Nordeste brasileiro.

A maior parte dos *Luvisols* é conhecida como *Alfisols* pela taxonomia de solos dos Estados Unidos, e por Luvissolos, pelo SiBCS.

Planosols e Stagnosols

São solos que apresentam horizontes A e E de coloração clara, passando abruptamente para um horizonte B adensado, com

Na Alemanha (Bayreuth): em primeiro plano, *Luvisols* onde grãos de trigo foram recentemente colhidos e sua palha ceifada para formar rolos de feno; ao fundo, nas montanhas, *Cambisols*
Foto: A. Carias Frascoli.

quantidades de argila mais elevadas. Essa mudança de textura, logo acima do horizonte B, é causada por uma vigorosa remoção de argila dos horizontes A e E. Tal remoção (por vezes denominada *desargilização*) pode ser causada tanto pela eluviação da argila (de forma similar aos *Luvisols*), como por uma completa decomposição dessas partículas (advinda de conduções temporárias de excesso de água nessa parte do perfil). Os *Planosols* comumente apresentam-se saturados com água em algumas épocas do ano, ao passo que os *Stagnosols* apresentam um lençol freático permanentemente suspenso, logo acima do horizonte B, com mosqueamentos ou concreções nessa parte do perfil.

Os 300 milhões de hectares desses solos estão distribuídos em ambientes de climas diversos, mais comumente temperados ou subtropicais, com alternância de estações secas e úmidas e em condições de relevo plano ou com inclinações muito suaves.

Perfil de *Luvisol* (Luvissolo Crômico) (Cabrobró, PE)

Aspecto de caatinga do Nordeste do Brasil, onde são comuns *Luvisols* nas partes mais elevadas e *Planosols* (Planossolo Nátrico) associados a *Vertisols* (Vertissolos Crômicos) nas partes mais baixas do relevo

Formação e Conservação dos Solos

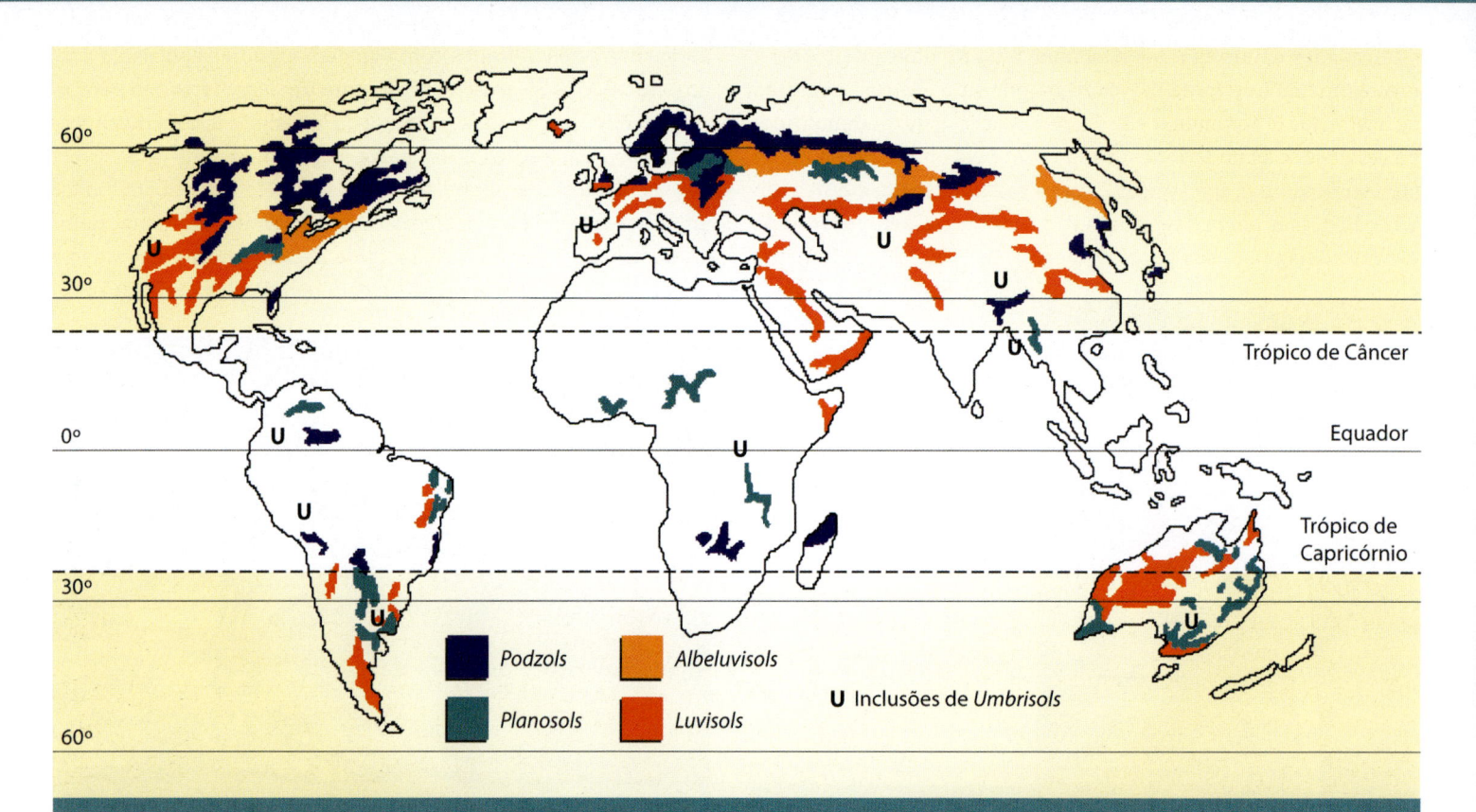

Distribuição global das áreas onde dominam grupos (segundo *WRB*) de solos bem desenvolvidos (ou "zonais"), formados principalmente sob condições de clima temperado úmido e subúmido (adaptado de FAO, 1998; e Driessen et al., 2001).

Legenda: *Podzols*; *Planosols*; *Albeluvisols*; *Luvisols*; **U** Inclusões de *Umbrisols*

Pela taxonomia de solos dos Estados Unidos, os *Planosols* e *Stagnosols* são conhecidos como *Alfisols* e *Ultisols* (grandes grupos *Albaqualf* e *Albaquult* para os primeiros e subgrupos *Epiaquic* para os segundos). No SiBCS ambos equivalem aos Planossolos.

Podzols

São solos com húmus ácido que sofreram intensa translocação de compostos de ferro, de alumínio e matéria orgânica acumulada no horizonte B. Da mesma forma que os *Argisols* e *Luvisols* (por isso, antes denominados "solos podzólicos"), possuem um horizonte subsuperficial de acumulação de produtos advindos dos horizontes A e E, dos quais diferem, porque seu horizonte B (iluvial) não se forma por um processo puramente físico de migração de argila, mas de uma dissolução química de compostos de ferro e húmus, nos horizontes A e E, translocação e posterior precipitação desses compostos no horizonte B. Este B, mais caracteristicamente situa-se abaixo de uma camada de cor desbotada (horizonte E), daí o termo *podzol*. No Brasil, são hoje denominados Espodossolos; e nos Estados Unidos, *Spodosols* (*spodos*, do grego = cinza de madeira).

O processo de migração de ferro e húmus é condicionado por climas frios e úmidos, vegetação de pinheiros (coníferas) e substrato arenoso. *Podzols* ocupam cerca de 480 milhões de hectares da superfície terrestre. Nos trópicos úmidos, eles se desenvolvem exclusivamente em materiais arenosos sob outras florestas

Paisagem montanhosa, em clima frio e vegetação de pinheiros com solos do grupo *Podzol*.
Ao fundo: montanhas com *Leptosols*, *Cryosols* e muitos afloramentos rochosos (Alberta, Canadá)

e também savanas (estima-se que existam cerca de 10 milhões de hectares desses solos em áreas tropicais).

Nas florestas de pinheiros, forma-se um horizonte O espesso, que produz um húmus muito ácido por sua decomposição, que se processa mais pela ação de fungos do que por bactérias. As soluções organoácidas resultantes dissolvem e translocam o ferro e o alumínio na forma de complexos químicos. Com isso descoloram o local de onde são mais removidos, tornando-se um esmaecido horizonte E. Os complexos químicos cimentam e escurecem a

Perfil de um *Podzol* (Espodossolo). Carolina do Norte, EUA

Em alguns aspectos, podem ser considerados intermediários entre *Podzols* e *Luvisols*. Na Rússia, Polônia e Canadá, ocorrem entre faixas com predomínio desses dois grupos ou situam-se ao sul dos *Cryosols*, onde prepondera a vegetação de tundra. No Brasil, a ocorrência desses solos é muito rara.

Umbrisols

São solos com horizonte A espesso, escuro e, na maior parte dos casos, ácido e pobre em cátions básicos. São encontrados em locais bem drenados (não encharcados) de regiões montanhosas e de clima temperado sem estação seca pronunciada. Sua extensão geográfica é relativamente pequena (cerca de 100 milhões de hectares em todo o mundo) e são comuns em algumas regiões andinas (Colômbia e Equador) e no bordo de cordilheiras como das Montanhas Rochosas, nos EUA, e do Himalaia, na Ásia.

No Brasil situam-se em algumas áreas mais elevadas da Serra do Mar e Planalto rio-grandense, onde recebem várias denominações, como *Cambissolos Húmicos* e *Nitossolos Húmicos*.

parte inferior do solo em que se precipitam, formando o horizonte B podzol de acúmulo de húmus e sesquióxidos de ferro alumínio (Bsh ou B espódico).

Albiluvisols

São solos caracterizados por um horizonte E, de cor clara, e empobrecido em argila e em ferro, que se sobrepõe a um horizonte de acúmulo de argila, com o qual interpenetra algumas partes. Esses solos estendem-se por cerca de 300 milhões de hectares situados na Europa, Norte da Ásia e Ásia Central.

9.3 Solos com horizonte superficial escuro, espesso e rico em cátions básicos, característicos das pradarias e estepes (*Chernozems, Kastanozems* e *Phaeozems*).

A zona das estepes e pradarias situa-se nas faixas de altas latitudes, entre regiões de clima árido e úmido temperado. A última era glacial desempenhou importante papel na formação dos

Solos do Mundo

solos dessas regiões. Os glaciares, ao avançarem, empurravam grande quantidade de rocha finamente moída; esse material, denominado *loess*, foi arrastado pelos ventos no fim da era do gelo, depositando-se em camadas siltosas nas grandes planícies. Uma parte expressiva dos solos desenvolveu-se sobre esse *loess* e sob as gramíneas.

Nessa zona, a quantidade de chuva relativamente baixa concentra-se na primavera, logo após o derretimento da neve acumulada no inverno. Os verões são curtos e secos, de forma que a água é retida pelo solo em condições que só permitem o crescimento de vegetais rasteiros, anualmente renovados, como as gramíneas. A umidade que o solo retém é suficiente para permitir um bom crescimento desses prados de gramíneas, mas não a ponto de ocasionar a lixiviação dos cátions básicos pela água gravitativa do solo. Nessas condições, são formados solos pouco profundos (geralmente não ultrapassam 1 m), não muito intemperizados e, como característica marcante, um horizonte A escuro, espesso (mais de 30 cm), rico em matéria orgânica, silte e cálcio. Esse horizonte tem uma estrutura com agregados granulares e macios, mesmo quando secos.

Paisagem de *Chernosols*. Parte do campo cultivado com trigo tem faixas recém-aradas, onde pode ser observada a coloração escura característica desses solos. Alberta, Canadá

Perfil de um *Chernosol*

Formação e Conservação dos Solos

A vegetação natural de folhas estreitas (gramíneas em sua maioria) pode ter altura e densidade variadas, e recebe nomes como *pradarias* (*prairie*) *campos* ou *estepes*. Ela tem um sistema radicular numeroso, que adiciona às camadas mais superficiais do solo quantidades relativamente grandes de matéria orgânica, a principal responsável pela coloração escura do horizonte A.

Quanto ao relevo, ocorrem em paisagens com formas variadas, predominando as colinas baixas e as superfícies quase planas, ligeiramente elevadas. São considerados os melhores solos do mundo para a agricultura, por causa da alta fertilidade natural e da facilidade de cultivo. Grandes áreas são encontradas no Meio-Oeste dos Estados Unidos da América (incluindo o famoso "corn belt" ou "cinturão do milho"), Sul e Sudoeste da Federação Russa, Cazaquistão, Mongólia e Norte da China, nos pampas da Argentina e do Uruguai.

Chernozems

Comumente, que ocorrem nos prados mais frios, de transição para florestas tipo taiga (onde predominam pequenos pinheiros), com horizontes escuros (A chernozêmico) mais espessos e, a cerca de 1 m de profundidade, uma camada com acúmulo de finas partículas de carbonato de cálcio. Cobrem cerca de 230 milhões de hectares da superfície terrestre. Pedólogos russos consideram os *Chernozems* os melhores solos do mundo. Na Eurásia (Europa + Ásia), cerca de metade desses solos ainda não foi aproveitada para a agricultura (perto de 120 milhões de hectares), principalmente mais ao norte, de clima mais frio, que diminui o tempo possível para o crescimento dos cultivos. Portanto, não é possível cultivar cereais como o milho, mas apenas aqueles mais adaptados ao frio, como trigo, centeio e cevada.

Kastanozems

Ocupam cerca de 465 milhões de hectares da superfície terrestre, nas áreas mais secas e quentes das pradarias e, por isso, apresentam vegetação mais baixa e rala. O horizonte A chernozêmico é menos espesso (em torno de 30 cm), abaixo do qual, e a menos de um metro de profundidade, encontra-se uma camada de acúmulo de carbonato e/ou sulfato de cálcio. Os *Kastanozems* são solos bastante ricos em nutrientes, mas a escassez periódica de chuvas constitui o maior obstáculo para a obtenção de boas colheitas. Para isso, na maior parte dos casos, é necessário o uso de irrigação, o que implica riscos de degradação pela salinização.

Phaeozems

São os que ocorrem nas áreas mais quentes e úmidas das pradarias. Em consequência, a intemperização e a lixiviação são um pouco mais intensas, sem camadas de deposição de carbonato de cálcio. Ocupam cerca de 190 milhões de hectares no mundo, e são solos bastante porosos, naturalmente férteis e normalmente considerados "terras de primeira" para lavouras intensivas. Nos Estados Unidos da América e na Argentina, muitas áreas desses solos são usadas para o cultivo de soja em rotação com trigo.

Solos do Mundo

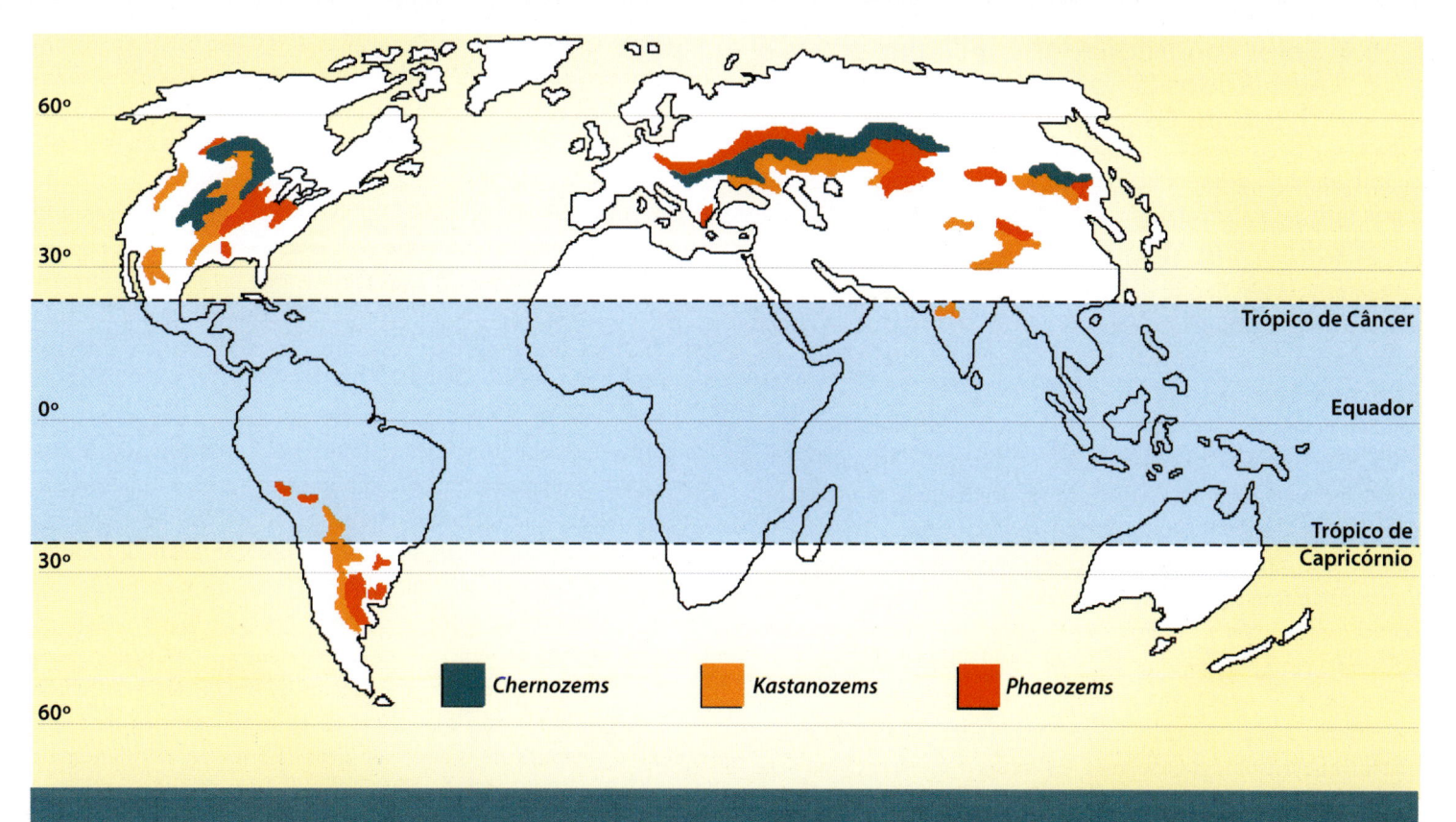

Distribuição global das áreas onde dominam grupos (segundo *WRB*) de solos bem desenvolvidos (ou "zonais"), formados principalmente sob condições de vegetação de estepes e pradarias (adaptado de FAO, 1998; e Driessen et al., 2001)

9.4 Solos condicionados por climas áridos e semiáridos (*Solonchacks, Solonetz, Gypsisols, Calcisols* e *Durisols*)

As regiões áridas cobrem perto de um quarto da superfície do globo terrestre não permanentemente coberto de gelo. As maiores áreas situam-se no deserto do Saara, do Kalahari, da Namíbia, da península arábica, Ásia central, Austrália, parte central e oeste dos EUA e sudoeste da América do Sul. As regiões semiáridas são de transição entre esses desertos, onde o clima é pouco menos seco, como, por exemplo, o Sahel (ao sul do Saara), e o polígono das secas do Nordeste brasileiro.

Nessas regiões, o intemperismo físico domina sobre o químico, com intensos processos erosivos, causados principalmente pelos ventos, e também erosões provocadas pela água durante eventuais e curtos períodos de intensas chuvas. A evaporação excede em muito a precipitação pluviométrica, de forma que quase nenhuma água percola através do solo. Assim, essa evaporação provoca a precipitação e a acumulação de carbonatos, sulfatos e cloretos, tanto no corpo do solo quanto na superfície. A vegetação é constituída principalmente de cactos e arbustos espinhosos que crescem muito espaçadamente, devido à grande concorrência pela água do solo. Os fortes ventos, o clima seco e a escassa vegetação fazem com que as partículas mais finas do solo sejam arrastadas até que pedras, mais pesadas, se acumulem para proteger o material abaixo e algum solo possa se desenvolver. Muitas vezes, as argilas e os siltes, ricos em minerais primários facilmente alteráveis, são levados para os oceanos ou para regiões mais úmidas, ajudando a suprir muitos ecossistemas com nutrientes minerais, inclusive da Amazônia, que frequentemente recebe algumas poeiras do deserto do Saara. As areias acumulam-se em dunas, por vezes em contínua movimentação. Quando essas dunas se estabilizam, forma-se um solo com um delgado horizonte A que se sobrepõe diretamente às areias (horizonte C arenoso). Sais de cálcio e sódio comumente se acumulam como resultado de pouca chuva e limitada lixiviação.

Os solos que têm sua formação condicionada por esses tipos de clima, comumente apresentam um horizonte superficial arenoso, pouco espesso e recoberto por muitas pedras e cascalhos que formam o chamado pavimento desértico. Sob esse delgado horizonte, é comum a presença de um horizonte B com acúmulo de sais pouco solúveis, tais como o sulfato e o carbonato de cálcio. Essa camada é tanto menos profunda quanto maior a escassez de chuvas.

Dos 53 milhões de km^2 desérticos da Terra, somente cerca de 2 a 3 milhões são ocupados pelos cinco grupos de referência: o restante dessas áreas áridas compreende principalmente *Arenosols* (cerca de oito milhões de km^2) e outros solos, relativamente pouco desenvolvidos, como *Fluvisols*, *Leptosols*, *Regosols* e *Cambisols*, e áreas sem solos (dunas movediças, afloramentos rochosos).

Solonchaks e Solonetz

São solos com uma concentração muito alta de sais mais solúveis do que os carbonatos e os sulfatos, e com a presença de cloreto de sódio cristalizado (semelhante ao "sal grosso"). Eles ocorrem principalmente nos locais mais baixos do relevo. Durante as chuvas que caem em alguns meses do ano, os locais menos elevados da paisagem recebem eventualmente a água que escoa dos declives adjacentes. Essa água traz em solução sais minerais e evapora-se rapidamente antes de infiltrar-se totalmente, então, cada vez que esse processo é repetido, há um pequeno acúmulo de sais no horizonte superficial que, com o passar do tempo, provoca a salinização do solo.

Em áreas irrigadas, a salinização do horizonte superficial do solo pode ocorrer devido à falta de drenagem adequada. Neste caso, os sais distribuídos nos horizontes mais profundos são trazidos para a superfície, pelo movimento ascendente da água capilar ou do lençol freático, que sobe devido à água adicionada com a irrigação. Processo semelhante pode ocorrer quando se usa inadequadamente a água salobra para irrigar as plantações.

A vegetação nesses solos é bastante escassa, porque poucas plantas conseguem sobreviver em altas concentrações salinas. Para o seu aproveitamento na agricultura, é necessário lavá-los antes com água de boa qualidade, por meio de práticas de irrigação e drenagem devidamente planejadas. Quando existe excesso de sódio trocável, o solo pode se tornar pouco permeável à água, devido à dispersão das argilas, e será necessária uma aplicação de gesso moído (sulfato de cálcio) para flocular os coloides do solo e torná-lo mais permeável, para possibilitar a lavagem e a correção dessa anomalia.

Existem vários tipos de solos salinos: os que possuem sais perto da superfície, que chegam a formar crostas, são denominados *Solonchak*. O Solonetz possui altos teores de sódio trocável, principalmente no horizonte B, cuja característica é o aspecto colunar da estrutura. Quando o processo de salinização acontece pela adição de água do mar, eles costumam ser denominados "solos salinos costeiros" das zonas mais baixas e inundáveis pelas marés altas.

Área ligeiramente rebaixada onde ocorrem *Solonchaks*. A vegetação quase inexiste, devido aos conteúdos elevados de sais precipitados na superfície (planície do rio Indo, Índia)

Formação e Conservação dos Solos

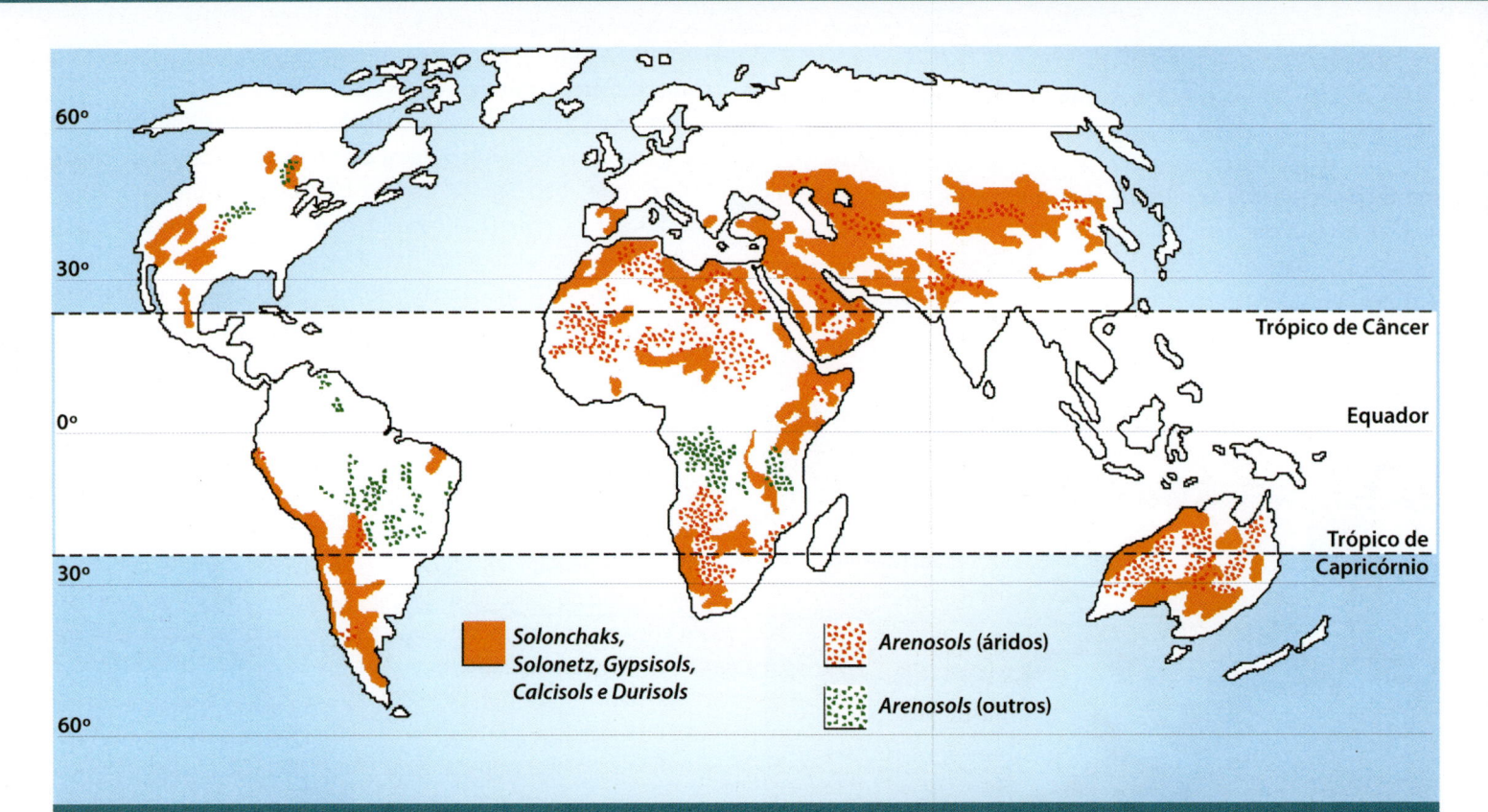

Distribuição global das áreas onde dominam *Arenosols* e os quatro grupos (segundo *WRB*) de solos bem desenvolvidos (ou "zonais"), formados principalmente sob condições de climas áridos e semiáridos (adaptado de FAO, 1998; e Driessen et al., 2001)

Solos do Mundo

Perfil de *Solonetz* (salienta-se a estrutura do horizonte B, formado por agregados colunares)

No Brasil, os poucos *Solonchaks* e *Solonetz* que existem, em sua maioria, são classificados como *Gleissolos Sálicos* e *Planossolos Nátricos*. Eles aparecem principalmente no Nordeste semiárido e em áreas costeiras de mangues.

Gypsisols, Calcisols e Durisols

São solos com um horizonte subsuperficial com acúmulo substancial de sulfato de cálcio ou gesso, os *Gypsisols*; com carbonato de cálcio, os *Calcisols*; ou com sílica, os *Durisols*. Eles são encontrados nas regiões de chuvas mais escassas e evaporação mais intensa, considerados típicos "solos desérticos".

Paisagem em região desértica, no centro da Austrália, onde, em torno de inselbergue, ocorrem *Durisols, Calcisols* e *Arenosols*

As maiores ocorrências dos *Gypsisols* estão nos desertos próximos da Mesopotâmia (Síria, Iraque e Irã); entre os mares Cáspio e Aral; nos desertos da Líbia, Namíbia; e na Austrália Central. Surgiram sérios problemas ambientais em áreas relativamente extensas desses solos situados na Geórgia, sudeste da Rússia, e Uzbequistão (planícies próximas do mar Negro, Cáspio e Aral) pelo uso indevido dessas terras com agricultura irrigada malconduzida.

Formação e Conservação dos Solos

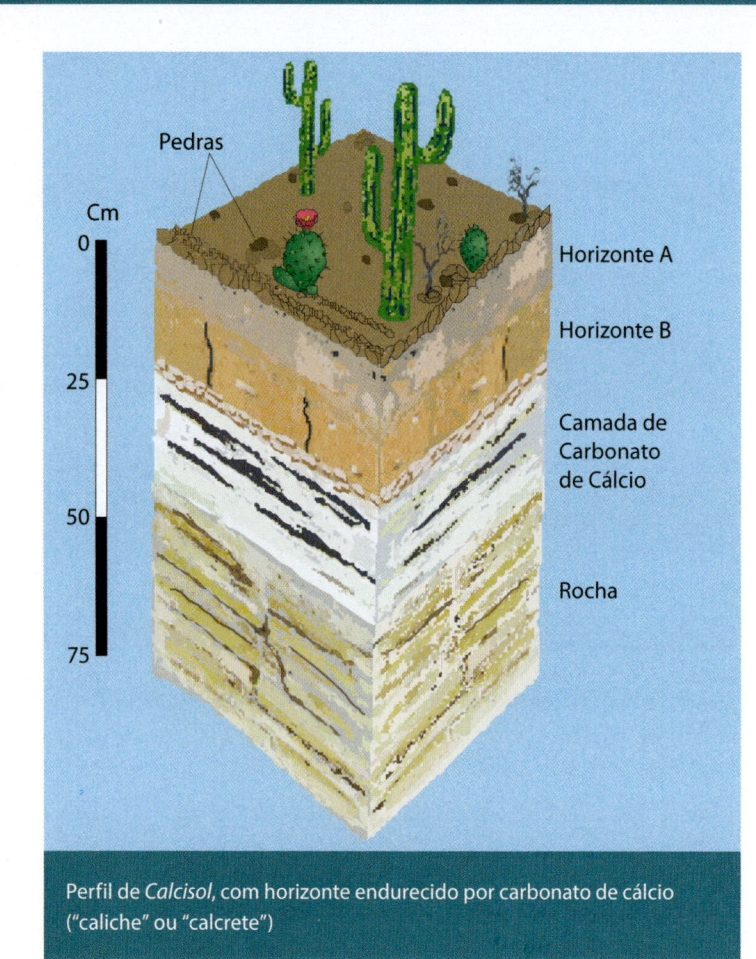

Perfil de *Calcisol*, com horizonte endurecido por carbonato de cálcio ("caliche" ou "calcrete")

Os *Calcisols* desenvolvem-se em regiões desérticas, com rochas ricas em calcário, e muitos são comumente denominados "solos vermelhos desérticos". Podem apresentar uma camada de "caliche", que é constituída de carbonatos muito endurecidos. Os *Durisols* são frequentemente associados a outros solos de regiões desérticas, especialmente os *Calcisols* e os *Gypsisols*, com um horizonte subsuperficial endurecido por causa da cimentação com sílica amorfa. Tais horizontes são comumente chamados de silcretes ou duripãs. O uso agrícola desses solos é limitado a pastagens, uma vez que as camadas endurecidas pela sílica impedem a penetração de raízes de plantas cultivadas.

9.5 Solos minerais de climas frígidos (*Cryosols*)

Os *Cryosols* ocupam as terras que cercam o oceano Ártico e as partes altas mais meridionais da América do Sul, com cerca de 180 milhões de km², e variações estacionais extremas, com a tundra de vegetação característica. Não apresentam árvores, apenas liquens, musgos, ervas diversas e pequenos arbustos. A temperatura do mês mais quente normalmente é inferior a 10°C e, com o degelo, a superfície torna-se alagadiça e algumas vezes inundada.

Os solos são bastante afetados por essas condições de extremo frio e muito gelo, resultando em sinais de movimentação contínua da massa do solo pela ação repetida de congelamento e descongelamento (*crioturbação*). O intemperismo e o desenvolvimento dos perfis são mínimos, porque, em grande parte do ano,

Solos do Mundo

todo o solo permanece congelado e recoberto por uma camada de neve. Também é comum, a uma profundidade de alguns centímetros, o aparecimento de uma camada denominada *permafrost*, que significa "gelo permanente" (sempre a temperaturas abaixo de zero). A maior parte da vegetação morre no inverno, e seus restos acumulam-se na superfície, onde se decompõem lentamente, em consequência tanto das baixas temperaturas quanto do excesso de água do degelo. Por essa razão, a camada mais superficial desses solos é bastante escura e rica em restos vegetais em decomposição.

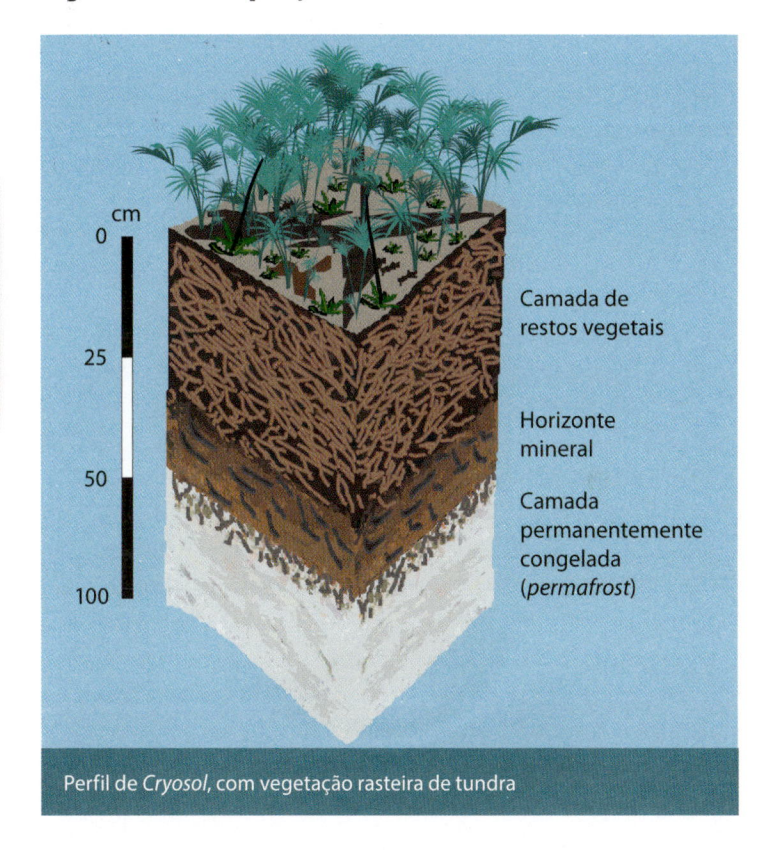

Paisagem onde ocorrem *Cryosols* sob vegetação de Tundra, em Bathurst, NW Territories, Canadá; e detalhe da vegetação

Perfil de *Cryosol*, com vegetação rasteira de tundra

- Camada de restos vegetais
- Horizonte mineral
- Camada permanentemente congelada (*permafrost*)

Quando situados em locais com um período de degelo mais longo, os restos vegetais acumulam-se em espessas camadas, formando os "solos orgânicos das regiões frias" (*Histosols*). Não há nenhum aproveitamento dessas terras para a agricultura, e algumas áreas são usadas como pastagens nômades de renas. A região é importante para muitas formas de vida silvestre: caribus e alces emigram das florestas de pinheiros da zona fria, e muitos pássaros migratórios se reproduzem durante o verão. Segundo a taxonomia dos EUA, correlacionam-se com os *Gelisols*.

9.6 Solos Minerais condicionados por formas especiais de relevo e/ou idade limitada (*Fluvisols, Gleysols, Leptosols, Regosols* e *Cambisols*)

São solos imaturos ou pouco evoluídos. Em sua maior parte, correspondem aos antes denominados *intrazonais* e *azonais*. Considera-se que não estão em equilíbrio com as condições climáticas, porque refletem a influência maior de outro fator ou tempo insuficiente para seu completo desenvolvimento. Em fase inicial de formação, não contêm horizontes pedogenéticos bem definidos. É um agrupamento que reúne solos situados nas posições mais baixas da paisagem, associadas a inundações ou prolongado encharcamento e também se situam em áreas muito elevadas ou terrenos acidentados, onde a formação do solo é contida por temperaturas muito baixas ou erosão acelerada.

Fluvisols

São solos pouco desenvolvidos, originados de sedimentos recentemente depositados pelos rios durante as enchentes. Apresentam um horizonte A, assentado diretamente sobre o C, sem indícios de formação de um horizonte B, ou mesmo de cores avermelhadas ou acinzentadas, causadas pela alteração dos compostos de ferro por processos de oxidação ou redução, respectivamente. Esse horizonte C é composto de camadas ou

Fluvisols (Neossolos Flúvicos) em planície aluvial entre montanhas andinas (Vale do rio Orubauba, Peru)

Solos do Mundo

extratos das deposições pouco alteradas de sedimentos com partículas de vários tamanhos, desde argilas até seixos, trazidos pelos rios e sucessivamente depositados perto de suas margens.

Ao longo dos principais rios do mundo, existem solos desenvolvidos nos chamados depósitos fluviais. Em muitos casos, esses solos não estão sujeitos a inundações ocasionais e, geralmente, em regiões semiáridas, são extremamente férteis, podendo sustentar uma agricultura intensiva, de alta produtividade desde que convenientemente irrigados. Foi justamente nas proximidades dos férteis *Fluvisols*, ao longo dos rios Nilo, Tigre, Eufrates e Ganges, que as primeiras grandes civilizações se desenvolveram.

Na classificação brasileira, os *Fluvisols* correspondem aos Neossolos Flúvicos, definidos como aqueles que têm horizonte A diretamente sobre o horizonte C, constituído de camadas estratificadas e sem relação pedogenética entre si.

Perfil de *Fluvisol* (Neossolo Flúvico) mostra horizonte formado por camadas estratificadas depositadas pelas águas dos rios

Área de *Fluvisols* (Neossolos Flúvicos) intensamente cultivada com milho irrigado, no Vale do São Francisco, BA
Foto: G. C. Vitti.

Gleysols

São solos desenvolvidos em materiais inconsolidados (sedimentos ou saprolito) e muito influenciados por ocorrências de encharcamento prolongado. Tais condições são normalmente ocasionadas por um lençol freático próximo à superfície, durante alguns meses do ano, o que deixa os poros saturados com água por muito tempo. Essa saturação, na presença de matéria orgânica, diminui o oxigênio dissolvido e provoca a redução química e a dissolução dos óxidos de ferro, que são transformados e parcialmente removidos, o que provoca cores cinzentas no horizonte subsuperficial. Se alguma oxidação acontecer, por exemplo, em fissuras ou pequenos orifícios deixados por raízes ou vermes e por onde o ar pode penetrar, aparecem pequenas manchas cor de ferrugem denominadas "mosqueados".

Ocorrem normalmente em regiões com clima permanentemente úmido, tanto em planícies ribeirinhas como na parte

Área de *Gleysols* (Gleissolos) preparada para plantio de arroz irrigado por inundação periódica de "tabuleiros", em Mococa, SP

Perfil de *Gleysol* (Gleissolo)

inferior das encostas. Pela classificação brasileira, a maior parte corresponde à ordem dos Gleissolos (exceto os salinos ou "sálicos"). A fertilidade natural dos Gleissolos é bastante variada. Boa parte presta-se à agricultura, mas só depois que o excesso de água for devidamente eliminado com canais de drenagem e a acidez for corrigida com calcário. Algumas vezes, formam depósitos argilosos cinzentos, usados como matéria-prima em indústrias de cerâmica (tijolos, telhas etc.).

Leptosols e Regosols

São solos pouco desenvolvidos, com apenas um horizonte A diretamente assentado sobre rocha consolidada ou sobre seu saprolito (horizonte C), portanto, sem o horizonte B. O fato de não terem este horizonte se justifica porque são jovens, ainda em fase inicial de formação, ou porque se desenvolvem de uma rocha que apresenta muita resistência à decomposição, dificultando o aprofundamento do perfil. Estão quase sempre em um relevo com encostas íngremes, nos quais a velocidade da erosão é igual ou maior à velocidade de transformação da rocha em solo.

O *Leptosol* é muito delgado, com um horizonte A de espessura inferior a 30 cm, assentado diretamente sobre a rocha consolidada. Entre os horizontes A e R pode existir um C, mas somente com poucos centímetros. Em geral, ocorrem em rampas muito inclinadas, áreas de relevo montanhoso, e ao lado de afloramentos rochosos.

Paisagem de *Leptosols* (Neossolos Litólicos) sobre rochas basálticas, no Sul do Brasil Detalhe: Perfil de *Leptosol* (Neossolo Litólico)

Formação e Conservação dos Solos

O *Regosol* está em início de formação sobre mantos de intemperização, ou saprolitos uniformes, brandos, com alguns minerais facilmente intemperizáveis na fração areia. Na sequência de horizontes, tem-se A-C: o horizonte A é relativamente delgado e o C não é arenoso ou composto de materiais depositados pelos rios. São comuns em áreas montanhosas ou de clima árido ou semiárido; a vegetação é variada, de campos com arbustos esparsos a floresta.

Os processos de formação têm efeito muito limitado nesses solos. A maior parte deles está em condições que retardam o desenvolvimento pedogenético, devido a pouca água que se infiltra no perfil e à sua ocorrência predominante em climas quentes e semiáridos, ou em declives acentuados de áreas montanhosas. Segundo a classificação brasileira, os *Leptosols* e os *Regosols* enquadram-se na ordem dos Neossolos, pertencendo os primeiros à subordem dos Neossolos Litólicos e os segundos, à dos Neossolos Regolíticos.

Cambisols

Neste grupo estão os solos por vezes referidos como "embriônicos", com um desenvolvimento de feições (ou horizontes) muito fraco ou moderado, em comparação aos solos bem desenvolvidos (ou "zonais") que estão mais próximos. Como são encontrados nas mais diversas condições de clima, relevo e vegetação variam muito de um local para outro, e muitas vezes são considerados intermediários entre *Leptosols* e os solos bem desenvolvidos mais característicos da zona climática em que se localizam.

São constituídos predominantemente por materiais minerais com um ou mais horizonte superficial (A, O ou H), que se assenta diretamente sob um horizonte subsuperficial designado pela FAO/UNESCO como "B câmbico" (no Brasil, "B incipiente"). Esse horizonte está, supostamente, em uma fase de desenvolvimento e, com o tempo, pode transformar-se em outro, mais característico de solo bem desenvolvido. A fase inicial de desen-

Perfil de *Regosol* (Neossolo Regolítico)

volvimento é indicada por diferenças sutis em sua cor, textura ou estrutura em relação ao horizonte C subjacente.

9.7 Grupos de solos condicionalmente formados em materiais de origem especiais (*Histosols, Anthrosols, Technosols, Andosols, Arenosols* e *Vertisols*)

Incluem-se diversos solos que se formam sob pronunciada influência de determinados materiais de origem, que condicionaram mais suas características do que qualquer outro fator. Em ambientes climáticos e de vegetação muito variados, alguns se desenvolvem em espessas camadas orgânicas (turfeiras), enquanto outros, em materiais manuseados e depositados pelo homem. Alguns são escuros por estarem em regiões onde existem muitas cinzas de vulcões; outros estão sobre materiais soltos, praticamente inertes e arenosos, contrastando com aqueles desenvolvidos em materiais com elevadas quantidades de argilas expansivas.

Histosols

São definidos como solos que possuem horizontes essencialmente orgânicos e espessos (somam uma espessura de mais de 40 cm, todos com mais de 20% de matéria orgânica). Eles são escuros, friáveis, de baixa densidade e frequentemente se encontram encharcados. Os materiais com que se desenvolvem são as turfas. Esse retardamento de decomposição de restos orgânicos (folhas, raízes, galhos etc.) pode acontecer tanto em regiões onde a temperatura é muito baixa, como em locais com excesso de umidade e condições anaeróbicas (pouco oxigênio), caso de pântanos e algumas lagoas rasas.

Em algumas partes do mundo, o material orgânico desses solos é usado como combustível e, em outras, para cultivos hortícolas. De qualquer modo, eles precisam ser drenados para que deixem de ser encharcados com o rebaixamento do nível freático, o pode induzir a um aumento da taxa de decomposição da matéria orgânica, e provocar uma gradual redução da espessura do solo.

Segundo a classificação brasileira, os *Histosols* são enquadrados na ordem dos Organossolos, antes denominados "Solos Orgânicos". Na taxonomia americana têm nome idêntico (*Histosols*).

Anthrosols

São solos com muitas evidências de modificações profundas, provocadas por atividades humanas. Resultam do amontoamento, sobre outros solos, de materiais trazidos pelo homem, muitas vezes, adicionados durante centenas de anos, como restos orgânicos de estábulos (esterco misturado com feno), ou água de sistemas de irrigação por inundação, em áreas periodicamente alagadas por muito tempo, como nos terraços para cultivos de arroz na Ásia. Geralmente, essas modificações restringem-se à porção mais superficial do perfil (até 1 m).

Formação e Conservação dos Solos

Esquema de formação de *Histosols* (Organossolos): uma depressão do terreno é gradualmente preenchida, porque os restos orgânicos, sempre encharcados, decompõem-se muito lentamente

Perfil de *Histosol* (Organossolo) próximo ao local onde aflora um nível freático da água subterrânea

No norte da Europa (principalmente Bélgica, Holanda e Alemanha), existem cerca de 500.000 hectares com solos de horizonte superficial, com 50 a 100 cm de espessura, formado pelas contínuas adições, desde a Idade Média, de esterco misturado com restos de palha de cocheiras. No Brasil, existem alguns *Anthrosols* conhecidos como "terra preta de índio", por apresentar espesso e escuro horizonte superficial (denominado A antrópico, pela classificação brasileira), nos quais são comuns fragmentos de cerâmica e outros artefatos indígenas. Esses solos formaram-se em locais onde foram incorporadas grandes quantidades de restos orgânicos (principalmente peixes) perto de antigas aldeias indígenas. Segundo a taxonomia dos EUA, alguns se enquadram como *Entisols* (subordem *Anthrepts*) e outros em vários subgrupos e grandes grupos com prefixos *Plaggic*.

Technosols

É um novo grupo de solos, cujas propriedades são dominadas por materiais oriundos da tecnologia humana moderna ou outras influências profundas, como transporte. Em sua maior parte, referem-se a materiais de origem urbana ou industrial, tais como aterros sanitários, rejeitos de mineração, pavimentações (asfaltos e concretos) e solos propositadamente construídos em materiais sintetizados ou muito modificados pelo homem moderno. Eles contêm quantidades significativas de objetos manufaturados pelo homem ou trazidos à superfície quando retirados de uma profundidade em que não eram afetados por processos de formação dos solos.

Technosols são encontrados principalmente em áreas urbanizadas, industriais ou de mineração. Normalmente, são mais suscetíveis a contaminações do que outros solos. Muitos têm de ser tratados com extremo cuidado, por conterem substâncias tóxicas, resultantes de processos industriais, como as que incluem metais pesados. Segundo a taxonomia dos EUA, enquadram-se como *Entisols* (subordens *Urbents* e *Garbents*).

Andosols

São solos pouco desenvolvidos, com um horizonte A escuro sobre um horizonte C ou B em início de formação (B incipiente), a partir de cinzas vulcânicas ou materiais piroclásticos similares, que geralmente são depositados em camadas e correspondem a sucessivos episódios de erupções de vulcões próximos.

Compreendem cerca de 100 milhões de hectares, concentrados nas montanhas que circundam o oceano Pacífico: oeste das Américas (Cordilheira dos Andes e Montanhas Rochosas); leste da Ásia e Oceania (principalmente Japão, Indonésia e Nova Zelândia). Apesar de constituírem apenas cerca de 3% dessas regiões montanhosas, têm grande importância econômica, uma vez que possuem propriedades especiais que os distinguem de todos os outros solos. O material poroso ejetado e depositado dos vulcões se intemperiza rapidamente, e forma complexos minerais amorfos que dão ao solo uma cor escurecida, alta porosidade

No Japão: ao redor do Monte Fuji, existem *Andosols* desenvolvidos em cinzas depositadas durante suas erupções

e friabilidade. Os agregados são muito estáveis, o que proporciona elevada permeabilidade e resistência à erosão hídrica. Esses solos têm alta capacidade de reter umidade e são ricos em nutrientes e, por isso, muito procurados para a agricultura, apesar das limitações dos declives muito pronunciados.

Arenosols

São solos com textura arenosa, com espessuras superiores a 1 m, e com grãos de areia constituídos essencialmente de quartzo, um mineral praticamente inerte e muito resistente ao intemperismo.

Nas regiões dos desertos, ou próximas ao mar, eles estão associados às dunas de areia. Evidentemente, a formação de solo sobre as dunas é nula, até que surja algum tipo de vegetação que consiga mantê-las no lugar. Em regiões tropicais úmidas, os *Arenosols* podem até suportar vegetação do tipo florestas ou cerrado, apesar de estarem sujeitos a processos intensivos de lavagem.

Segundo a taxonomia dos EUA, a maioria enquadra-se como *Entisols* (subordem *Psaments*). Pelo SiBCs, os *Arenosols* enquadram-se na subordem dos Neossolos Quartzarênicos, antes conhecidos como Areias Quartzosas.

Ao lado: paisagem com afloramentos rochosos, praias e *Arenosols* desenvolvidos de dunas (Neossolo Quartzarênico, em primeiro plano), Itacoatiara, RJ.
A direita: perfil de *Arenosol* (Neossolo Quartzarênico) desenvolvido em dunas idênticas
Foto: Pablo Vidal-Torrado.

Solos do Mundo

Vertisols

São solos normalmente cinza-escuros, com elevado conteúdo de argilas expansivas (do tipo 2:1, ou montmorilonitas), que se expandem acentuadamente com a umidade e se contraem com a secura. Desenvolvem-se em sedimentos finos (argilitos, por exemplo), que contêm grandes quantidades dessas argilas ou de produtos de decomposição de rochas que também produzem argilas semelhantes.

Situam-se em baixadas planas ou na parte inferior quase plana de encostas, têm uma superfície irregular, em forma de uma série de montículos denominados, em seu conjunto, microrrelevo *gilgai*. Em consequência do alto grau de contração das argilas durante a estação seca, apresentam grande quantidade de fendas, que podem atingir de 10 a 20 cm de largura e estender-se verticalmente por até mais de 50 cm. Na estação seca, quando as fendas estão abertas, o material mais solto da superfície cai no seu interior. Na estação chuvosa, o solo se expande tendendo a fechar as fendas. Contudo, como elas estão parcialmente preenchidas, o solo "se estufa" formando os montículos característicos.

Os fenômenos de expansão e contração fazem com que os *Vertisols* estejam sempre em movimentação (ou invertendo-se).

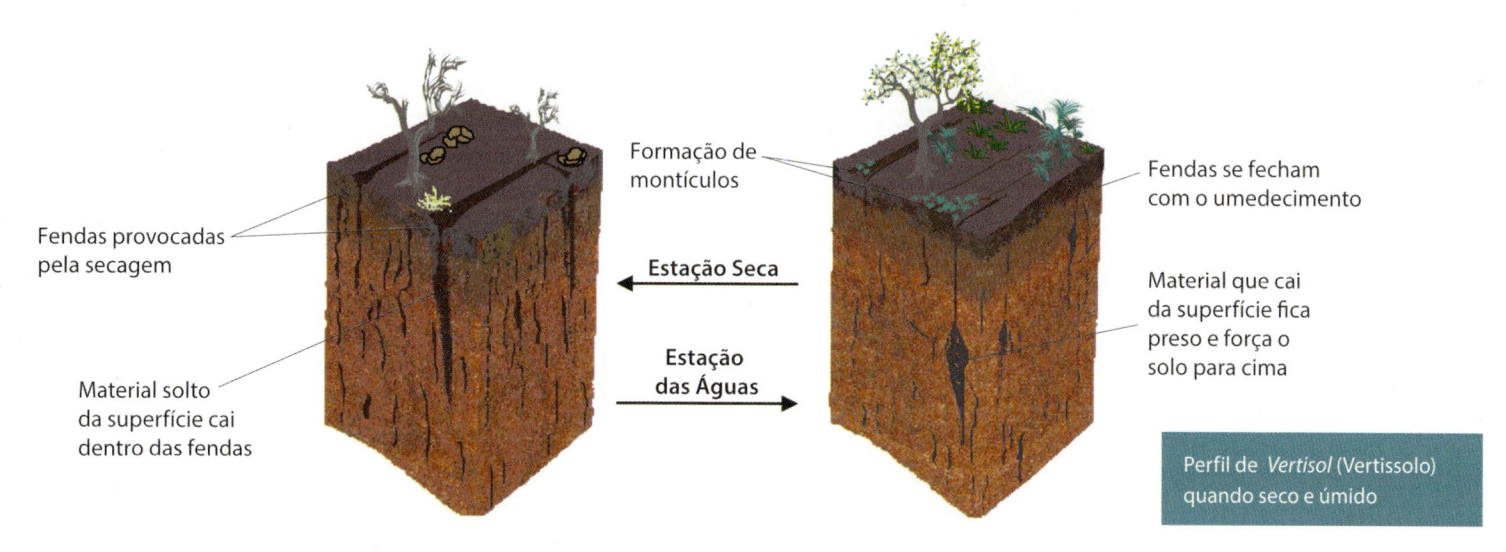

- Fendas provocadas pela secagem
- Material solto da superfície cai dentro das fendas
- Formação de montículos
- Fendas se fecham com o umedecimento
- Material que cai da superfície fica preso e força o solo para cima

← Estação Seca
→ Estação das Águas

Perfil de *Vertisol* (Vertissolo) quando seco e úmido

Formação e Conservação dos Solos

Assim, apresentam fraca formação de horizontes. Normalmente, distingue-se apenas o horizonte A, de 15 a 20 cm de espessura, de estrutura granular e assentado sobre uma massa argilosa, de 50 cm a 1,5 m de espessura, com agregados em forma de cunhas, cujas faces apresentam marcas do deslizamento provocado pela expansão das argilas. Essas marcas são denominadas *superfícies de fricção* ou *slickensides*.

A capacidade de aproveitamento para a agricultura depende da manutenção de um teor adequado de umidade. Quando muito úmidos, são pegajosos e aderem aos instrumentos, o que dificulta o trabalho das máquinas. Quando começam a secar, tornam-se muito duros para serem trabalhados e os fendilhamentos podem arrebentar as raízes. Esses fenômenos periódicos de contração e expansão são fatores que também afetam os trabalhos de Engenharia, pelas limitações severas dos solos para o estabelecimento de fundações de edificações ou leitos de rodovias. Na classificação brasileira de solos, são enquadrados na ordem dos Vertissolos e, na americana, dos *Vertisols*.

9.8 Panorama geral dos recursos dos solos para a agricultura

Segundo dados recentes divulgados pela FAO/UNESCO, 12% dos solos da Terra são cultivados, o que representa um total de, aproximadamente, 16 milhões de quilômetros quadrados (ou 1.600 milhões de hectares). Nos trópicos úmidos, a maioria é de *Ferralsols*, *Acrisols* e *Lixisols* e *Nitisols*, com um tipo de agricultura mais extensiva: grandes plantações de soja e cana-de-açúcar nos *Ferralsols* (Latossolos) do sudeste e centro-oeste do Brasil; nas regiões temperadas (úmidas e semiáridas), *Chernozems*, *Luvisols*, *Phaeozems Fluvisols*, *Vertisols* e *Andisols* são os mais cultivados e, em sua maioria, com agricultura mais intensiva como, por exemplo, os 250 milhões de hectares de cultivos irrigados, boa parte dos quais em *Fluvisols*.

Os mapas dos solos do mundo permitem avaliar o potencial para a produção agrícola das terras ainda não utilizadas pela agricultura. Em números aproximados, estima-se que somente

Aspecto das rachaduras provocadas pela secagem das argilas expansivas do *Vertisol* (Vertissolo)

25 a 30% da superfície terrestre sejam aptos para cultivos. O restante compreende solos que são:

a. muito frios (20%), englobando, principalmente, *Cryosols*, *Histosols*, *Gleysols* e os *Podzols* e alguns *Cambisols* de áreas boreais;
b. muito áridos (23%), incluindo *Calcisols*, *Solonchaks*, *Solonetz* bem como alguns *Vertisols* e *Arenosols*;
c. os 30% dos restantes, não aptos à agricultura, situam-se em relevos muito íngremes, geralmente são muito delgados e entremeados de afloramentos rochosos (*Leptosols*, em sua maioria); ou são muito encharcados (*Gleysols*, *Histosols*, *Planosols* e *Plinthosols*); ou apresentam problemas tão sérios que não podem ser economicamente recuperados com o uso dos fertilizantes e outras técnicas hoje conhecidas (*Arenosols* e *Regosols*, em sua maioria).

A população mundial atingiu a casa dos sete bilhões de habitantes. Com produtividades maiores, a extensão de solo cultivado, em hectares de grãos colhidos por habitante, diminuiu em quase 2/3. Isto significa que os agricultores têm feito alguns milagres: eles aumentaram a produção de alimentos a um nível nunca ocorrido, acompanhando as necessidades da crescente população. O aumento de produção acontece tanto pela ocupação de novas áreas (como no centro-oeste brasileiro), como pela intensificação da agricultura em áreas há muito tempo cultivadas. A produtividade das lavouras aumentou, e é possível incrementá-la ainda mais. Por exemplo, o milho no Brasil está próximo à produtividade mundial, que é de 4.000 kg/ha; contudo, países como Itália, França e Estados Unidos conseguem uma média de mais de 8.000 kg/ha. Contudo, nesses sistemas intensificados de agricultura, apesar de muitos terem melhorado a qualidade dos solos, outros os têm degradado.

A previsão é que a população mundial dobre em 100 anos se continuar crescendo no ritmo atual; se assim acontecer, a oferta de alimentos também terá de dobrar. Para isso, se não for possível aumentar a produtividade das atuais áreas já cultivadas, novos solos terão de ser agricultados. Para isso, existem somente de 15 a 16 milhões de km² (10 a 12% da superfície terrestre) aptos para o aumento de cultivos, os quais se situam, principalmente, na América do Sul e na África Central. Se a agricultura tiver de se expandir para essas terras, terá de ser à custa da eliminação

Aptidão dos solos do planeta à agricultura, segundo a FAO. A maioria dos quimicamente pobres poderá se tornar produtiva, com o uso adequado de corretivos e de fertilizantes

- Muito úmido: 10%
- Quimicamente pobre: 23%
- Muito raso: 22%
- Sempre congelado: 6%
- Solo fértil: 11%
- Muito seco: 28%

de muitas florestas, o que acarretará sérios problemas ambientais. Portanto, agrônomos e agricultores devem se esforçar ao máximo para aumentar a produtividade dos solos, aplicando as descobertas da moderna ciência do solo e tomando os devidos cuidados para não degradá-lo; isto só será possível com a adoção de práticas adequadas de conservação, assunto da parte final deste livro.

Leituras Recomendadas

Livros

EMBRAPA-CENTRO NACIONAL DE PESQUISA DE SOLOS. *Sistema Brasileiro de Classificação de Solos*. 3. ed. Brasília: EMBRAPA/ EMBRAPA Solos, 2013.

ESTADOS UNIDOS. *Natural Resources Conservation Service*. Soil Survey Staff - Keys to Soil Taxonomy. 8. ed. Washington: Department of Agriculture, 1998. Disponível em: <http://soils.usda.gov/technical/classification/tax_keys/>.

FAO – World Reference Base for Soil Resources. *Roma: Food and Agriculture Organization of the United Nations*, 1998 (World Soil Resources Reports, 841). Disponível em: <http://www.fao.org/docrep/w8594e/w8594e00.htm>.

IBGE, Diretoria de Geociências. *Mapa de Solos do Brasil*. Rio de Janeiro: Instituto Brasileiro de Geografia e Estatística, 2001 (escala 1:5.000.000). Disponível em: <http://mapas.ibge.gov.br/solos/viewer.htm>.

IBGE, Coordenação de Recursos e Estudos Ambientais. *Manual Técnico de Pedologia*. 2. ed. Rio de Janeiro: IBGE, 2007. Disponível em: <ftp://geoftp.ibge.gov.br/documentos/recursosnaturais/pedologia/manual_tecnico_pedologia.pdf>.

OLIVEIRA, J. B.; JACOMINE, P. K. T.; CAMARGO, M. N. *Classes gerais de solos no Brasil*. Jaboticabal: FUNEP, 1992.

OLIVEIRA, J. B. *Pedologia aplicada*. 3. ed. Piracicaba: FEALQ, 2008.

PRADO, H. do. *Solos do Brasil*: gênese, morfologia, classificação e levantamento. 2. ed. Jaboticabal: FUNEP. 2001.

PRADO, H. do. *Manual de classificação de solos do Brasil*. 2. ed. Jaboticabal: FUNEP, 1995. p. 8-10.

Sites de Interesse

Grupo de Pesquisa CSME (Caracterização do Solo para Fins de Manejo Específico). UNESP/Jaboticabal, Departamento de Solos e Adubos: <www.csme.com.br>.

FAO/UNESCO. É possível acessar o Mapa de Solos do Mundo (classificados segundo o WRB): <http://www.fao.org/ag/agl/agll/wrb/soilres.stm>.

Solos do Mundo

FAO, em espanhol, fornece informações para estudantes: <http://www.fao.org/kids/es/index.html>.

Classificação de Solos, de Hélio do Prado, pesquisador do Instituto Agronômico de Campinas: <http://www.pedologiafacil.com.br/classificacao.php>.

Soils around the world: Introduction to Soils (mapa e fotos de solos classificados segundo o Sistema Americano de Classificação de Solos, *Soil Taxomomy*: <http://www.teachersdomain.org/asset/ess05_int_soils/>.

"Dunas" (1958), de Mario Zanini (1907-1971)
Acervo da Pinacoteca do Estado de São Paulo/Brasil

Esta pintura de Mário Zanini é mais recente do que a de Segall e, apesar de ser visível uma geometrização, o artista conseguiu transmitir em suas pinceladas côncavas e convexas uma grande sensação de movimento. Serão estas as dunas?

4ª Parte

Degradação e conservação dos Solos

10 Atividades humanas e seu efeito nos solos

10.1 Solos e ambiente

A humanidade depende de ar, água e solos de boa qualidade para continuar a viver. Contudo, nem sempre, o homem usa esses recursos naturais de forma a preservá-los. Os cientistas defendem um conjunto de práticas necessárias para evitar a degradação desses recursos, como aconteceu durante a "Eco 92" (ou "Rio 92"), a Primeira Conferência Mundial das Nações Unidas Sobre Meio Ambiente e Desenvolvimento, realizada no Rio de Janeiro em 1992. Nesse evento, houve um consenso de que a humanidade é a maior responsável pelo comprometimento da qualidade ambiental e que as novas fronteiras para a exploração agrícola estão cada vez mais escassas. A crescente necessidade de proteção ambiental e a carência de solos férteis foram muito discutidas; ficou evidente que essas questões ambientais ultrapassam os meios científicos, para entrar nos programas governamentais e no dia a dia da população em geral.

Em 2002, ministros do meio ambiente de vários países reuniram-se novamente para discutir a agenda do Encontro Mundial sobre Desenvolvimento Sustentável, em Johannesburgo, África do Sul. O principal assunto dessa segunda conferência, conhecida como Rio +10, foi a relação entre pobreza e conservação da natureza. Declarou-se que,

Onde a população cresce desordenadamente e existem muitos habitantes com poucas opções de conhecimento, haverá agressão ao ambiente e os esforços de conservação poderão ser obstruídos.

Entre as várias recomendações das reuniões Rio-92 e Rio +10, e das posteriores reuniões internacionais, destaca-se um item da chamada "Agenda 21", um documento que estabeleceu a importância de cada país se comprometer a refletir, global e localmente, sobre a forma de cooperar no estudo de soluções para os problemas socioambientais. É uma proposta para governos, empresas, organizações não governamentais e todos os setores da sociedade. Cada país tem desenvolvido sua Agenda 21 e, no no Brasil, as discussões são coordenadas pela Comissão de Políticas de Desenvolvimento Sustentável e pela Agenda 21 Nacional (CPDS). Houve uma recomendação específica para todos os profissionais da ciência do solo: aplicar seus conhecimentos em campos de atividade que contribuam para um desenvolvimento sustentável, assim definido:

> Desenvolvimento Agrícola Sustentado é o gerenciamento e conservação da base dos recursos naturais bem como a orientação da mudança tecnológica e institucional, assegurando a realização e satisfação contínua das necessidades humanas para gerações presentes e futuras.

Portanto, essa resolução significa possibilitar que as pessoas, agora e no futuro, atinjam um nível satisfatório não só

Atividades Humanas e seu Efeito nos Solos

de desenvolvimento social e econômico, como também de realização humana e cultural, por meio de um uso adequado do solo, que permita a preservação das espécies e dos seus *habitats* naturais.

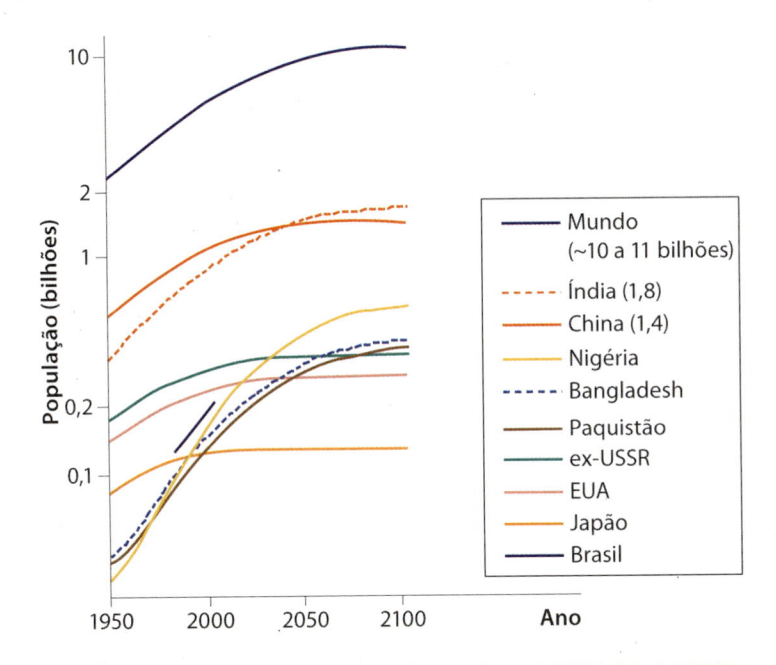

Estimativa de crescimento populacional para diversos países durante o século XXI

O desenvolvimento da agricultura, apesar de alterar intensamente os ecossistemas, deve ser feito de forma sustentável, com atividades harmoniosas, produzindo alimentos, fibras e combustíveis, para atender às crescentes necessidades da população mundial, com um mínimo de prejuízos ambientais. A população mundial atingiu a casa dos sete bilhões e continua crescendo a cada ano, com aproximadamente 90 milhões de novas bocas para serem nutridas. Esse fato resulta em uma constante degradação dos solos, e também exige a adoção de medidas de preservação para que todos possam ter ar, água e alimentos de qualidade.

Entre as atividades relacionadas à preservação ambiental, destacam-se as da conservação dos solos agrícolas. Afinal, juntamente à luz solar, ao ar e à água, o solo é uma das quatro condições básicas à vida na Terra. As funções dos solos estão harmoniosamente interligadas para proporcionar um adequado desenvolvimento das plantas. Os vegetais vivem neles e usam a luz solar, o ar e a água para realizarem a fotossíntese, consumindo gás carbônico e liberando oxigênio. Na solução aquosa por entre as partículas de solo, as raízes absorvem outros nutrientes liberados dos pontos de troca dos seus coloides. Esses fenômenos são os mais importantes para a manutenção da vida: é por intermédio da fotossíntese que os vegetais utilizam os gases da atmosfera e a água. E, por meio da troca de íons, eles absorvem a maior parte dos nutrientes, completando o ciclo da vida vegetal.

A superfície da Terra não é estática, e sofre contínuas modificações desde a aurora dos tempos. Os rios, os ventos, as geleiras

Formação e Conservação dos Solos

e as enxurradas das chuvas deslocam, transportam e depositam continuamente as partículas do solo. Esse dinamismo é denominado *erosão geológica* ou *erosão natural*. Foi por meio dessa erosão que se esculpiram os vales e se depositaram as planícies dos rios. Em seu estado natural, a vegetação cobre o solo como um manto protetor; sua remoção é muito lenta na maior parte do planeta, e compensada pelos contínuos processos de formação. Desta forma, o desgaste erosivo é equilibrado pelos contínuos processos de renovação do solo e, com esse equilíbrio dinâmico, a vida na Terra foi mantida por muitos milhões de anos.

Quando o homem cultiva a terra, esse equilíbrio benéfico pode ser rompido. Na maior parte dos sistemas de cultivo, é preciso retirar sua cobertura vegetal original e revolver o solo com o arado, fertilizá-lo e, por vezes, irrigá-lo. Essas operações, quando efetuadas sem o devido cuidado, promovem a erosão acelerada e outras formas de degradação. A história da agricultura mostra que o ato de cultivar nem sempre propiciou um novo sistema ecológico sustentável, seja de pastagens, seja de lavouras. Existem inúmeros exemplos de regiões outrora ricas e produtivas, nas quais a intensificação da agricultura, provocada pelo aumento descontrolado da população e descuido do solo, ocasionou a erosão acelerada, o que reduziu sua capacidade de produção a níveis ínfimos. Até hoje se discute o que aconteceu quando alguns povos, que se estabeleceram em determinados solos, migraram para locais onde os solos não lhes eram familiares. Teriam as antigas civilizações desaparecido porque seus solos falharam em produzir alimentos ou os solos teriam falhado porque os povos não souberam protegê-los?

A erosão geológica de antigas geleiras esculpiu esses vales dos Alpes do sul da Alemanha
Foto: A. Carias Frascoli.

10.2 Causas do depauperamento do solo

Um solo em harmonia com o ambiente é considerado sadio, ao passo que, quando em desajuste, revela estar degradado e assim influencia negativamente o ambiente. Quando desprovido de sua vegetação natural, o solo fica exposto a uma série de fatores que

Atividades Humanas e seu Efeito nos Solos

Águas barrentas: durante fortes chuvas, os sulcos das erosões aprofundam-se e lançam muitas partículas do solo para os rios, agravando a poluição das águas
Foto: G. Sparoveck..

A remoção de florestas pelo homem em áreas muito declivosas expõe o solo à erosão acelerada. Se ela não for controlada, o solo se abre em profundos sulcos ou voçorocas

tendem a depauperá-lo numa velocidade que varia com as características, o tipo de clima e os aspectos da topografia. A degradação acelerada sempre existirá se o agricultor não tiver o devido cuidado de combater as causas, relacionadas a processos, como (a) lixiviação e *acidificação*; (b) *excesso de sais ou salinização*; (c) *desertificação*; (d) *poluição*; (e) *degradação física*; e (f) *erosão (hídrica e eólica)*.

A forma de degradação pela erosão é considerada tão nociva, que merece uma atenção maior e encontra-se no final deste capítulo.

Lixiviação e acidificação

Os vegetais retiram do solo elementos nutritivos que são incorporados aos seus tecidos, principalmente nas sementes e nos frutos. Em condições normais, sem a influência do homem, os restos vegetais retornam ao solo, onde se decompõem em processos que terminam pela mineralização, quando os elementos nutritivos voltam a um estado que podem ser novamente adsorvidos pelos coloides do solo (argilas e húmus) e absorvidos pelas raízes. Se esses nutrientes deixam de ser reciclados, o solo tende a empobrecer continuadamente, acidificando-se.

Alguns tipos de solo têm grandes reservas minerais, e podem sustentar uma agricultura durante vários anos, sem reposição dos nutrientes. Outros, ao contrário, dispõem de uma reserva pequena, e só podem sustentar a agricultura por um período de dois a três anos; outros, ainda, são naturalmente tão pobres que, se não forem devidamente corrigidos e adubados desde o início dos plantios, nada produzirão.

A acidificação do solo é uma das consequências do empobrecimento e é mais frequente em regiões de clima úmido, onde grande quantidade de chuva acarreta a lavagem progressiva, pela água gravitacional, de quantidades apreciáveis de cátions básicos adsorvidos dos coloides do solo (cálcio, magnésio, potássio e sódio). Assim lavados, ou lixiviados, esses cátions são trocados pelo hidrogênio, que torna o solo cada vez mais ácido. Essa acidez do hidrogênio é convertida em alumínio que, em altas concentrações, se torna tóxico para a maior parte das plantas cultivadas. Esse processo é natural na formação dos solos de regiões de clima úmido, mas é acelerado pela colheita dos produtos agrícolas e também pelas chamadas chuvas ácidas, que podem ocorrer perto dos grandes centros urbanos, provocadas pelas fumaças emitidas por indústrias e veículos automotivos.

Para controlar a lixiviação e a acidificação, empregam-se as chamadas *práticas edáficas* que serão abordadas mais adiante.

Excesso de sais ou salinização

Salinização é o acúmulo de sais no solo, geralmente próximos à superfície. De certa forma, é o oposto da lixiviação e, por vezes, até provoca a alcalinização do solo. Ocorre em regiões de clima árido e semiárido, nos locais em que a maior parte da água recebida pelo solo evapora, em vez de nele se infiltrar. Quando isso acontece, a quantidade de cátions (sódio, cálcio, magnésio etc.) excede àquela possível de ser retida pela capacidade de troca dos solos, e esses cátions se combinam e se precipitam dentro ou sobre o solo.

O aumento de sais solúveis em um solo eleva o seu potencial osmótico, por isso, as plantas têm dificuldade de absorver água e nutrientes, provocando a redução do seu crescimento, e também são perceptíveis injúrias foliares. A proporção elevada de sódio em relação a outros cátions compromete a capacidade de infiltração do solo pela dispersão das argilas e pela alcalinização.

Em muitas partes semiáridas do mundo, a água subterrânea tem um conteúdo de sais relativamente alto, então podem surgir problemas se o seu nível freático for elevado com a prática de

Atividades Humanas e seu Efeito nos Solos

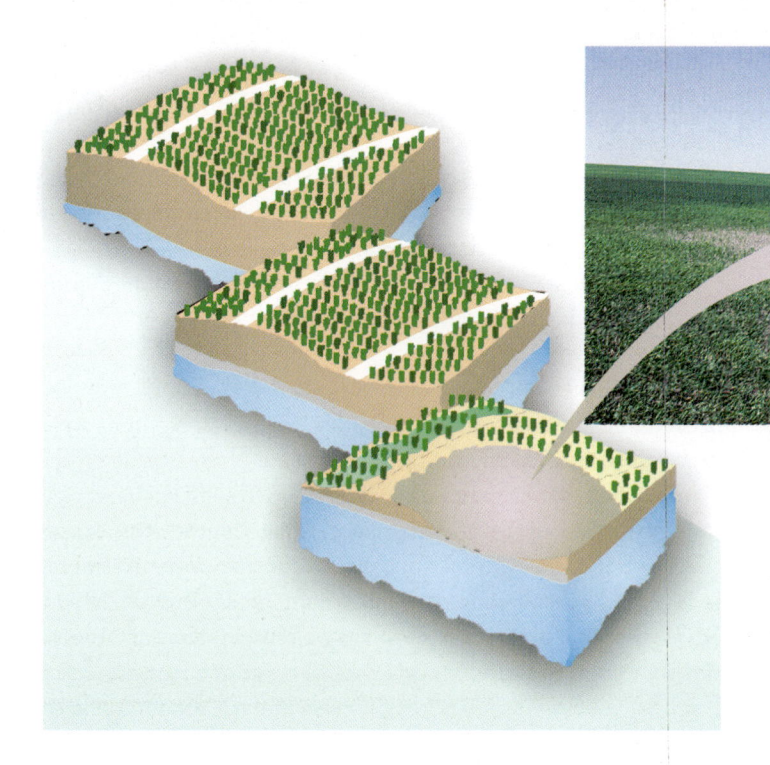

Área salinizada em cultivo de trigo irrigado em Saskatchewan, Canadá

A falta de drenagem adequada em áreas irrigadas das regiões semiáridas pode provocar a elevação do nível da água subterrânea, concentrando assim os sais na superfície em locais onde o relevo é mais plano e rebaixado, formando uma espécie de crosta de sais, quase estéril

irrigação, por exemplo. Se a água subterrânea for salina, mas seu nível estiver profundo e os solos forem permeáveis, devem ser tomados cuidados especiais para não haver excesso de água nas irrigações, o que poderia elevar o lençol freático, trazendo-o para perto da superfície, onde a evaporação concentra ainda mais esses sais. A salinização pode se agravar se a água usada para a irrigação for de má qualidade, isto é, salobra, com muitos sais em solução.

Para contornar esses problemas é necessário instalar um adequado sistema de drenagem para retirar o excesso de água que se acumula nas partes mais baixas do terreno. Se o solo for pouco permeável, pelo excesso de sódio, será necessário acrescentar sais de cálcio (gesso) para flocular as argilas e permitir a lixiviação do excesso de sais com a adição de água de boa qualidade à sua superfície.

Desertificação

A desertificação é o resultado da extrema degradação de terras situadas em regiões áridas e semiáridas. Ela pode ser ocasionada tanto por atividades humanas quanto por variações climáticas. Ocorre pelo uso indevido do solo e da vegetação, que a remove pela erosão. Como a única e pouca água dessas regiões é aquela que o solo retém, se este for removido, nenhuma água será armazenada e os desertos avançarão. Ela acontece nas regiões mais secas, onde os solos estão mais vulneráveis à exploração agropastoril inapropriada. Uma das principais causas é o excesso do uso dessas terras quando há um excesso de população.

É o que acontece na África, ao redor do deserto do Saara, com uma população cujas necessidades excedem a capacidade de produção de seus recursos naturais. Nos anos mais úmidos, os solos podem ser suficientemente produtivos para atender às necessidades locais de alimentos. Contudo, durante os períodos mais secos, a população permanece com o pastoreio de seus animais, que podem consumir até folhas de árvores que são cortadas. Com isso o solo fica completamente desprotegido e é removido pelos ventos. Depois de muito tempo, quando vêm as chuvas, a erosão aumenta ainda mais. Se este ciclo continuar, com a degradação contínua do solo, a área se torna desertificada.

Um dos maiores impactos da desertificação é a redução da biodiversidade e da capacidade dos solos de serem usados para a agricultura. Segundo estimativas da FAO, mais de 200 milhões de pessoas são diretamente afetadas pela desertificação e cerca de um bilhão está em risco, por esses processos de degradação do solo. Na maioria, as pessoas estão nos países mais pobres, mais marginalizados e politicamente incompetentes.

Poluição do solo

Em certos casos, o solo pode ser contaminado com algumas substâncias químicas usadas na agricultura e/ou por restos de produtos industriais ou residenciais. Na natureza, o solo recebe, recicla e purifica seus restos orgânicos e a água. Contudo, se estiver contaminado com alguma substância que não é naturalmente produzida pela atividade de seus organismos, ele pode adicionar impurezas à água e ao ar em vez de removê-las. Portanto, os solos têm uma importante participação no ar que respiramos ou na água que bebemos, uma vez que eles afetam a mobilidade e o impacto biológico das toxinas advindas dos dejetos.

Os fertilizantes estão entre as substâncias usadas na agricultura. Em sistemas de agricultura de tecnologia avançada, eles são indispensáveis à obtenção de altas produtividades. Anualmente, os agricultores adicionam ao solo uma quantidade de nutrientes, aproximadamente na mesma proporção da que é removida pelas colheitas. Se os nutrientes forem adicionados em excesso, o solo pode absorver alguns deles, e outros podem ser lixiviados. Tais nutrientes podem provir tanto de esterco como de fertilizantes minerais, cuja composição é conhecida, ao passo que a do esterco não, e, em alguns casos, é aplicado em excesso por ser um resíduo descartável. Assim, tanto fertilizantes minerais quanto orgânicos devem ser aplicados em quantidades calculadas e adequadas; caso estejam em excesso, podem se mover como poluentes nas águas que percolam no interior do solo, e escorrem nas enxurradas ou ainda são volatilizadas para a atmosfera.

O nitrogênio e o fósforo dos fertilizantes agem de maneira muito diferente. O primeiro, na forma de nitratos, pode ser lixiviado com facilidade para o lençol freático e daí para as nascentes. Água com altos teores de nitratos é prejudicial à nossa saúde, e pode causar doenças ou até a morte de recém-nascidos. O fósforo é bastante retido pelos coloides do solo, mas pode causar malefícios se arrastado junto com eles nas enxurradas. Quando essas enxurradas atingem lagos e rios, fertilizam as plantas aquáticas (principalmente algas) que, ao crescerem desordenadamente, consomem o oxigênio da água num processo denominado *eutroficação*.

Inseticidas e herbicidas são cada vez mais necessários aos sistemas de agricultura modernos. Muitos desses produtos, quando adicionados ao solo, se decompõem em substâncias mais simples, não tóxicas. Os produtos devem ser usados nas quantidades mínimas necessárias, escolhidos entre os que mais facilmente se decompõem e o solo que os recebe deve ser protegido contra a erosão para que tais substâncias não sejam arrastadas com ele para os cursos d'água.

Outra fonte de contaminação são os dejetos de indústrias e de residências. Alguns dos aterros sanitários estão localizados em solos sujeitos à lixiviação, e seus produtos podem atingir o lençol freático. Em relação aos dejetos das cidades, destacam-se os esgotos, cujos resíduos, depois de tratados, são utilizados como fertilizantes orgânicos. Tais resíduos podem ser sólidos (o "lodo do esgoto") ou líquidos ("efluente do esgoto"). Ambos devem ser aplicados ao solo em quantidades adequadas e com muitos cuidados, pois tanto podem adicionar às lavouras excesso de nutrientes ou algumas substâncias tóxicas às plantas e animais, como os metais pesados.

Degradação física

Uma das principais formas de degradação física do solo é a modificação dos seus agregados. Os organismos do solo, incluindo as raízes, dependem do oxigênio e da água contida no espaço poroso entre os agregados que formam a estrutura do solo. Contudo, algumas práticas agrícolas podem alterar essa estrutura, e diminuírem os poros, acarretando dificuldades de penetração das raízes, bem como carência de ar e de água.

As principais alterações nocivas da estrutura são: a compactação e o encrostamento. A compactação resulta da compressão mecânica do solo pela força exercida sobre ele, tanto pelo tráfego de veículos pesados como pela aração. Quando o arado corta o solo para revolvê-lo, a parte logo abaixo da revolvida é comprimida pela força exercida pelo disco do arado e pela roda do trator. A camada compactada, ou "piso do arado", prejudica o enraizamento e a penetração de água; por isso, frequentemente, tem de ser desfeita com o uso de outro implemento, chamado *subsolador*. Os métodos de cultivos especiais podem evitar essa forma de degradação física do solo, como o plantio direto na palha, que será abordado mais adiante.

O encrostamento acontece pelo impacto direto das gotas da chuva na superfície de solos com argilas mais suscetíveis à dispersão. Essas crostas diminuem a infiltração de água no solo, mas podem ser evitadas mantendo-o coberto com vegetação ou escarificando-o com frequência.

10.3 Tipos de erosão e sua importância

Há muito tempo a erosão dos solos preocupa os cientistas, políticos e agricultores mais conscienciosos. Em muitos casos, até parece que o homem se empenha em acelerar o empobrecimento das terras: as matas são derrubadas e queimadas desordenadamente; as encostas íngremes são aradas na direção da maior declividade; os pastos estão superlotados de rebanhos, e as terras cultivadas são submetidas à monocultura, ano após ano, sem proteção contra as enxurradas.

Em tempos remotos, o homem organizava-se em grupos de caçadores e catadores, pouco diferindo dos outros animais quanto às relações com o meio ambiente. Com o advento da agricultura, iniciou o uso mais intensivo dos recursos naturais e o solo passou a ser revolvido com a ajuda de animais domesticados; as reservas de madeiras foram exploradas; as construções erguidas; e a água foi conduzida para a irrigação. O sucesso da atividade agrícola permitiu o acúmulo momentâneo de alimentos excedentes, a fixação das populações, o incremento do comércio e o início da divisão social do trabalho.

Contudo, desde os primórdios da agricultura, ocorreram degradações ambientais. Os impactos negativos do uso inade-

No Vale do Paraíba, solos originalmente sob mata atlântica foram cultivados com café no século XIX e depois usados com pastagens; hoje estão sendo reflorestados com eucalipto (Suzano, SP)

quado do solo foram impelindo as fronteiras das atividades agrícolas para áreas novas e, por vezes, levou à transferência total de antigas civilizações para locais ainda não explorados.

O Brasil apresenta, em muitas partes, sinais evidentes de erosão acelerada do seu solo, apesar da vastidão de seu território e de ainda não estar sujeito à grande demanda de alimentos por excesso de população. Valendo-se da abundância de terras por explorar, a agricultura brasileira avançou descuidadamente por muitas regiões, em busca de novas terras, e deixou em seu roteiro muitos sinais de degradação. Um dos exemplos desse tipo de agricultura foi a do café, que começou no Estado do Rio de Janeiro, depois caminhou para São Paulo e para o oeste do Paraná. Muitos solos foram assim empobrecidos, vários dos quais até hoje ainda não se recuperaram, como os das regiões montanhosas do vale do rio Paraíba.

Entre aqueles que cultivam a terra, começam a aparecer sinais animadores de conscientização, de que é necessário proteger o meio ambiente. Assim, adotam-se adequadas técnicas conservacionistas nas lavouras, pastagens e nos reflorestamentos. Essa nova fase está implantada onde já existe, por parte dos agricultores, uma mentalidade de protecionismo ambiental e, por parte do governo, a filosofia de fornecer crédito rural e assistência técnica para estimular a adoção das modernas práticas de conservação do solo.

As tarefas rotineiras da exploração das terras, que concorrem para acelerar a degradação dos solos brasileiros, são: a aração, o plantio e o cultivo no sentido "morro abaixo", as queimadas intensas e o pisoteio excessivo do gado. Além dos agricultores e pecuaristas, os madeireiros e mineradores também contribuem para a destruição das florestas e o revolvimento do solo, facilitando a ação erosiva da água das chuvas, o assoreamento de suas represas, além de prejudicar a produção de energia hidroelétrica.

Em 2001, calculou-se que cerca de um bilhão de toneladas de materiais dos solos agrícolas foi erodido, o que representa um grande prejuízo ecológico e econômico. Essa erosão acelerada é uma das principais causas do depauperamento dos solos, e ocorre, principalmente: pela remoção seletiva das partículas do solo das partes mais altas; pela ação das águas da chuva ou dos ventos; e pelo transporte e deposição dessas partículas para as terras mais baixas ou para o fundo dos lagos, rios e oceanos.

No Brasil, a erosão hídrica (causada pelas águas) é a mais importante e se processa em duas fases distintas: desagregação e transporte. A desagregação é ocasionada tanto pelo impacto direto no solo das gotas da chuva, como pelas águas que escorrem na sua superfície. Em ambos os casos, é uma intensa forma de energia do movimento (ou energia cinética) que desagrega e arrasta o solo.

Na física, a energia cinética é definida como proporcional ao peso (ou massa) do que se move (água com as partículas do solo) e ao quadrado de sua velocidade. As gotas da chuva atingem a superfície com uma velocidade de 5 a 15 km/h, enquanto a água das enxurradas tem velocidade bem menor, usualmente não maior de 1 km/h. A energia da gota de chuva é, portanto, muito maior do que da enxurrada. Desse modo, o primeiro passo para a erosão é o impacto direto das gotas de chuva, o que provoca forte desagregação das partículas de solo e esse impacto direto ocorre somente quando sua superfície está desprovida de vegetação. Quando existe revestimento de uma floresta, a copa das árvores absorve a maior parte da energia cinética das gotas das chuvas e, além disso, o manto de folhas sobre o solo amortece o restante do impacto, advindo do segundo trajeto – das copas até a superfície do terreno.

Primeiro passo à erosão hídrica: impacto de gota(s) d'água em solo desnudo, cuja energia provoca desagregação das partículas com um "salpico"

Pode-se remover uma grande quantidade de solo se as partículas estiverem desagregadas e suspensas nas águas das enxurradas, porque isto as torna suscetíveis de serem transportadas. A facilidade com que uma partícula é transportada depende de seu tamanho: a argila, o silte e a matéria orgânica são mais facilmente carregados pelas águas, devido à pequena dimensão, que facilita a formação das suspensões.

Tipos de erosão hídrica

Quando a água da chuva chega a escorrer, forma a enxurrada que desgasta o solo de formas diversas, dependendo da sua quantidade e da maior ou menor suscetibilidade à erosão do horizonte por sobre o qual ela escoa. Três tipos principais de erosão hídrica são conhecidos: *laminar*, *em sulcos* e *em voçorocas* (ou *ravinas*).

Erosão laminar é a uniforme remoção de uma delgada camada superior do terreno. Ao colidirem com a superfície do solo desnudo, as gotas de chuva rompem os agregados, reduzindo-os a partículas menores, passíveis de serem arrastadas pela energia da enxurrada. Esse tipo de desgaste é constatado em certos terrenos, mesmo os que possuem inclinações pequenas. Alguns agricultores e pecuaristas não percebem, e consideram natural essa remoção das finas lâminas do solo. Se não forem adotadas medidas de controle da enxurrada pelo agricultor, essa ação erosiva continuará a atuar, e provocará o aparecimento de sulcos.

A erosão em sulcos resulta de irregularidades na superfície do solo, devido à concentração da enxurrada em determinados locais. Em algumas encostas, a água que escorre de pequenos sulcos converge para outros, mais acentuados. Ao se concentrar, ano após ano, nos mesmos sulcos, eles vão se ampliar, até formarem grandes cavidades ramificadas. Quando os sulcos são desfeitos com a passagem de máquinas agrícolas de preparo rotineiro, são denominados *rasos*. Se o preparo do solo não os desfizer, denominam-se *sulcos profundos*.

Se desde o início a enxurrada não for controlada, os sulcos irão se aprofundar. O escoamento da água superficial e da subterrânea, que também pode arrastar os horizontes subsuperficiais, poderá transformá-los em voçorocas (ou boçorocas), as formas mais espetaculares de erosão, apresentando-se como "rasgos" disseminados nas encostas e podem atingir profundidades de vários metros, até o horizonte C dos solos, com paredes quase verticais. Esse tipo de erosão indica destruição total de áreas agrícolas e, por vezes, também de áreas urbanas.

Os sulcos e as voçorocas dificultam e até mesmo impedem o trabalho das máquinas agrícolas. A evolução dos sulcos para voçorocas é normalmente causada por aradura, semeadura e cultivos alinhados no sentido morro abaixo, o que facilita o direcionamento das enxurradas. A pecuária extensiva, com animais caminhando repetidamente em uma mesma direção muito inclinada, e estradas rurais malplanejadas, também podem concorrer para a formação das voçorocas.

10.4 Fatores que afetam a erosão

A maior ou menor suscetibilidade de um terreno à erosão depende de uma série de fatores, dos quais quatros são considerados os principais: clima, tipo de solo, declividade do terreno e tipo de manejo agrícola.

Clima

Os fatores mais importantes do clima, com respeito à erosão, são a intensidade, a quantidade e a distribuição das chuvas.

Se o solo estiver sendo cultivado, ficará mais desprotegido, principalmente quando recém-revolvido na época das semeaduras que, no Brasil, geralmente coincide com as chuvas mais erosivas, por serem muito intensas, isto é, grandes quantidades caem em períodos curtos de tempo.

A maior ou menor intensidade das chuvas é muito importante. Quando caem mansamente, em forma de pequenas gotas, durante um período de várias horas, como as garoas, a água tem mais tempo para ser absorvida, não forma enxurradas e raramente causa estragos. Se essa mesma quantidade de chuva cair rapidamente, em forma de aguaceiros, em alguns minutos formará grandes enxurradas e poderá provocar grandes erosões, inclusive inundações ao longo dos cursos d'água.

A distribuição das chuvas durante o ano também afeta a erosão. Em regiões com longa estação seca, como no Nordeste semiárido, a chuva encontra o solo muito seco e com pouca

Formação e Conservação dos Solos

Voçoroca com 30 m de aprofundamento atinge o horizonte C dos solos (Santa Helena, BA)

a) Evolução do processo erosivo, passando de sulcos para voçoroca
b) Exemplos de área onde sulcos rasos e profundos foram escavados pela erosão hídrica

vegetação, o que o torna muito mais vulnerável ao desgaste erosivo – no período seco, pela erosão eólica; e no início das chuvas, pela erosão hídrica.

Natureza do solo

Alguns solos são mais suscetíveis à erosão do que outros, de acordo com as suas características físicas, notadamente, textura, permeabilidade e profundidade; por exemplo: solos de textura arenosa são mais facilmente erodidos. A permeabilidade é outro fator importante. Os Argissolos, por exemplo, em igualdade de textura e relevo, são mais suscetíveis à erosão do que os Latossolos, que são menos permeáveis devido à presença de horizonte B menos permeável, com acumulação de argila. Da mesma forma, solos rasos são mais erodíveis do que os profundos, porque neles a água das chuvas acumula-se muito acima da rocha ou camada adensada, que é impermeável, encharcando mais rapidamente o solo, o que facilita o escoamento superficial e, consequentemente, o arraste do horizonte superficial.

Além da textura, permeabilidade e profundidade, o grau de fertilidade do solo também influi na sua maior ou menor erodibilidade. Um bom desenvolvimento das plantas propicia uma melhor proteção. Um solo naturalmente mais fértil, ou adequadamente adubado, oferece condições para um desenvolvimento mais vigoroso das plantas; por isso fica menos sujeito ao desgaste pela erosão.

Declividade do solo

A declividade, ou inclinação do solo, influencia muito na concentração, dispersão e velocidade da enxurrada e, em consequência, no maior ou menor arrastamento superficial das partículas de solo. Nos terrenos planos, ou apenas levemente inclinados, a água escoa em velocidade baixa e, além de possuir menos energia, tem mais tempo para se infiltrar; nos terrenos muito inclinados, a resistência ao escoamento das águas é menor e, por isso, elas atingem maiores velocidades. As regiões montanhosas são, assim, as mais suscetíveis à erosão hídrica.

Manejo agrícola

O modo como a terra é manejada, quando cultivada, condiciona uma maior ou menor erosividade dos solos. Solos completamente cobertos com vegetação estão em condições ideais para absorver a água das chuvas e resistir à erosão. Com o recobrimento do terreno por um denso cultivo, ou por resíduos de cultivos anteriores, o impacto direto das gotas das chuvas sobre a superfície do solo não só é evitado como aumenta a absorção da água. Além disso, as raízes, ao se entrelaçarem, seguram mais o solo.

A desagregação e o transporte das partículas, sob condições idênticas de chuva e de solo, variam de acordo com o sistema de cultivo. Alguns desses sistemas agrícolas tornam um mesmo solo mais suscetível à erosão do que outros. Por exemplo, as culturas anuais (como milho, algodão e soja) deixam a superfície

Formação e Conservação dos Solos

mais exposta do que os cultivos perenes (como a seringueira, laranjeira e o cafeeiro) ou semiperenes (como a cana-de-açúcar).

A forma dos cultivos também influi muito. Em qualquer tipo de agricultura, existe uma série de precauções que devem ser observadas para proteger o solo, e são denominadas *práticas conservacionistas*.

Degradação do solo nas margens de curso d'água: ausência de mata ciliar e pisoteio excessivo do gado provocaram desbarrancamentos (Uberlândia, MG)
Foto: J. C. Vieira Santos

11 Conservação dos Solos

11.1 Importância das práticas conservacionistas

As plantas crescem bem quando lançam a maior parte de suas raízes no horizonte A, onde os resíduos orgânicos se acumulam e as argilas se movem para o B. O A tem uma estrutura facilmente penetrável pelas raízes, e é cheio de nutrientes, enquanto o B tem uma maior capacidade de armazenar água. Essa combinação criada pela natureza, de um horizonte A mais poroso e fértil sobre um B, mais adensado, mas que pode reter mais água, é um ambiente muito apropriado para o cultivo das plantas. Contudo, com a erosão, a agricultura pode remover o horizonte A, expondo o B, no qual as plantas terão dificuldade para crescer. Esta é uma das principais razões de o horizonte A ser protegido da erosão o máximo possível.

Essa proteção pode ser feita com as chamadas práticas de conservação do solo. Pode-se cultivar o solo sem depauperá-lo significativamente, e acabar com um aparente conflito ecológico entre a agricultura do homem e o equilíbrio do meio ambiente. Essas práticas conservacionistas fazem parte da tecnologia moderna e permitem controlar a erosão, ainda que não a anulem completamente, mas reduzem-na a proporções insignificantes.

Em áreas de agricultura conservacionista, à primeira vista, ressalta a harmonia da paisagem. As partes mais inclinadas são ocupadas por florestas, nas quais a vida silvestre se desenvolve. Os campos de cultivo não apresentam sulcos morro abaixo e têm o aspecto harmonioso das culturas em linhas contornando as encostas. Os rios têm águas limpas e, se a poluição industrial e urbana também for controlada, serão bastante piscosos.

As práticas conservacionistas evitam o impacto da água da chuva e depois o seu escoamento. Ao evitar as enxurradas, toda essa água infiltra-se no solo, sem remover o horizonte A, enriquecendo os mananciais subterrâneos. Sem o escoamento superficial, os rios não são sobrecarregados, e evitam-se assim, as inundações dos campos de cultivo e de áreas urbanas.

Essas práticas são essencialmente benéficas para todos, porque proporcionam tranquilidade tanto no campo como na cidade. Para executá-las, é preciso conhecer o solo e, assim, melhor conservá-lo. Existem muitos meios de conservar o solo e, para efeito didático, são classificados em três grupos principais, representados por práticas de caráter edáfico, mecânico e vegetativo.

11.2 Práticas de caráter edáfico

As práticas de caráter edáfico são medidas que dizem respeito ao solo, para manter ou melhorar sua fertilidade, principalmente no que diz respeito à adequada disponibilidade de nutrientes para as plantas. Essas medidas baseiam-se em três princípios: eliminação ou controle das queimadas, adubações (incluindo calagem) e rotação de culturas.

Formação e Conservação dos Solos

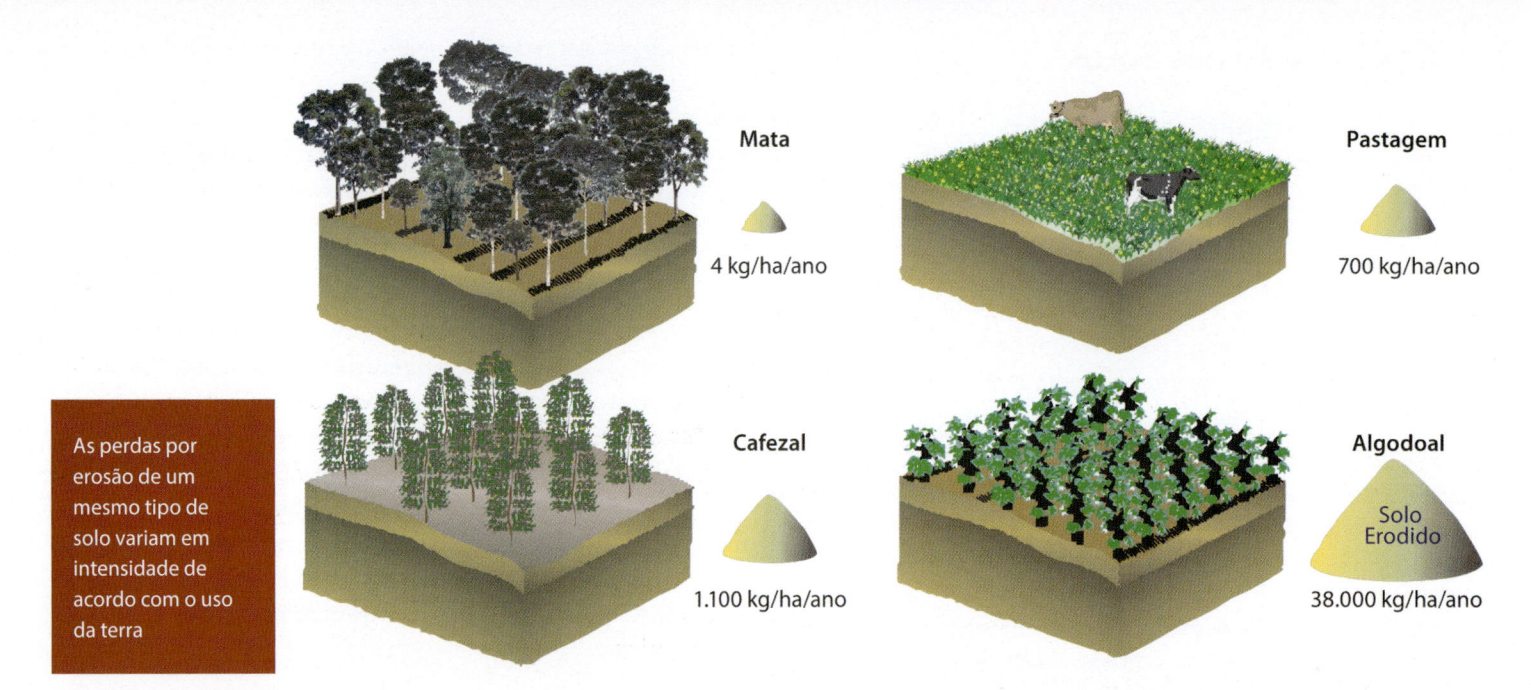

Mata — 4 kg/ha/ano

Pastagem — 700 kg/ha/ano

Cafezal — 1.100 kg/ha/ano

Algodoal — Solo Erodido — 38.000 kg/ha/ano

As perdas por erosão de um mesmo tipo de solo variam em intensidade de acordo com o uso da terra.

As queimadas são consideradas a forma mais rápida e econômica de limpar um terreno, de combater certas moléstias ou pragas das culturas, de facilitar a colheita (caso da cana-de-açúcar) ou de renovar pastagens. Em sistemas de agricultura itinerante, muitas vezes, é a forma de tornar rapidamente disponíveis os nutrientes, em forma de cinzas, contidos na biomassa da vegetação natural, para que lavouras de ciclo curto (como feijão, arroz e milho) possam produzir uma colheita razoável e contribuir para a subsistência do agricultor. No entanto, se a queimada for efetuada com muita frequência, deixa o solo desnudo, o que aumenta a erosão, volatiliza elementos úteis à nutrição das plantas e contribui para a poluição atmosférica. A queima de florestas, pastagens e de restos culturais deve ser evitada ou, pelo menos, reduzidas ao mínimo necessário.

Conservação dos Solos

As adubações e correções visam adicionar ao solo os nutrientes que lhe faltam para o melhor desenvolvimento das lavouras. Além de corrigirem as deficiências naturais do solo, repõem os nutrientes removidos com as colheitas e corrigem sua acidez. Para saber como efetuar a adubação, o agricultor moderno retira uma amostra do solo e a envia para um laboratório, para que seja analisada. Com base na análise, serão indicados os corretivos e fertilizantes que devem ser usados.

Dos corretivos, o mais utilizado é o calcário moído, que serve tanto para diminuir a acidez, elevando o valor do pH a valores apropriados para eliminar elementos tóxicos (alumínio), quanto para fornecer os macronutrientes cálcio e magnésio. Os fertilizantes são usados para fornecer outros elementos nutritivos, dos quais os mais necessários são o nitrogênio, o fósforo, o potássio e o enxofre.

Certas áreas com agricultura mais intensiva (hortaliças ou pequenos pomares, por exemplo) também podem ser tratadas com adubações orgânicas, com esterco de curral ou compostos formados pela decomposição de detritos orgânicos, como palhas diversas.

No sistema de rotação de culturas, alternam-se, em um mesmo terreno, diferentes culturas, em uma sequência regular. Assim, não se repete durante muito tempo o cultivo de uma espécie em um mesmo local. Essa prática baseia-se no fato de as culturas terem sistemas radiculares e exigências nutricionais diferentes. A rotação alterna uma cultura com maior capacidade de extrair nutrientes do solo com outra de menor capacidade, como algodão, soja, milho, altamente aconselhável, porque a soja é menos exigente em nutrientes, e fixa o nitrogênio do ar atmosférico. Assim, ela irá melhorar o solo, deixando ricos resíduos, que poderão ser posteriormente aproveitados pelo algodão e pelo milho.

Extensos canaviais são periodicamente queimados para facilitar a colheita. No entanto, isso provoca danos ao solo e à qualidade do ar, e, portanto, deve ser evitado

Formação e Conservação dos Solos

11.3 Práticas de caráter mecânico

Relacionam-se ao trabalho de conservação do solo, com a utilização de máquinas. Em geral, introduzem algumas alterações no relevo, para corrigir os declives muito acentuados pela construção de canais ou patamares em linhas de nível, os quais interceptam as águas das enxurradas, forçando-as a se infiltrar em vez de escorrer. De uma maneira geral, essas práticas requerem maiores recursos financeiros, mas podem ser indispensáveis para que terrenos declivosos sejam convenientemente usados, sem o risco de serem severamente erodidos.

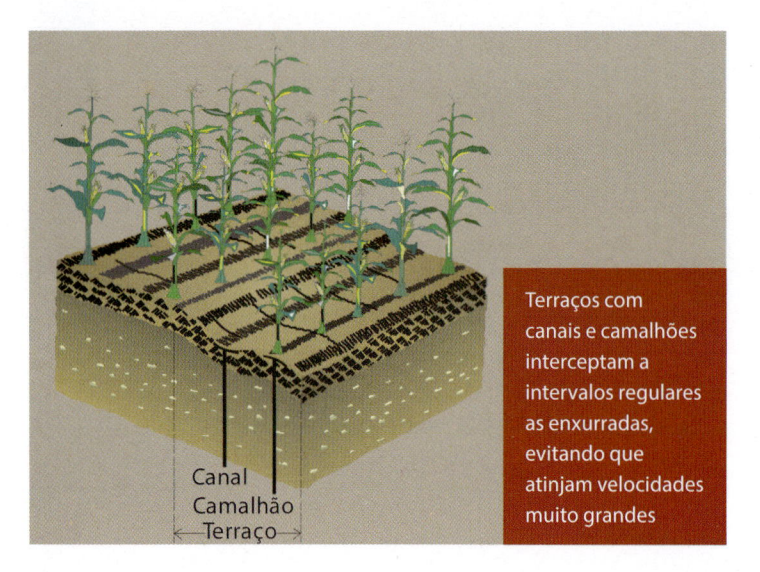

Entre as principais práticas mecânicas de conservação, citam-se a aração e o plantio em curvas de nível, os terraços do tipo camalhão e as estruturas para desvio e infiltração das águas que escoam das estradas. Alguns desses métodos eram conhecidos de povos antigos, como os incas e astecas, por exemplo, que construíam terraços do tipo patamares em encostas íngremes, principalmente para o cultivo da batata e do milho. Esses terraços patamares têm o aspecto de grandes degraus, e foram construídos manualmente, durante muitas centenas de anos. Esse trabalho imponente mostra que esses povos já tinham consciência da necessidade de conservar seu solo para garantir a produção contínua de alimentos.

O preparo do solo e o plantio em curvas de nível, também chamado de *semeadura em contorno*, consistem em executar todas as operações de plantio e cultivo no sentido perpendicular às maiores pendentes. Assim, cada uma das fileiras de plantas age como pequenos sulcos e montículos de terra, que as máquinas cultivadoras deixam na superfície, compondo obstáculos que interceptam a enxurrada. O plantio em contorno é uma prática que, além de ser de simples controle da erosão, facilita a adoção de outras práticas complementares de caráter vegetativo.

O termo *terraço* também é usado para designar o conjunto formado por um canal e camalhão (ou dique de terra), construídos a intervalos regulares, no sentido transversal à inclinação do terreno, para captar as enxurradas, forçando-as a se infiltrarem no solo, ou conduzindo-as a local não recentemente

Terraços com canais e camalhões interceptam a intervalos regulares as enxurradas, evitando que atinjam velocidades muito grandes

Conservação dos Solos

cultivado. O terraceamento é uma prática mecânica muito eficiente no controle da erosão, desde que seja bem planejado e executado, e com uma manutenção adequada. Um sistema de terraços malplanejado poderá causar muito mais estragos do que benefícios, pois se um camalhão se romper, pelo transbordamento de água de chuva muito intensa, o mesmo acontecerá com todos os outros que estão abaixo, causando profundos sulcos de erosão.

Estradas malplanejadas, vicinais ou internas à propriedade agrícola, podem causar graves erosões. Com o arranjo retilíneo dos caminhos carreadores, as fileiras de cultivos tendem a se estabelecer no sentido do escoamento das águas, dificultando a prática do plantio em contorno e do terraceamento. Muitas vezes, as enxurradas que se formam no leito das estradas são desviadas para os campos de cultivo, onde provocam grandes sulcos que, com o tempo, se transformam em voçorocas. Uma forma de

Conjunto formado por um terraço: camalhão (à direita) e canal (à esquerda) em Argissolo Vermelho-Amarelo cultivado com cana-de-açúcar. Monte Alto, SP
Foto: J. Marques Jr.

Para a execução das práticas de caráter mecânico, é necessário um planejamento adequado para localizá-las no campo e orientar a direção dos canais e camalhões dos terraços construídos pelas máquinas

controle é o planejamento racional dos carreadores, colocando-os, ao máximo, mais próximo das linhas de contorno em nível. Podem-se colocar estruturas especiais e carreadores a intervalos regulares das estradas, para que a água que escoa deles seja interceptada e levada aonde não possa causar erosão.

11.4 Práticas vegetativas

São métodos de cultivo que visam controlar a erosão com o aumento da cobertura vegetal do solo. As principais práticas são: reflorestamento, formação e manejo adequado de pastagens, cultivos em faixas, controle das capinas, faixas de árvores em forma de quebra-ventos e cobertura do solo com palha ("*mulch*") ou acolchoamento.

Essas práticas são bastante efetivas no controle da erosão, e se baseiam no princípio de melhor cobrir o solo, com árvores, folhagens ou resíduos vegetais, imitando a natureza. O revestimento vegetal protege tanto pela interceptação das gotas da chuva como pela diminuição da velocidade de escoamento das enxurradas. Além disso, fornece matéria orgânica e sombreamento ao solo. Os benefícios são usufruídos por alguns animais úteis ao solo, como as minhocas, o que diminui as perdas pela lixiviação que leva os elementos nutritivos para a profundidade.

Para certos solos desmatados, se muito inclinados ou erodidos, o mais recomendado é o plantio de florestas artificiais. Áreas reflorestadas (com eucaliptos ou pínus), além de proteger o solo, fornecem lenha, madeira, carvão que, de outra forma, viriam de áreas de mata nativa. O reflorestamento ciliar, preferivelmente com espécies arbóreas nativas, é usado para a proteção das margens dos rios e evita o desbarrancamento. Essas espécies, inclusive, fornecem néctar de flores (para a fauna doméstica, como as abelhas) e frutos comestíveis para a silvestre (pássaros etc.).

Matas ciliares protegem as margens dos córregos e rios da erosão por desbarrancamento, mantendo a qualidade da água, por evitar sua poluição com os materiais erodidos. Florestas não devem ser desmatadas; caso tenham sido indevidamente retiradas, devem ser refeitas, preferivelmente com espécies nativas

As áreas mais difíceis para as lavouras devem ser adequadamente protegidas contra a erosão e reservadas para as pastagens. A combinação de lavoura com pecuária constitui a condição ideal em muitos locais, porque pastos bem conduzidos evitam a erosão acelerada, embora um pouco menos do que as florestas. Contudo, uma quantidade muito grande de gado pode resultar em pisoteio excessivo, e acelerar a erosão hídrica. Para evitar que isso aconteça, o pecuarista deve fazer um rodízio dos pastos, subdividindo-os para o gado. Sem pisoteio, os capins das pastagens terão mais tempo para se refazer entre os tempos de descanso desse rodízio, mantendo o solo melhor protegido.

No cultivo em faixas, as lavouras são estabelecidas em porções alternadas de 20 a 40 m de largura, de modo que a cada ano cultivos pouco densos se alternem com outros mais densos. É uma prática que combina plantio em contorno com rotação de cultura e, frequentemente, com terraços. O efeito de controle à erosão advém tanto do parcelamento das encostas com cultivos de diferentes coberturas, como das suas disposições em contorno. As faixas que cobrem mais o solo ajudam a interceptar melhor as enxurradas.

Outra prática, tanto de caráter vegetativo como edáfico é o plantio direto na palha, que também requer o uso de máquinas agrícolas especiais. Pela sua atual importância, será abordada separadamente, a seguir.

11.5 Sistema de plantio direto na palha

A alternativa de semear o solo sem revolvê-lo com o arado surgiu há muito tempo, e demonstrou-se sua exequibilidade na Inglaterra, experimentalmente, em 1930. No entanto, só depois foi adotada em larga escala, porque havia dificuldade em controlar as ervas invasoras, porque o trabalho do arado, no seu movimento de fazer a inversão da camada mais superficial do solo, elimina as que estão nascendo e dificulta a germinação das demais. Com a descoberta de herbicidas seletivos (ou "mata ervas"), o sistema de plantio direto, sem aração, foi facilitado e se tornou realidade.

Cultivos em faixas alternadas de cultivo, com lavouras de diferentes densidades, em um sistema de rotação

Formação e Conservação dos Solos

No Brasil, lavouras cultivadas sem o uso do arado começaram na década de 1970, no Estado do Paraná, e hoje se estendem até o Brasil Central. Muitos consideram o plantio direto uma das maiores conquistas da agricultura sustentável.

Nos sistemas tradicionais de lavouras anuais, como milho, soja, trigo e feijão, os horizontes mais superficiais do solo são revolvidos anualmente. Tal procedimento era considerado indispensável para controlar o crescimento de ervas daninhas, incorporar os resíduos de cultivos anteriores e afofar o solo para as semeaduras. No entanto, essas operações provocam a compactação da camada de solo imediatamente abaixo da revolvida, e expõe a superfície do solo à ação direta dos raios solares e gotas de chuva, o que acelera sua a erosão.

Para evitar esse revolvimento do horizonte A, as ervas indesejáveis podem ser dissecadas com herbicidas, e as sementes colocadas abaixo da palha dos restos de cultivos anteriores, com o uso de máquinas especiais. Em uma só operação, elas cortam longas e estreitas fendas, alinhadas em curvas paralelas e de mesmo nível sob a palha que, de certa forma, imita a serrapilheira (horizonte O) das matas. Ao mesmo tempo, sementes e fertilizantes são colocados alguns centímetros abaixo da palha. Tais operações substituem vantajosamente o revolvimento do

Plantio direto de soja na palha em Latossolo Vermelho Ácrico. Uberlândia, MG

solo pelo arado. Ao permanecer coberto pela palha, o horizonte superficial terá aumentada sua capacidade de reter a umidade e a sombra, o que diminui o efeito indesejável de altas temperaturas. Assim, o aumento da absorção de água é maior e o arraste das partículas do solo pela erosão diminui significativamente.

Em condições tropicais, outra grande vantagem desse sistema é o aumento das colheitas, pela oportunidade de fazer dois cultivos no mesmo ano agrícola, que o agricultor chama de safra e "safrinha". Para a safra, que é a colheita principal, a semeadura é feita de setembro a novembro, início da estação chuvosa, e a colheita, de março a abril. Nessa ocasião, uma nova cultura poderá ser semeada, uma vez que não é necessário gastar tempo com o revolvimento do solo. O tempo despendido pelas máquinas agrícolas também é menor, economizando combustível: o preparo de um hectare pelo sistema convencional é de aproximadamente sete horas e, com o sistema de plantio direto, é de apenas duas ou três horas.

Em comparação ao cultivo convencional, o sistema de plantio direto apresenta tanto desvantagens (ou impactos negativos) como vantagens (ou impactos positivos), cuja soma é maior do que a das desvantagens:
- Desvantagens: alto custo dos herbicidas e cuidados para sua aplicação + dificuldades em obter uma adequada quantidade de palha para cobrir o solo.
- Vantagens: controle da erosão + economia de maquinário e combustível + semeadura em época mais adequada em tempo menor + maior retenção de umidade pelo solo + economia de mão de obra.

Portanto, com o sistema de plantio direto, racionaliza-se a agricultura, aumenta-se a quantidade de grãos colhidos por área cultivada, diminui-se a premência pelo desbravamento de áreas novas, enquanto o solo é protegido da erosão e o produtor rural obtém uma maior rentabilidade.

11.6 Capacidade de uso e planejamento conservacionistas da terra

A exploração agrícola dos solos deve ser feita segundo preceitos conservacionistas e também levar em conta os aspectos econômicos. Para isso, é necessário que se programe antecipadamente o uso racional da terra, verificar os locais certos para os cultivos, e observar práticas de proteção. Em todas as atividades agrícolas, inicia-se com um bom planejamento conservacionista do uso da terra.

A programação das atividades de uma propriedade agrícola deve se basear em uma escolha adequada tanto das espécies como dos solos a serem cultivados. Cada solo tem um limite máximo de possibilidade de uso, além do qual não poderá ser explorado sem riscos de degradação pela erosão. Ou seja, as culturas certas devem estar nos lugares certos. Os solos com declive muito acentuado, por exemplo, têm capacidade, no máximo, para pastagem ou reflorestamento, e o uso com culturas anuais,

Formação e Conservação dos Solos

que necessitam de revolvimento anual com o arado, é desaconselhável. Por outro lado, os solos profundos permeáveis, com declives suaves, podem ter várias utilizações, pois a suscetibilidade à erosão é pequena.

A identificação do grau de intensidade máxima de cultivo, aplicada em determinado solo sem que ele se degrade ou sofra diminuição permanente da sua produtividade, é muito importante para ajudar nas decisões de como obter uma boa e permanente razão custo-benefício das atividades agrícolas. Para isso, é muito útil para a elaboração do planejamento racional de uso um levantamento detalhado de solos e sua interpretação em um sistema de classificação técnica das "classes de capacidade de uso".

O termo "capacidade de uso" relaciona-se ao grau de risco de degradação dos solos e à indicação do seu melhor uso agrícola. As características do solo, do relevo e do clima servem de base para identificar oito classes de capacidade de uso da terra, as quais diagnosticam as melhores opções de uso da terra, e as práticas que devem ser implantadas para melhor controlar a erosão, além de assegurar boas colheitas.

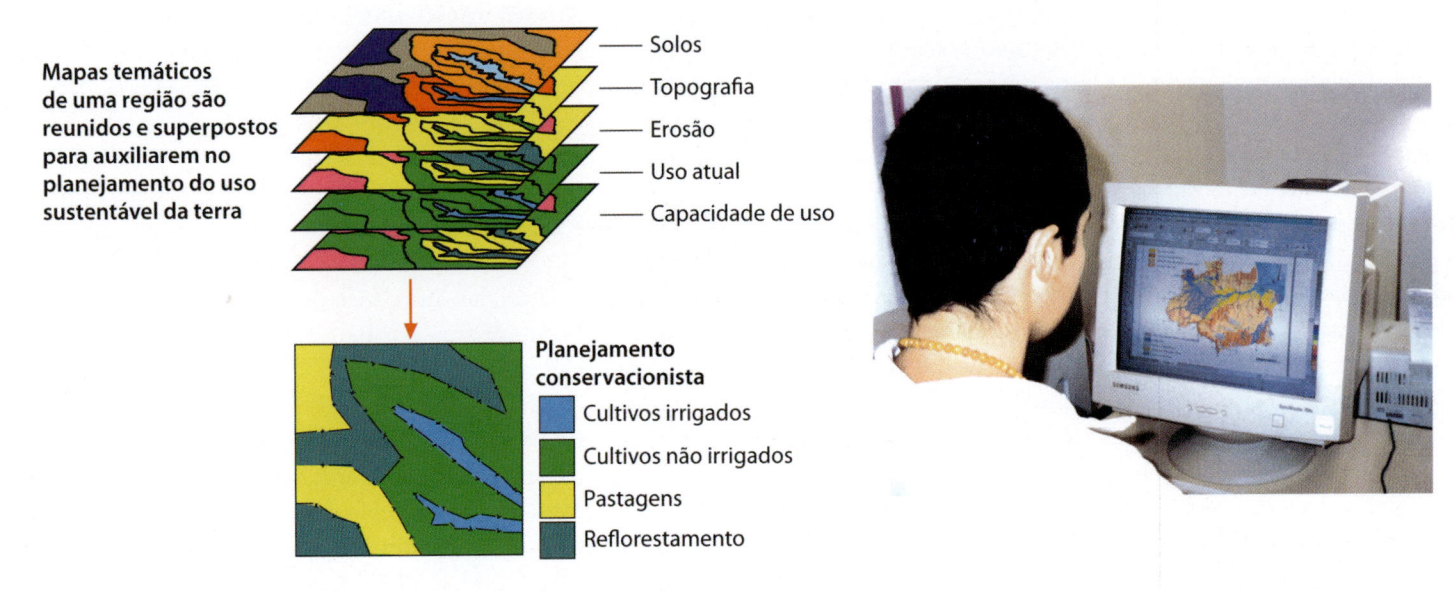

Mapas temáticos de uma região são reunidos e superpostos para auxiliarem no planejamento do uso sustentável da terra

- Solos
- Topografia
- Erosão
- Uso atual
- Capacidade de uso

Planejamento conservacionista
- Cultivos irrigados
- Cultivos não irrigados
- Pastagens
- Reflorestamento

Conservação dos Solos

Para diagnosticar a capacidade de uso das terras de uma propriedade agrícola, deve-se fazer um mapa detalhado de seus solos. Nesse mapa devem constar, além dos diferentes solos e suas classificações pedológicas, os aspectos da topografia (ou "classes de declive") e outros atributos físicos da terra, com destaque aos danos já sofridos com a erosão. Ao interpretar esse mapa, distinguem-se as classes e unidades de capacidade de uso, a partir das quais se fazem as recomendações de sistemas de plantio, de acordo com o que as terras possam suportar, no mais elevado nível de produção, sem se degradar pela erosão, e os fatores econômicos (demandas de mercados, custos de produtos agrícolas etc.).

Os solos de uma mesma unidade de capacidade de uso, quando sob o mesmo tipo de cobertura vegetal, são similarmente suscetíveis às erosões pela água ou pelo vento. Por isto, aplicam-se práticas de conservação similares em todas as áreas classificadas em uma determinada classe de capacidade de uso. Esta pode ser sucessivamente subdividida em subclasses e unidades de uso. As oito classes são tradicionalmente conhecidas por algarismos romanos (I, II, III, IV, V, VI, VII, VIII) e podem ser grupadas em três subdivisões, discriminadas a seguir.

A – Terras próprias para todos os usos, inclusive cultivos intensivos

Classe I – Os solos são profundos, produtivos, fáceis de lavrar e quase planos. Não são suscetíveis a inundações, mas estão sujeitos à erosão por lixiviação (movimento vertical de lavagem) e à deterioração da estrutura (como compactação). Quando usados sucessiva e intensivamente com lavouras, necessitam apenas de práticas construtoras (calagem e fertilizações iniciais) ou mantenedoras da fertilidade (adubações periódicas para reposição de nutrientes retirados pelas colheitas).

Pastagens, matas e cafezais em terras e suas limitações, de acordo com as classes de capacidade de uso. Alguns pés de café não foram plantados de acordo com essas classes, pois estão dispostos "morro abaixo"
Foto: A. Carias Frascoli.

Formação e Conservação dos Solos

Classe II – Terras com limitações moderadas de uso, com riscos moderados de degradação. Estão em áreas ligeiramente inclinadas, sujeitas a uma erosão, ou com algum excesso de água no solo. Quando usadas para a agricultura intensiva, elas necessitam de práticas simples de conservação do solo, tais como plantio em nível ou métodos de cultivo especiais, como o plantio direto na palha.

Classe III – Terras apropriadas para cultivos intensivos, mas que necessitam de práticas complexas de conservação. Os solos desta classe têm declives mais pronunciados, são suscetíveis às erosões aceleradas e têm mais limitações edáficas. Quando usadas para agricultura intensiva, necessitam de práticas complexas de caráter mecânico, tais como a construção de terraços.

B – Terras impróprias para cultivos intensivos, mas aptas para pastagens e reflorestamento ou manutenção da vegetação natural

Classe IV – Terras com muitas limitações permanentes à agricultura. Lavouras intensivas (milho, soja etc.) devem ser implantadas apenas ocasionalmente, ou em extensão limitada (por exemplo, arroz ou feijão durante um ano alternando com quatro anos de pastagens). Os solos, em sua maior parte, devem ser mantidos com pastagens ou cultivos permanentes mais protetores (tais como laranjais e cafezais). Possuem características desfavoráveis à agricultura, pela forte declividade ou pelas muitas pedras à superfície.

Classe V – Terras que só devem ser usadas com pastagens, reflorestamento ou mantidas com vegetação natural. O terreno é quase plano, pouco sujeito à erosão, com sérias limitações ao cultivo, por exemplo, muitas pedras à superfície ou encharcamento pronunciado, com impossibilidade de drenagem artificial.

Classe VI – Terras que não devem ser usadas com lavouras intensivas, mais adaptadas para pastagens, reflorestamento ou, excepcionalmente, cultivos especiais que protegem os solos, como seringais. Quando usadas para pastagens, requerem cuidados intensivos para evitar a erosão.

Classe VII – Solos sujeitos a limitações permanentes mais severas, mesmo quando usados para pastagens ou reflorestamento. São terrenos muito inclinados, erodidos, ressecados ou pantanosos, considerados de baixa qualidade e que devem ser usados com extremo cuidado. Quando a vegetação natural foi removida, o reflorestamento é mais indicado nas regiões de clima mais úmido, e, no caso de solos em climas mais secos, as pastagens.

C – Terras impróprias para cultivo, recomendadas (devido às condições físicas) para a proteção da flora, fauna ou ao ecoturismo

Classe VIII – Terras nas quais não é aconselhável nenhum tipo de lavoura, pastagem ou florestas comerciais. Devem ser obrigatoriamente reservadas para a proteção da flora e fauna silvestres ou à recreação controlada. São áreas muito áridas, declivosas, arenosas, pantanosas ou severamente erodidas. São, por exemplo, terrenos íngremes montanhosos e/ou com muitos afloramentos rochosos, dunas costeiras e mangues.

Conservação dos Solos

INTENSIDADE COM QUE CADA CLASSE DE CAPACIDADE PODE SER USADA SEM RISCOS DE DEGRADAÇÃO PELA EROSÃO: AS LIMITAÇÕES PARA UM USO AGRÍCOLA RACIONAL AUMENTAM DA CLASSE I PARA A VIII

Classe de capacidade de uso	Aumento da intensidade do uso →							
	Vida silvestre e ecoturismo	Refloresta-mento	Pastoreio		Cultivo			
			Moderado	Intensivo	Restrito	Moderado	Intensivo	Muito intensivo
I	Apto para todos os usos. O cultivo exige apenas práticas agrícolas mais usuais.							
II	Apto para todos os usos, mas práticas de conservação simples são necessárias se cultivado.							
III	Apto para todos os usos, mas práticas intensivas de conservação são necessárias para cultivo.							
IV	Apto para vários usos, restrições para cultivos.							
V	Apto para pastagem, reflorestamento ou vida silvestre.							
VI	Apto para pastagem extensiva, reflorestamento ou vida silvestre.							
VII		Apto para reflorestamento ou vida silvestre. Em geral, inadequado para pasto.						
VIII		Apto, às vezes, para produção de vida silvestre ou recreação. Inapto para produção econômica agrícola, pastagem ou material florestal.						

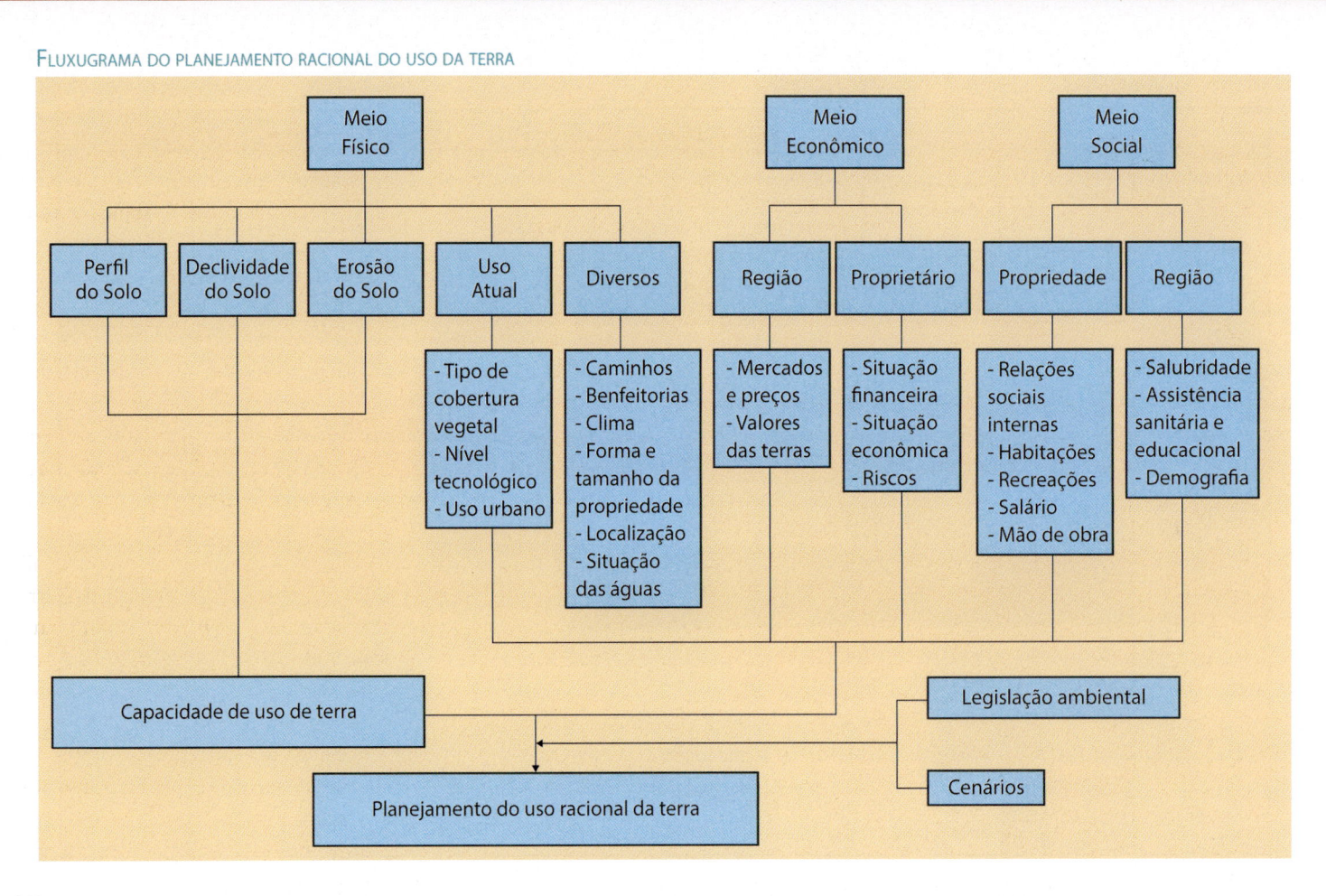

Formação e Conservação dos Solos

FLUXUGRAMA DO PLANEJAMENTO RACIONAL DO USO DA TERRA

- **Meio Físico**
  - Perfil do Solo
  - Declividade do Solo
  - Erosão do Solo
  - Uso Atual
    - Tipo de cobertura vegetal
    - Nível tecnológico
    - Uso urbano
  - Diversos
    - Caminhos
    - Benfeitorias
    - Clima
    - Forma e tamanho da propriedade
    - Localização
    - Situação das águas

- **Meio Econômico**
  - Região
    - Mercados e preços
    - Valores das terras
  - Proprietário
    - Situação financeira
    - Situação econômica
    - Riscos

- **Meio Social**
  - Propriedade
    - Relações sociais internas
    - Habitações
    - Recreações
    - Salário
    - Mão de obra
  - Região
    - Salubridade
    - Assistência sanitária e educacional
    - Demografia

- Capacidade de uso de terra
- Legislação ambiental
- Cenários
- Planejamento do uso racional da terra

A classificação das terras em classes de capacidade de uso é muito útil para identificar as práticas conservacionistas mais recomendáveis e programar a sua execução, tanto em uma propriedade agrícola como em um conjunto, por exemplo, em uma pequena bacia hidrográfica. Nesse planejamento do uso racional da terra, são levados em conta fatores econômicos e sociais, bem como aspectos relacionados à legislação ambiental. Com uma adequada programação de um conjunto de práticas de conservação do solo, as explorações agrícolas poderão ser conduzidas, em bases conservacionistas, sem descuidar dos aspectos econômicos. Desta forma, as modernas técnicas de mecanização, os usos de fertilizantes, corretivos e defensivos agrícolas podem ser adotados, com o aumento da produtividade agrícola das terras e, ao mesmo tempo, sua conservação para as gerações futuras.

11.7 Conclusão

Vimos que a ciência do solo é relativamente nova, mas, nos últimos 60 anos, evoluiu rapidamente, utilizando métodos modernos e interdisciplinares para estudar a complexa camada da crosta terrestre, ou pedosfera. Para isso, utiliza conhecimentos de outros ramos da ciência mais dedicados à litosfera, biosfera, hidrosfera e atmosfera.

Os dois principais ramos, Pedologia e Edafologia, dedicam-se ao estudo do solo em seu ambiente natural de origem, e nas interações com o homem. Abrangem aspectos teóricos fundamentais, que devem ser aplicados às atividades do homem. Numa abordagem mais geral, esses dois ramos da Ciência do Solo procuram caracterizar, diferenciar e produzir a cartografia dos diversos tipos de solos, além de elucidar sua origem e prever o resultado da interação solo/homem, em especial na agricultura.

Os estudos dos solos fornecem elementos básicos, como informações práticas que indicam os solos mais apropriados para os diferentes tipos de cultivo; os que melhor respondem à aplicação de fertilizantes; e os mais suscetíveis à degradação pelas erosões e como podem ser controladas. Os agrônomos e os agricultores são os que mais diretamente se beneficiam desses conhecimentos, pela significativa extensão de área utilizada em agricultura, a qual possui relevante importância econômica e social. Esse conjunto de informações também é muito útil a outros especialistas, como geógrafos, geólogos, engenheiros civis, geomorfólogos, botânicos e arqueólogos. E todos necessitam conscientizar-se de que o solo é um dos mais valiosos recursos naturais do planeta.

Hoje, mais do que nunca, o homem necessita produzir alimentos suficientes para sustentar a crescente população da Terra, abrir estradas para o transporte desses produtos e assentar suas moradias em lugares seguros. Tudo isso deve ser feito de forma sustentável, em ritmo harmonioso, sem nenhum tipo de degradação ambiental, numa tarefa cuidadosa de proteção do solo.

O respeito à natureza é possível, porque o homem aprendeu bastante a seu respeito, inclusive acerca dos seus solos, tanto pela experiência adquirida com a prática de muitas gerações, como pelas teorias e pesquisas de ramos da ciência relativamente

Formação e Conservação dos Solos

novos, como a Pedologia e Edafologia. Hoje, os processos de formação dos diferentes solos podem ser entendidos e seus diferentes tipos representados em mapas elaborados para o planejamento do uso racional da terra. No entanto, devido à grande variedade de solos existentes, nenhuma tecnologia em particular pode assegurar o uso sustentável desse recurso natural, uma vez que cada tipo tem suas próprias características, intimamente relacionadas, que irão responder de forma particular aos diferentes usos e manejos.

Sem a interferência humana, o solo está em equilíbrio com o meio ambiente, com a vegetação e outros organismos naturalmente melhor adaptados, que configuram uma capa que protege da erosão e, em seus ciclos de vida, devolvem os elementos nutritivos que extraíram. Mas, ao estabelecer a agricultura, o homem expõe o solo à erosão acelerada e retira seus elementos nutritivos sistematicamente, na forma de componentes de alimentos, fibras e combustíveis, transportando-os para os centros urbanos. Com isso, os solos ficam expostos a um desgaste praticamente irreversível. E, o que levou milhares de anos para ser construído pela perfeita ação da natureza, pode ser destruído em poucos anos pela imperfeita ação do homem.

Ambiente tropical

Ambiente temperado

Solo coberto com vegetação fica protegido da erosão

Contudo, ao conhecer bem o solo, nós seremos capazes de usar os sistemas de manejo da terra que produzem um máximo de retorno econômico, sem entrar em conflito com o equilíbrio da natureza e assegurar uma contínua proteção ambiental e a melhoria das características dos solos cultivados. Conhecer a formação do solo, suas muitas funções e, sobretudo, reconhecer a necessidade de conservá-lo é de fundamental importância para a sobrevivência da humanidade. Ele é a base em que se assenta qualquer nação, e dele emergem nossos alimentos, fibras e combustíveis. Além disso, ele controla o avanço dos desertos, mitiga mudanças climáticas, recebe os dejetos das cidades, serve de fundação para nossas moradias, sustenta as matas que mantêm a biodiversidade, recebe e purifica as águas das chuvas, que depois emergem nas nascentes.

O solo, reconhecidamente importante do ponto de vista ecológico, econômico e social deve, portanto, ser conservado, afinal, ele é a garantia da própria estabilidade do País e, por isso, deve ser de responsabilidade de toda a população.

Leituras Recomendadas

Livros

AMARAL, N. D. *Noções de Conservação do Solo*. 2ª ed. São Paulo: Nobel, 1978.

BERTONI, J.; LOMBARDI NETO, F. *Conservação do Solo*. Piracicaba: Livroceres, 1985.

LEPSCH, I. F. et al. *Manual para Levantamento Utilitário do Meio Físico e Classificação de Terras no Sistema de Capacidade de Uso*. Campinas: Sociedade Brasileira de Ciência do Solo, 1983.

PEREIRA, V. de P. et al. Solos *Altamente Susceptíveis à Erosão*. Jaboticabal: FUNEP, 1999.

TEIXEIRA GUERRA, A. S. da S. et al. *Erosão e Conservação dos Solos: Conceitos, Temas e Aplicações*. Rio de Janeiro: Bertrand Brasil, 1999.

Sites de Interesse

Projeto "Maria de barro", da UFLA, com informações sobre controle de erosão, principalmente de voçorocas: <http://www.projetomariadebarro.org.br/>.

EMBRAPA. É possível acessar a publicação: "Práticas de Conservação do Solo e Recuperação de Áreas Degradadas": <http://www.cpafac.embrapa.br/pdf/doc90.pdf>.

Portal da Cooperativa dos Plantadores de cana da Região de Capivari, com informações sobre métodos de conservação de solos: <http://www.canacap.com.br/modules.php?name=Content&pa=showpage&pid=19>.

FAO, com informações sobre proteção dos recursos ambientais: <https://www.fao.org.br/sustentabilidade.asp>.

Universidade de Granada, com lições detalhadas sobre ciência do solo e poluição: <http://edafologia.ugr.es>.

Mário Cravo Netto (1947-2009) é desenhista e fotógrafo. Este objeto, por ser tridimensional, não é feito de pinceladas ou tintas que representam a terra ou seus cultivos, mas da própria matéria, a areia. O artista utilizou areias de diferentes cores que, colocadas umas sobre as outras dentro do cilindro transparente, fundem-se em diversos tons, lembrando as pinturas de paisagens que vimos anteriormente.

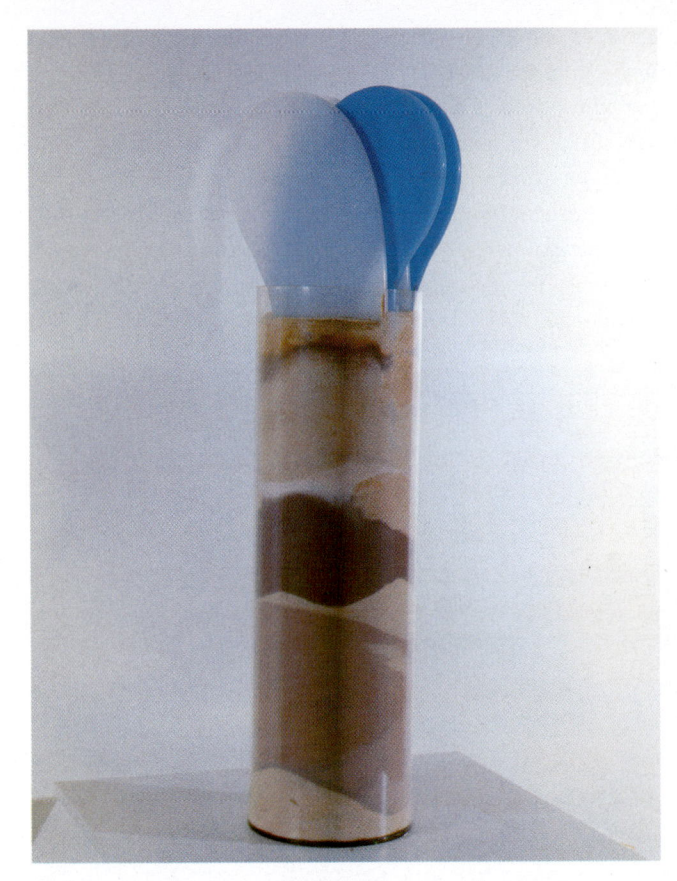

Mario Cravo Neto, "Sem Título", 1969. Acervo da Pinacoteca do Estado de São Paulo/Brasil

Bibliografia Consultada

Livros e Artigos Científicos

BERTONI, J.; LOMBARDI NETO, F. *Conservação do Solo*. Piracicaba: Livroceres, 1985.

BRADY, N. C. *Natureza e propriedades do solos*. 6ª ed. Rio de Janeiro: Freitas Bastos, 1983.

BUOL, S. W.; SOUTHARD, R. J.; GRAHAM, R. C.; McDANIEL, P. A. *Soil Genesis and Classification*. Ames: Iowa State Press, 2003.

EMBRAPA, CENTRO NACIONAL DE PESQUISA EM SOLOS. *Sistema Brasileiro de Classificação de Solos*. Brasília: EMBRAPA Solos, 2006.

FAO (Ed.). *Soil map of the world – revised legend with corrections*. Wageningen: ISRIC Technical Paper, 1994.

FAO; UNESCO. *FAO/Unesco Soil Map of the World*. Paris: Unesco, 1971-1981.

FAO; UNESCO. (Eds.). *Soil Map of the World*. 18 Karten 1:5 Mio. Paris: Unesco, 1974–1981.

GREENLAND, D. J.; LAL R. *Soil Conservation and Management in the Humid Tropics*. New York: John Wiley & Sons, 1977.

HUDSON, N. H. *Soil Conservation*. Ithaca: Cornell University Press, 1971.

IBGE. Coordenação de Recursos Naturais e Estudos Ambientais. *Manual técnico de Pedologia*. 2. ed. Rio de Janeiro: IBGE, 2007.

IBGE/EMBRAPA. *Mapa de Solos do Brasil*. Rio de Janeiro: Instituto Brasileiro de Geografia e Estatística, 2001 (escala 1:5.000.000).

JENNY, H. *Factors of Soil Formation: A System of Quantitative Pedology*. New York: Dover Press, 1941. Disponível em: <http://www.soilandhealth.org/01aglibrary/010159.Jenny.pdf>.

JENNY, H. *The Soil Resource*. 1. ed. New York: Springer-Verlag, 1980.

KIEHL, E. J. *Manual de edafologia: relações solo-planta*. São Paulo: Ceres, 1979.

LAL, R. *World soils and global issues*. Amsterdam: Soil & Tillage Research, 2007, v. 97, p.1.

LEMOS, R. C. et al. *Manual de descrição e coleta de solo no campo*. 4ª ed. Viçosa: Sociedade Brasileira de Ciência do Solo, 2001.

MEURER, E. J. (Ed.). *Fundamentos de química do solo*. 2. ed. Porto Alegre: Gênesis, 2004.

MONIZ, A. C. (Coord.). *Elementos de Pedologia*. São Paulo: Livros Técnicos e Científicos, 1975.

OLIVEIRA, J.B. *Pedologia aplicada*. 3. ed. Piracicaba: FEALQ, 2008.

OLIVEIRA, J. B.; JACOMINE, P. K. T.; CAMARGO, M. N. *Classes gerais de solos do Brasil*. Jaboticabal: FUNEP, 1992.

PRADO, H. do. *Manual de classificação de solos do Brasil*. 2. ed. Jaboticabal: FUNEP, 1995.

SCHWAB, G.; FREVERT, R.K.; EDMINSTER, T.W.; BARNES, K. K. *Soil and Water Conservation Engineering*. New York: John Wiley & Sons, 1966.

SOIL SCIENCE SOCIETY OF AMERICA. *Glossary of Soil Science Terms*. Madison: Soil Science Society of America, 1997. Disponível em: <https://www.soils.org/publications/soils-glossary>.

Sites de interesse

Soils around the world: Introduction to Soils (mapa e fotos de solos classificados pelo Sistema Americano de Classificação de Solos, Soil Taxonomy): <http://www.teachersdomain.org/asset/ess05_int_soils>.

Soil Net.com, desenvolvido pela Cranfield University's National Soil Resources Institute, Inglaterra: <http://www.teachersdomain.org/asset/ess05_int_soils>.

Soil Biological Communities. National Science and Technology Center (U S Department Interior): <http://www.blm.gov/nstc/soil/index.html>.

International Union of Soil Science, que indica outros sites relacionados à educação em solos: <http://www.iuss.org/popup/education.htm>.

FAO, com várias informações sobre solos do ponto de vista global: <http://www.fao.org/waicent/FaoInfo/Agricult/AGL/lwdms.stm>.

Internatinal Soil Research Information Center, sobre "Introdução ao Estudo dos Solos": <http://www.isric.org/UK/About+Soils/Introduction+to+Soils/>.

UNEP/GRID-Arendal Maps and Graphics Library, com gráfico de demanda dos solos pelo mundo: <http://maps.grida.no/go/graphic/world-soil-demand>.

Universidade de Granada. Contém lições detalhadas sobre ciência do solo e poluição: <http://edafologia.ugr.es>.